库巴（Kuba）纺织品，非洲。

rchitecture and Structuralism:
he Ordering of Space

建筑与结构主义：
空间的秩序

[荷兰]
赫曼·赫茨伯格
Herman Hertzberger

著

荆宇辰

译

天津大学出版社
TIANJIN UNIVERSITY PRESS

建筑与结构主义 : 空间的秩序 | JIANZHU YU JIEGOU ZHUYI: KONGJIAN DE ZHIXU

图书在版编目（CIP）数据

建筑与结构主义 : 空间的秩序 / (荷) 赫曼 · 赫茨伯格著 ; 荆宇辰译 . -- 天津 : 天津大学出版社 , 2023.1

书名原文 : Architecture and Structuralism: The Ordering of Space

ISBN 978-7-5618-7305-2

Ⅰ . ①建… Ⅱ . ①赫… ②荆… Ⅲ . ①结构主义 (美学) —建筑学派 Ⅳ . ① TU-86

中国版本图书馆 CIP 数据核字 (2022) 第 161502 号

出版发行 天津大学出版社
地　　址 天津市卫津路 92 号天津大学内（邮编 : 300072）
电　　话 发行部：022-27403647
网　　址 publish.tju.edu.cn
印　　刷 廊坊市瑞德印刷有限公司
经　　销 全国各地新华书店
开　　本 787mm×1092mm　1/16
印　　张 15.25
字　　数 440 千
版　　次 2023 年 1 月第 1 版
印　　次 2023 年 1 月第 1 次
定　　价 135.00 元

目录 | Contents

序 | Preface

就像早些时候出版的《建筑学教程》（*Lessons for Students*）[1] 系列图书一样，你正拿在手里的这本书，里面都是一些有助于建筑师工作的构想。这些构想对建筑师而言，与建筑实践给予他们的滋养同等重要。而更多最近的案例又像一束新的光芒洒向了我，促使我在早先的记忆里又加入了新的内容，这里就包括从上述《建筑学教程》以及其他著述中引用的内容。最后，我从这一切中收获到了一种完全崭新的方式，它能够清晰地指明建筑的未来。

1《建筑学教程 1：设计原理》（*Lessons for Students in Architecture*）、《建筑学教程 2：空间与建筑师》（*Lessons in Architecture 2: Space and the Architect*）、《建筑学教程 3：空间与学习》（*Lessons in Architecture 3: Space and Learning*）。

克里斯滕·布瑞克格雷沃（Christen Brinkgreve）以她社会学家的眼光通读了本书的荷兰语原文，并提出了许多重要的修改建议；埃尔斯·布瑞克曼（Els Brinkman）为本书荷兰语版本进行了最终的编辑工作，她的工作至关重要。我应向她们道一声感谢。此外，我也清楚斯蒂芬妮·拉玛（Stephanie Lama）为本书的图片编辑做出了重大贡献；皮娅·伊利亚（Pia Elia）在本书的准备过程中做了很好的文秘工作，发挥了不可估量的价值。我还要感谢 nai010 出版社（nai010 publishers）的埃尔克·范·威利（Eelco van Welie），感谢本书的装帧设计师皮特·杰勒德（Piet Gerards）和莫德·范·罗苏姆（Maud van Rossum），还有最后也要感谢约翰·柯克帕特里克（John Kirkpatrick）将书稿翻译成英文。

赫曼·赫茨伯格
2015 年 5 月

本书的英文版译自 2014 年 11 月出版的荷兰语版《建筑与结构主义》（*Architectuur en structuralisme*）

前言 | Foreword

“结构主义”(structuralism)一词容易同含义清楚的“结构”(structure)一词产生混淆。就像浪漫主义或古典主义一样，人们对结构主义的困惑不仅在于什么是结构主义。如果说“结构”是一种能创造出连贯性的组合方式，从建筑的角度来看还通常与塑造和维持空间的手段相关，那么结构主义则是认同我们称之为“自由”(free)的空间。这样的空间会一直需要某种程度上的秩序，因为如果没有游戏规则，从束缚中萌生的自由就无法存在。真正的结构主义所关注的，是在哪些方面人们是平等和不变的，又是在哪些方面人们是不同和变化的。下文列出了几对相互矛盾的关系，这些关系在当今民主的情势下对我们工作的影响与日俱增。结构主义对建筑和城市主义而言有什么意义，总结起来，就是这几对相互矛盾的关系问题。

1 社会与个体 | Social and individual

就像语言既是一种通用工具，又被我们每一个个体所使用，二者相互影响，同样的说法也适用于公共空间与个人空间之间的关系。
从一方面来说结构代表着社会，但是通过对它自身的解读，结构在另一方面来说又代表着我们每一个相互分离的个体以及不同时期的情况。这样来看，结构是可以调和社会与个体之间关系的。结构不仅关乎对每个个体利益的捍卫，更重要的是关乎确保大家的共同利益，由此确保个体区域与共享区域的差异性以及二者之间的关系。
建筑必须留有空间来满足作为参与者的每个个体的需求，让我们有归属感，有居家的感觉。此外，建筑也必须制造出空间来把人们聚集到一起，并让人们留在那里。

2 自由与游戏规则 | Freedom and rules of play

自由是你有能力从游戏规则(比如国际象棋的游戏规则)所提供的可能性中做出自己的选择。自由是一个相对的概念，它只能在各项指标受限的情况下存在。对允许的人为可能性进行限制，并且探寻这些限制的边界——幸亏建立了上述规则的保障，游戏才能得到它的一份自由。换句话说，把给定的空间最大程度地加以利用，这就是我们正在体验的自由。没有游戏规则就不会有游戏。需要强调的是，规则并不限制自由，而是欢迎自由。所以它采用一种开放式的结构来鼓励个体行为的表达。一个格网式的城市规划可以容纳最大限度地填充空间的自由，并由此获得最大限度做出准确解释的自由，这都是因为格网式的规则简单明了。

3 可持续性与改变｜Sustainability and change

一直有观点认为结构即保守。但是若想跟上文化充满活力的时代步伐，我们就一直需要改变空间、适应空间，把它称作“为时间留出空间”（space for time）。我们希望有这样一种结构，它足够开放，能够接受各种影响，无须妥协便能获得自由，甚至能引起人们的各种解读，具备适应不同时代的能力。换句话说，目的即是为在制造的空间里留有最多的空间。我们可以把结构看作一种负责平衡的器官，它可以调和哪些需求是要留下的，哪些需求又是要改变的。所以说结构主义存在的这对矛盾务必要让保存原有的和发展现有的都存在。

第一章　导论｜Introduction

1 从1963年起，雅克·舒瓦西（生于1928年）成为塞缪尔·约舒亚（山姆）·范·恩布登建筑事务所的一员（从1969年起在OD205事务所工作），1970—1990年在代尔夫特科技大学任教授。

在代尔夫特理工学院（Polytechnic，现在更名为“代尔夫特科技大学”（Delft University of Technology））上学时，我利用课余时间去塞缪尔·约舒亚（山姆）·范·恩布登（Samuel Josua（Sam）van Embden）的建筑和城市设计事务所工作挣生活费，同时也在工作中收获了许多实际经验。与其说建筑师塞缪尔·约舒亚（山姆）·范·恩布登是一位艺术家，倒不如说他是一位智者，他在非常保守的团体中能做到随心所欲，并在很大程度上奠定了荷兰建筑与城市规划的基调。他刚刚成功得到设计埃因霍温理工学院（Eindhoven Polytechnic，现在更名为“埃因霍温科技大学”（Eindhoven University of Technology））的超大项目，就召集了年轻的瑞士建筑师雅克·舒瓦西（Jacques Choisy）提供设计服务。[1] 舒瓦西那时刚刚从日内瓦学成毕业，他对荷兰语一窍不通，因为我能讲一点法语，就派我帮他打下手，并给我们安排了单间，我俩就在这里不停地探讨工作，而我的法语水平在此过程中得到了极大的提升。塞缪尔·范·恩布登从未来过我们的房间，据我所知他也没和舒瓦西有过哪怕一丁点的联系。舒瓦西全凭自己就拟出了整个总体规划的草案。但一切似乎又全在范·恩布登的掌控之中。他把不同的系所划分为一个杆状主体建筑中的一个个独立组织实体，项目主体建筑为机械工程学系师生使用的大厅，它通过高架空中走廊又与主体建筑相连。活动的中心就是这个巨大而复杂的工棚，能与之相比的只有你在法国和地中海区域的一些地方能见到的带屋顶的市场。它用平面广场替代了高、矮体量空间并加以连接，让每个地方都能射入光线。那些较高的空间和夹层由天桥连接。它整个从一开始就完全是灵活可变的。实验室、办公室、工作室，还有教室可以放在需要的任何地方，如有需要还可以重新调整位置或移除。在相互连接又可自由拆分的工棚背后的设计思路是具有革命性的，由于人们认识的局限，它一直没有得到真正的重视。如施工现场所见，很遗憾许多初始时“高大上”的想法很难在建筑物中得到正确解读。施工让空间变得不再清晰，施工过程中宏大的尺度都被弃之不顾。尽管结果令人失望，但这个设计理念依旧是非凡的。那时，距今已有五十多年了，它是审视建筑的一种全新方法，也为我指明了前进的方向。这个机械工程系的

图 1

图 2

图 3

大厅在 2012 年得以彻底翻新，现在它肩负起整个埃因霍温科技大学中央图书馆和会客场所的职能。[2] 它的新职能令人信服地展示了建筑是如何成功地肩负起一个全新的角色的，其公共属性反而会让建筑发挥出更大的作用。

我特享殊荣，被允许出席埃因霍温理工学院新建筑设计方案的客户展示会。那时与会者都是顶级学者，所有的人都是以教授身份来组建这一新学院的。范·恩布登没正眼看图纸一眼就把图纸都卷了起来，他连瞥一眼都没有的行为让我极为震惊，甚至有些愤怒（他在今晚之前是不是已经悄悄看过了？）。当他跟这些受过良好教育的物理学家和化学家通篇只讲诸如手推车之类的交通方式以及各种组织上的和实践上的问题时，我的怒火猛然而起，这些问题跟舒瓦西和我没有丝毫关系。那些崇高的建筑初衷萦绕在我内心，我试图想要说些什么，但是马上范·恩布登直截了当地告诉我闭嘴。之后，他又添上一句让我明白无误，只要我再在客户展示会上开口，那以后就不用再参加了。方案获得了通过，我们可以继续深化我们的方案，哪怕连一点建筑上的争论都没有发生就这么通过了。显然，那些聚焦于他们特定学科的专家想听什么，范·恩布登就精确地讲了什么，他极其谙熟如何向这些人讲述方案。范·恩布登对我们面对的建筑似乎不感兴趣。他更像是功能主义者，不仅明确把实践上的组织和应用当作研究领域，而且还把它们作为深入研究的起始点。[3]

图 1~图 3 机械工程学系的大厅（现在的元论坛中心（MetaForum）），科技大学，埃因霍温。

图 4，图 5 汉斯·赫特林，西门子工厂，柏林，德国，1927 年。

2 翻新是按照艾克特·霍格斯塔德建筑事务所（Ector Hoogstad Architecten）的设计方案执行的，顶部额外加装的笨重块状物不在我们此处的关注范围之内。

3 “荷兰政府建筑局（Rijksgebouwendienst/Government Buildings Agency）局长 J.J.M. 安根特（J.J.M.Aangenendt）与范·恩布登的第一个重要设计委托项目——在莱德斯亨丹（Leidschendam）的荷兰邮政服务（PTT/the Dutch Postal service）兰伯特·尼赫博士（Dr.Lambertus Neher）实验室项目中获得了双方合作的经历。范·恩布登最吸引安根特之处在于针对每一个项目范·恩布登都能给讨论中的建筑算出价格。与对建筑造价颇感兴趣的建筑师共事，这对于高级别政府官员来说还是新鲜事。”引自乔普·惠斯坎普（Joep Huiskamp）的《埃因霍温科技大学年鉴 1956—2006》（*De kleine TU/e encyclopedie 1956—2006*）。

4 德国西门子股份公司电器开关厂大楼（Schaltwerk-Hochhaus der Siemens AG），参见第七章。

5 范·恩布登于 2000 年 9 月 29 日去世。

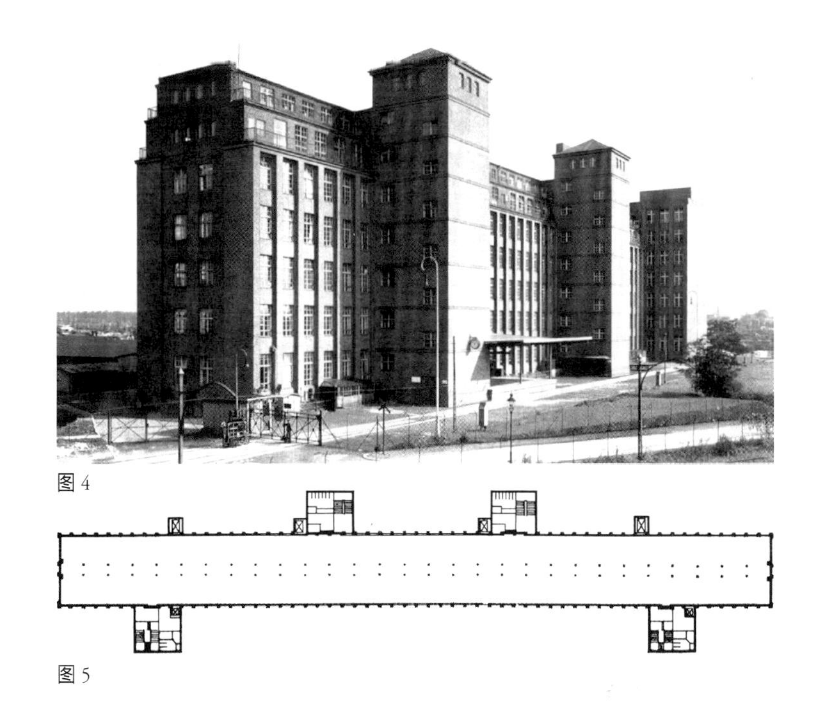

图 4

图 5

同样是范·恩布登，他也致力于改变和重新组织现有建筑物，曾经在一次充满激情的谈话中把看到的所有建筑物进行分类，分成了两种类型。第一种里的建筑物是易于解读的部分，也没有虚饰，你可以很容易地给它们重新安排不同的职能；第二种是你一直会受到各种建筑混合构件阻碍的建筑物，明晰的组织结构变得模糊不清，重新给像这样的建筑物安排职能也成为无望的任务。不可否认，他谈到了我们在今天会称为“一幢建筑物共同质量”（a building's generic quality）的内容。

记录在案的是，范·恩布登不太有可能会对汉斯·赫特林（Hans Hertlein）建于 1926—1927 年的柏林西门子工厂综合体（Siemens factory complex）感到亲切。[4] 西门子工厂作为理查德·罗杰斯（Richard Rogers）1986 年设计的洛伊银行总部大楼（Lloyd's headquarters building）的早期先驱，它里面所有的专用空间都被推到一边，留出了一个可以自由再划分和自由转化的开放区域。范·恩布登亲眼看到了人们证实其前卫想法的正确性，但是在这里回忆他对于这个议题的早期观点也是有益的。[5]

我也曾认识到，某些建筑物是要特别开放给使用者而不是要按照它们最初被设计的那样做，这个思想萌生于我访问位于海牙的一处宽敞别墅中的政府建筑师（The Government Architect）办公室的时候——毫无疑问，之前居住于此的肯定是名门望族——这一特定职能的改变引出了一种非常特别的办公空间宽敞的办公室类型。主厅的高度加倍，这样的房子在英语国家可以找到，加倍的高度再配以壁炉和通向楼上画廊的开放式楼梯间，创造了一个把通向各个房间的入口尽收眼底的等待空间。政府建筑师弗兰克·谢韦森（Frank Sevenhuysen）的办公室位于拐角处的一间屋内，屋内的玻璃飘窗朝向古树的方向。全体随行人员都会认为在这里办公的是一位最重要的人物。等到我再次来访时，整个部门已经搬到了新建成的办公楼（现在已被拆除）办公，同一个政府建筑师办公室被分到了一间有三扇窗户宽的房间，标准走廊两边排列着相同的房门，政府建筑师那间办公室就在其中一扇门的后面。（他的职务赋予他拥有四扇窗户房间的权力，但这个房间只有三扇窗，他甚至为此而感到尴尬。）在这间屋内，他的所有荣耀都消失不见，我觉得很震惊，因为这幢别墅里的空间怎么会变得如此普通。在这里安置一所学校或是一个博物馆，或者甚至一个小型剧院也是很容易的事。

实际上在此之前，还没有一幢适宜的校园建筑物的时候，我设计的学校最初就坐落在几幢相对来说还是非常优雅的联排房屋中。这突然让我联想到一个问题，这些古老、“不实用的”（unpractical）建筑物用隔间、壁橱、拐角这些古怪的方式来塑造空间，它们为这些老房子制造了多少种可能性。你可以为每一种活动都找到一个合适的场所，让你无论身处何地都能感受到居家般的感觉。但它也让我了解到空间的本质对于居住和工作在其中的人来说意味着其是怎样的地位。

图6

图8

同时，想要不受勒·柯布西耶（Le Corbusier）已经走过道路的影响又很是困难的，因为在马赛公寓（Unité in Marseille）中他已经把自己的想法昭告世人，而在朗香教堂（La Chapelle de Ronchamp）之后，这一想法将在印度毫无疑问地得到验证。这些令人震惊的坚硬雕塑毫无疑问是可以作为艺术品来看待的建筑物，除了早期与金属材质的船舶和翱翔在空中的飞机有关的非物质化轻盈结构外，它们都植根于土地，几乎都是大地的一部分。几乎同时在各种期刊上出现的路德维希·密斯·凡·德·罗（Ludwig Mies van der Rohe）设计的清凉、完美的盒子建筑是它们截然不同的对照，而且因为建筑专业的学生还没有明确形成他们自己的观点，所以你没有多大的选择余地，只能在“狄俄尼索斯式”（Dionysian，酒神式的/主观的）的勒·柯布西耶和更像“阿波罗式”（Apollonian，太阳神式/客观的）的路德维希·密斯·凡·德·罗之间二选一。因为有反对的声音，人们想要把它们合成为一个综合体并不容易，或许这也证明了能够意识到存在有主导建筑两种倾向之间的对话是关键一步，对话双方的一方是克制的和客观的部分，另一方是明确的和主观的部分，到头来二者缺少任意一方都无法发挥作用。

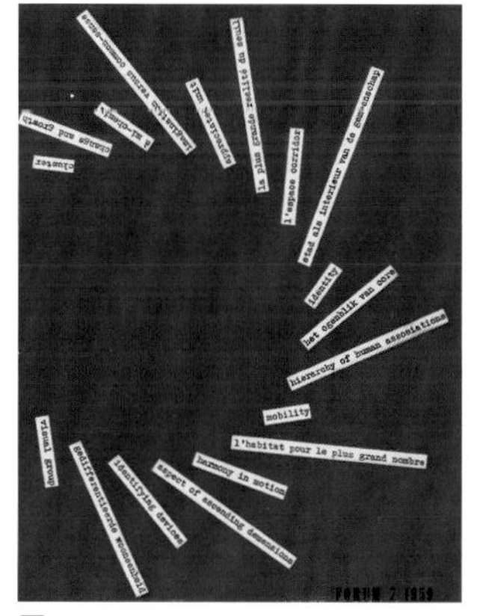

图 7

图 9

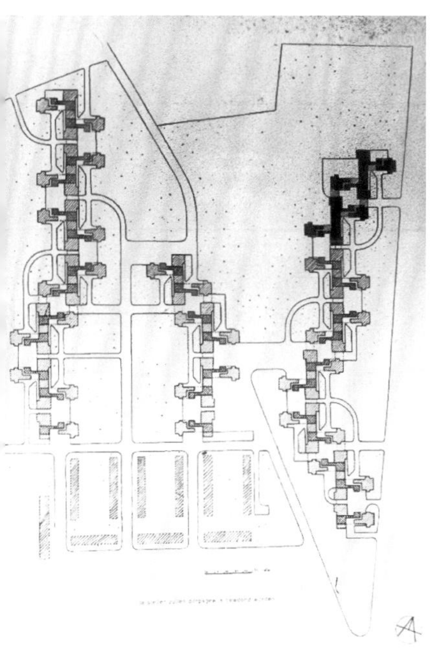

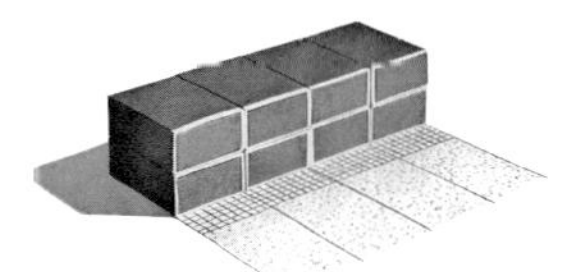

图 10

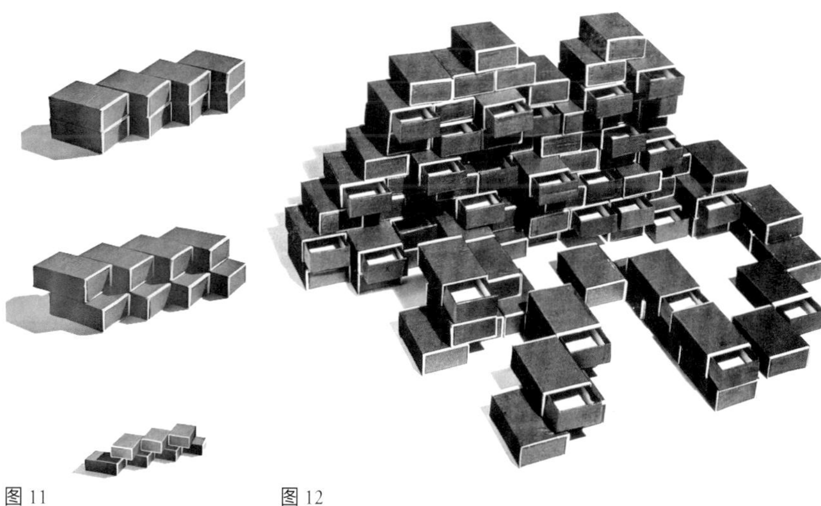

图 11

图 12

图 6，图 7《论坛》第 7 期的扉页和封面，1959 年。

图 8 皮特 · 布洛姆，《论坛》第 7 期中的项目。

图 9 普韦布洛村落，陶斯印第安保留区，新墨西哥州，美国。

图 10~ 图 12 赫曼 · 赫茨伯格，《论坛》第 8 期中的火柴盒模型，1959 年。

1958 年，我刚一毕业，阿尔多 · 范 · 艾克（Aldo van Eyck）就要我去杂志编委会工作，为即将推出的新版本期刊《论坛》（*Forum*）做准备，将要展开的工作主要是与年轻建筑师群体（Team 10）交流他们的想法。第一期上《关于另一种理念的故事》（*The story of another idea*）（7-59）实际上已经准备好可以送去印刷了。期刊全部由阿尔多·范·艾克进行编辑，内容援引了 Team 10 的最新成果，并点缀以由他撰写的评论文章。它令人信服地向人们说明了与曾经非常具有革命性但现在已经过时了的国际现代建筑协会（CIAM，Congrès International d'Architecture Moderne）断绝关系是不可避免的。这对于我来说，相当于是在恰当的时间里获得了正确的信息，而且在我心中已怀揣了有一段时间的零碎想法也非常令人吃惊地在这段时间里得到了证实。关于另一种理念的故事就是劝导建筑师们要考虑适宜居住的城市，以皮特·布洛姆（Piet Blom）的一个学生项目收尾，该项目第一次展示了住宅是如何做到连接成各式各样的链条，通过连接成的链条产生出同样的各式各样的户外空间，期待最终结果能够真正成为唤起对旧时城堡也就是有秩序的旧时城堡回忆的城市结构。它也唤起了对于美国新墨西哥州陶斯印第安保留区（Taos Indian Reservation）中美洲原住民由多层房屋构成的普韦布洛村落（*pueblos*）的联想。这让我在下一期的刊物上发表，“门槛和会面：中间区域的形状”（Threshold and meeting: the shape of the in-between）（8-59）文章中，以火柴盒展示了你可以用矩形元素进行构造。不仅户外空间得到了巨大提升，城市的凝聚力也变得更加紧实，与重复常规的“令人厌烦的”（boring）联排房屋不得不提供的东西相比，多样性和大胆性也都有所提高。这一策略同时也对就其本身而言作为一个物体的居住单元提出了问题。最终我们制定的原则不是把完全随心所欲摆放的联排房屋当作我们居住环境得以植根的基石，而是把基本的居住单元当作基石，这样一来基本的居住单元作为一个度量单位将会流行起来。好像是自动的

图 13~ 图 15 赫曼·赫茨伯格，绘制的普韦布洛村落草图（1960 年），《论坛》第 8 期，1960/1961 年，第 272~273 页。
图 16 位于意大利卢卡（Lucca）的圆形露天广场（左图）以及位于法国阿尔勒（Arles）的圆形露天广场。
图 17，图 18 戴克里先宫（Diocletian's Palace），斯普利特，克罗地亚。
图 19，图 20 戴克里先宫，转化成一座城市，斯普利特，克罗地亚。

图 13

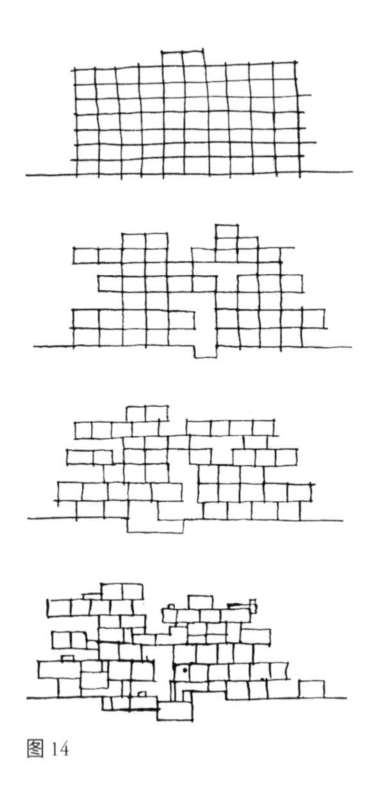

图 14

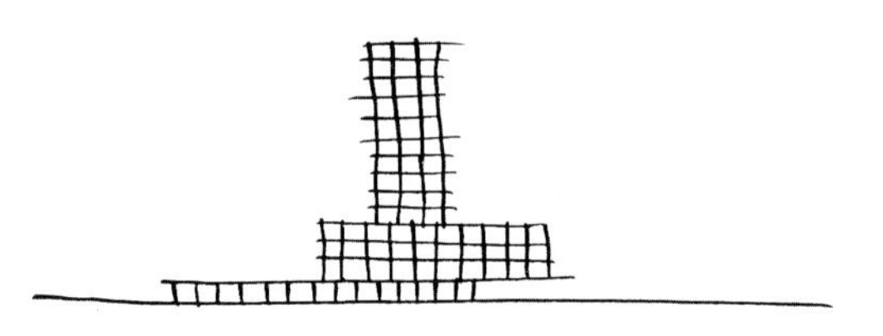

图 15

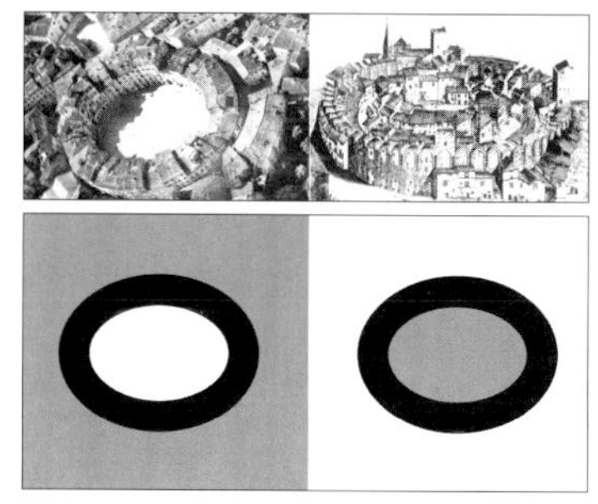
图 16

一样，这会导致规模尺度的缩小，让它更接近居民的日常生活。所以，可以说这是未被察觉到的，人们的关注点变得越来越依赖于联接和叠加基本的建筑单元，突出居住山丘的图景，同时还有城市和建筑物，这两者作为结果也纳入了考虑的范围，就像既要考虑内部，也要考虑外部一样。源始于此，出现了把城市当作一个单一的大型室内的想法。就在几个月后，在 1961 年，雅各布・拜伦德・巴克马（Jacob Berend Bakema）从克罗地亚的斯普利特（Split）访学归来，他带回了热情洋溢的游历记录——我们所有人现在对它都很熟悉——罗马皇帝戴克里先（Diocletian）在那里建成了巨大的宫殿，宫殿被毁损后，作为整个城市结构获得了第二次生命。走廊变成街道，房间变成住宅，过去是主要宫殿空间的地方变成了城市广场。这一质变让主体结构得以保留下来，曾经是宫殿里的走廊现在被规划成了街道，作为城市的主要轮廓线完好无损地保留至今。

几乎在同时，命运无形之手将两张罗马圆形露天剧场的图片放到我的办公桌上。这两个名声如雷贯耳的罗马圆形露天剧场都具有同样的

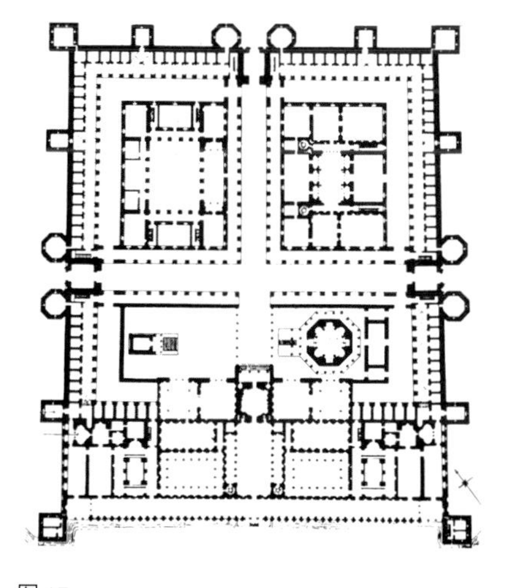
图 17

图 18

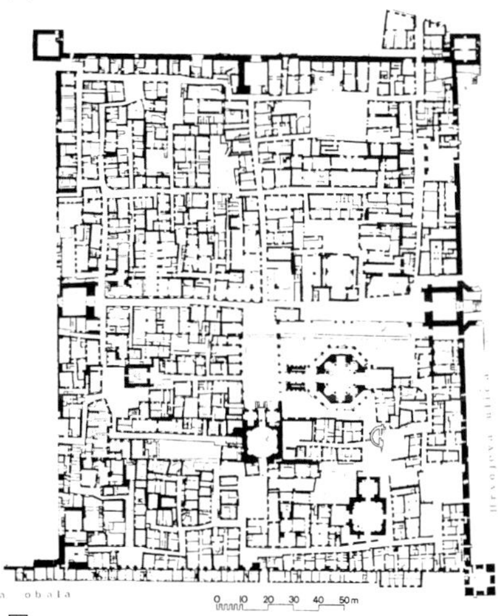

图 19

图 20

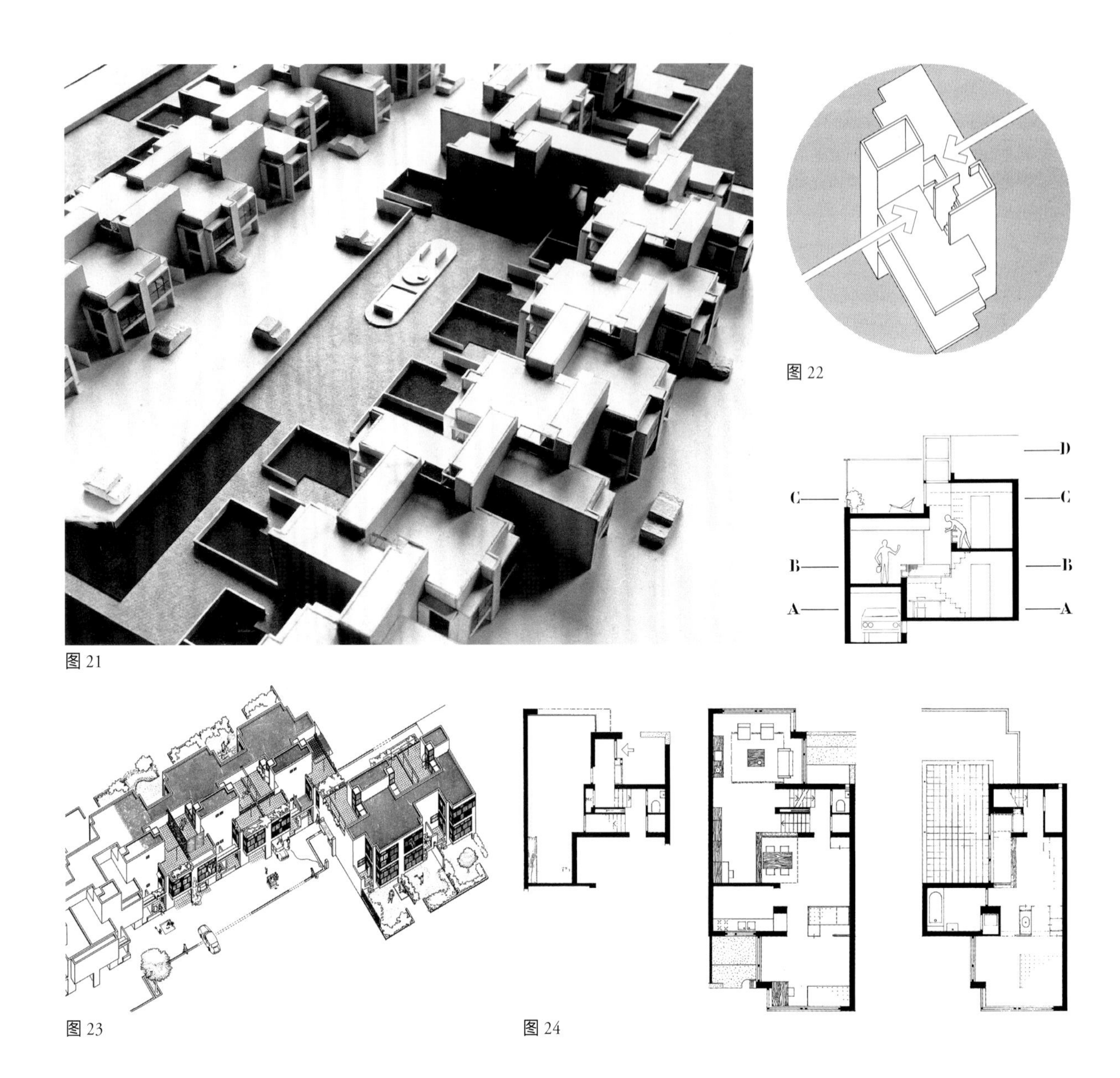

图 21

图 22

图 23

图 24

椭圆形结构，但随着时间的推移，它们却走向了完全不同甚至是互相对立的空间情境中。最初都一样的两个圆环，紧随出现了一个向外部发展、一个向内部发展的不寻常转变，转变成了特色完全不同并拥有了其他意义的形式。在发生所有这些改变的同时，它们二者最重要的形式却得以保留。这对于我来说就成为激发自己灵感的关键所在，不仅形式和功能是互相独立的，而且像椭圆形的露天剧场这样的大型形式可以在不同背景下得到完全不同的解读，并由此成为完全不同的事物。[6]在此案例中，你设计居所时无须受强加于你的指定任务，比如要有卧室、餐厅、书房和起居室的限制，居所里的居民们自己能够决定他们想如何使用这些空间，而至于空间其自身是依由相继的使用者们组成的谱系决定的。代尔夫特的狄亚贡住

图 25

图 26

图 27

图 28

图 21~图 28 赫曼 · 赫茨伯格，狄亚贡住宅，代尔夫特，1968—1970 年。

6 见第二章。

宅（Diagoon housing，1968—1970 年）就以此为目标，人们把狄亚贡住宅当作一连串 4 个具有同等地位（包括屋顶露台）的互相连接的居住单元，这 4 个居住单元可供其居住者自行决定如何分配和使用。果断做出选择并不是提前施加的一项功能，但是作为替代却是对一些情境的偏好，比如人们希望家庭内部各种活动的安排走向以及活动间建立怎样的关系。此外，构成谱系随着时间的推移会发生改变。连续转化至一半时，空间单元会围绕两个核心形成组团，降低包括传统意义上固定的公共卫生设备及厨房在内的成本。

对整体而言根本目的不是去制作出一个可加以填充的中性外壳，而是刻意从空间形式入手为一定的用途选择开辟道路，让占用者们产生心灵上的火花，让思维的发动机不停运转。

人们很快就可以从外部看到车棚转变成了额外的房间或是配上了车库大门，同时结构确定了它们在屋顶露台上的外貌，以各种各样的类型和颜色实现闭合，这样一来个人喜好就决定了建筑的整体外观是什么样子的。以尽可能中性的方式制造形式与空间，至少在理论上，赋予了最大可能的灵活性以及相应的填充自由，若拒绝这一想法将是一个决定性的时刻。但也不尽然，因为不以中性的方式制造形式和空间也是清楚明确的启发性设计，涌现出的景象能够催生个人选择并因而产生自由的设计方案。

所以通过激励人们让他们做出自己的选择，你就可能掀开困扰他们的受市场驱动的一维思维方式的厚毯阴影，让他们得到一种能够获取多样性的潜能，而不再是标准的住房规划方案。

我曾一度相信空间形式是不会从预想的规划方案中出现的，但是根据使用者的需求，你可以发展出具有“自主性的”（autonomous）、可为人们解读的空间单元，它成为寻求空间单元的第一步，从个人角度以及共同结合的角度，都会有非常普遍的适用性。路易斯·康（Louis Kahn）已经从事于具有自主性空间单元的设计工作，但在他的工作中自主性的空间单元又稍有区别，比如他设计的位于美国费城的理查德医学研究中心（Richards Medical Research Towers）以及1956年他在美国特伦顿（Trenton）首次设计的犹太人社区中心（Jewish Community Center）。不仅如此，他还区分了“主动服务空间”（servant spaces）和“被服务空间”（served spaces）二者的区别。如此一来，他将人们的注意力引导向了我们可以依循自主线索来设计建筑元素这一事实，不管建筑物有何职能，是否具有一般的、技术上的或是结构上的设施，抑或是否为了运输、交通或人类（可能是厕所、衣帽间、存储空间）的目标而设计，从而产生了“纯正的”（pure）功能性单元，这就是路易斯·康在工作中把注意力投入的地方。作为一名组织者，这一区分极其高效，并且自然地创造出了同样空间单元的重复，赋予了路易斯·康独特的底层平面设计。

就像皮特·布洛姆、格特·布恩（Gert Boon）、扬·维霍温（Jan Verhoeven），甚至是阿尔多·范·艾克，我变得沉迷于把同样的空间单元连接到一起的模式。这种沉迷在设计位于瓦尔肯斯瓦德（Valkenswaard）的市政厅而做的竞标方案时（1966年）达到高潮，那时我开始设计同等为“有用的”（useful）单元的中间空间，后来又参与了阿姆斯特丹市政厅（Amsterdam City Hall，1967年）的设计竞赛。这些项目一步一步地向前推进，最终形成了中央管理保险公司大楼（Centraal Beheer Insurance Company）的设计概念。

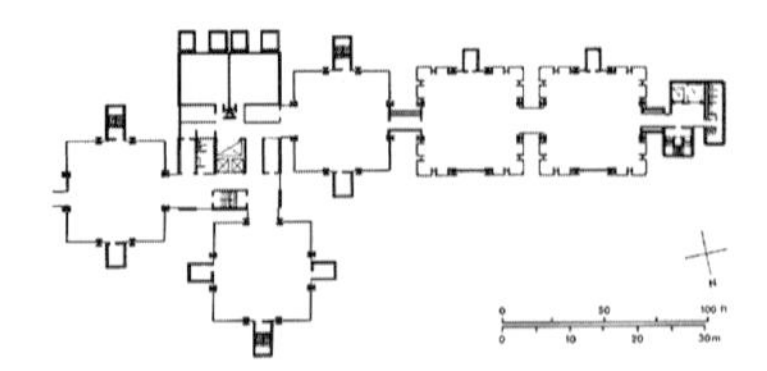

图 29

图 30

图 29~图 31 路易斯·康，理查德医学研究中心，费城，美国，1956年。

图 32 路易斯·康，犹太人社区中心，特伦顿，美国，1955年。

图 33a 赫曼·赫茨伯格，有关空间单元的研究，1962年。

图 33b 赫曼·赫茨伯格，有关空间单元的研究，1965年。

图 31

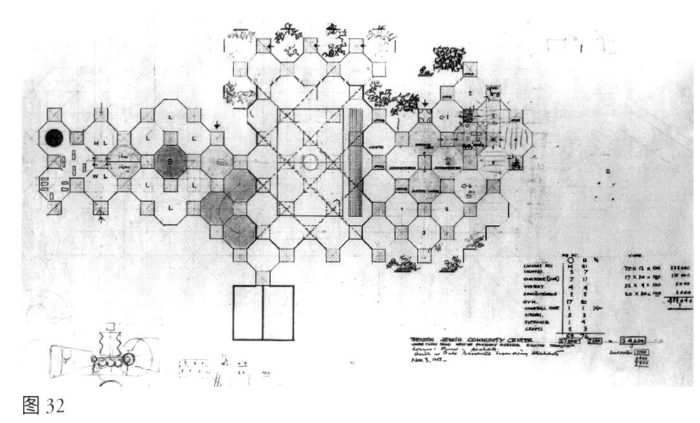

图 32

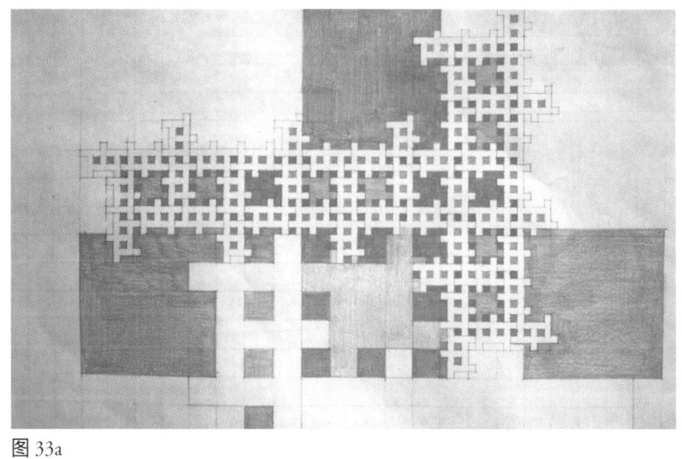

图 33a

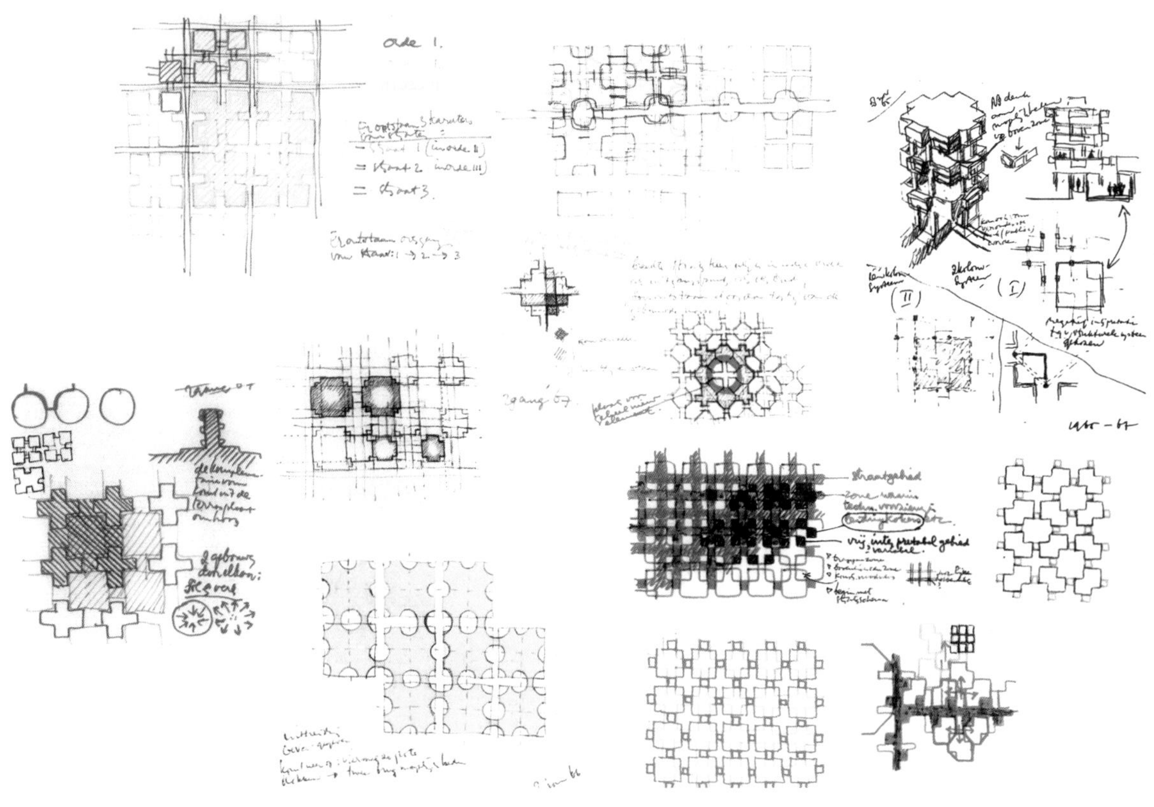

图 33b

图 34

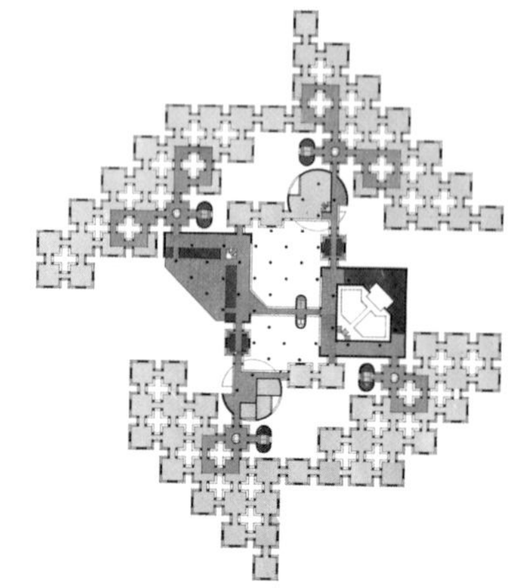

图 35

图 36

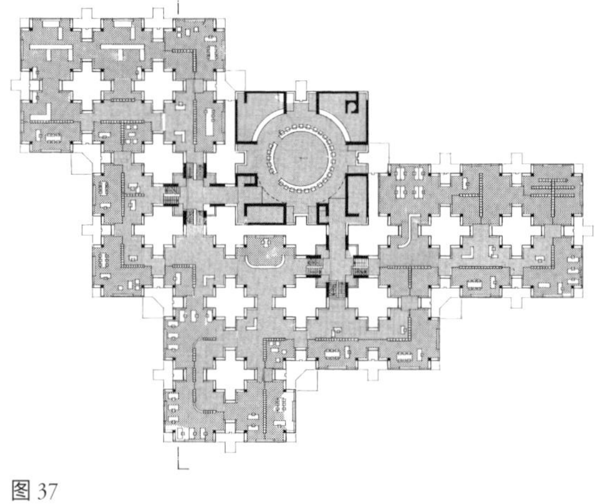

图 37

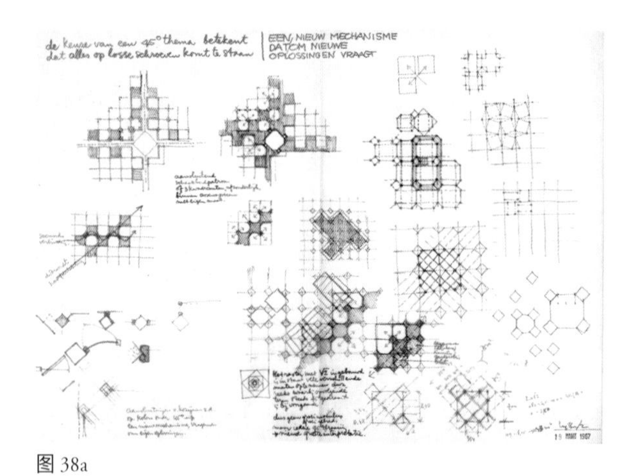

图 38a

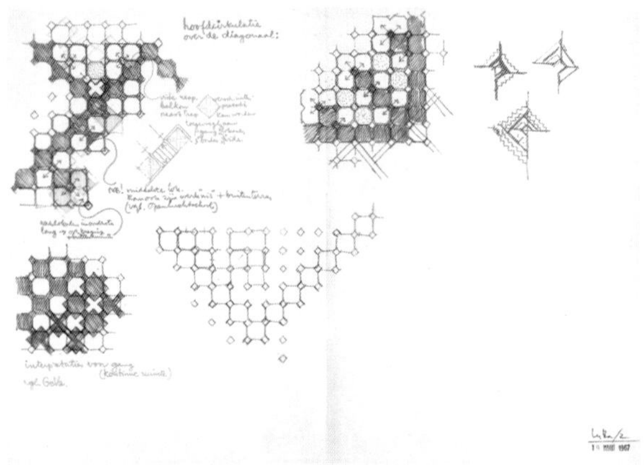

图 38b

图 34，图 35 赫曼 · 赫茨伯格，阿姆斯特丹市政厅项目，1967 年。
图 36，图 37 赫曼 · 赫茨伯格，瓦尔肯斯瓦德市政厅项目，1966 年。
图 38 赫曼 · 赫茨伯格，有关校园项目（Lyceum project）的研究，巴德胡弗多普（Badhoevedorp），荷兰，1965 年。
图 39，图 40 阿尔多 · 范 · 艾克，孤儿院，阿姆斯特丹，1955—1960 年。

作为记录，路易斯 · 康的理查德医学研究中心的底层设计方案图纸中看似令人信服的内容实则让人大失所望。内部空间使用起来捉襟见肘，留下杂乱无章的印象，由于内部单元互相连接的方式一点也不清晰，所以一连串同等大小的内部空间单元根本无法识别出来。再者，塔楼外部尽管令人印象深刻，但看起来这里的设计更多是为取悦他人而不是为设计思路的实质做贡献。

同时，阿尔多 · 范 · 艾克设计的孤儿院（Orphanage）展示了如何使用诸如同样的立柱、门楣、穹顶（包括两种尺寸）等遵循严格比例系统的构件，以小幅度的节俭方式创造出无可比拟的富余的空间结构。除了路易斯 · 康，阿尔多 · 范 · 艾克无疑也受到了勒 · 柯布西耶的启发。勒 · 柯布西耶设计的作品源自建筑物单元的不止一个，但其中最令人释然的是 1935 年他设计的位于拉赛勒—圣克卢（La Celle-Saint-Cloud）的周末度假别墅，当然还有后来的雅乌尔别墅（Jaoul houses），它们建筑单元的尺度由并排的拱形元素所决定。多年以后，路易斯 · 康会在他的金贝尔美术馆（Kimbell Art Museum，1966—1972 年）中使用了混凝土外壳作为建筑单元。
作为最严格的建筑师之一，阿尔多 · 范 · 艾克从没有超出他自己的“建筑构件设计包”（construction kit）搞设计。这意味着他一直在决定

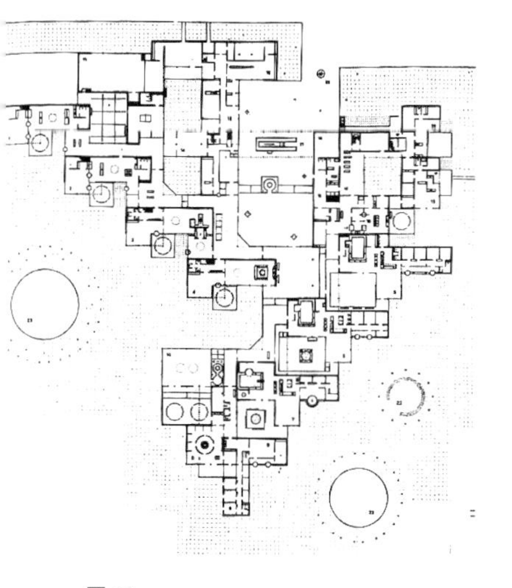

图 39

图 40

他自己的自由，换言之决定允许做什么、不允许做什么：比如没有悬挑，有的总是角柱，尽管玻璃墙面被允许在内部自由移动，有时也会超出边缘界限。

把一幢建筑物以同样的空间单元相互连接的模式进行组织——从视觉上来说是回归至了伊斯兰世界——这是全然一新的设计方法。路易斯·康在美国、阿尔多·范·艾克在荷兰，二人同时把它介绍给了公众，就像是两个来自不同方向的登山者要征服同一座山峰。在日本，新陈代谢派（Metabolists）的丹下健三（Kenzo Tange）拓展了这一原则，黑川纪章（Kisho Kurokawa）和菊竹清训（Kiyonori Kikutake）则把这一原则运用到了壮观巨大的超级结构的设计方案中。

我自己第一次把重复的可连接的建筑物单元的设计原则加以运用，是在阿姆斯特丹的林米吉工业综合体（LinMij industrial complex）扩建项目中。它是一个破败的、20世纪早期的单层砖制建筑。由于城市规划还没有编制出来，平屋顶上还曾计划再加盖一层，所以它的形式变化无常，是一桩杂乱无章的麻烦事。洗衣房要求设置一间进行维修工作的工作室，并且预见了到一定时候进一步扩张区域的需求，尽管不可能预测到这会涉及哪一部分或是这会在什么时候发生。可利用的预算只允许逐步进行扩建。具有普适性特性的相同建筑和空间单元组成了小组团，从这些小组团入手，新建多少个场所都是可能的。至少理论上这些个体建设阶段，最终会被组装成一个连续不断的结构。

图41 勒·柯布西耶，周末度假别墅，拉赛勒—圣克卢，法国，1935年。
图42 清真大寺（Masjid-I Jami' Mosque），伊斯法罕（Isfahan），伊朗。
图43 路易斯·康，金贝尔美术馆模型，沃斯堡（Fort Worth），美国，1968年9月。
图44，图45 新陈代谢派的城市项目，日本。

图41

图42

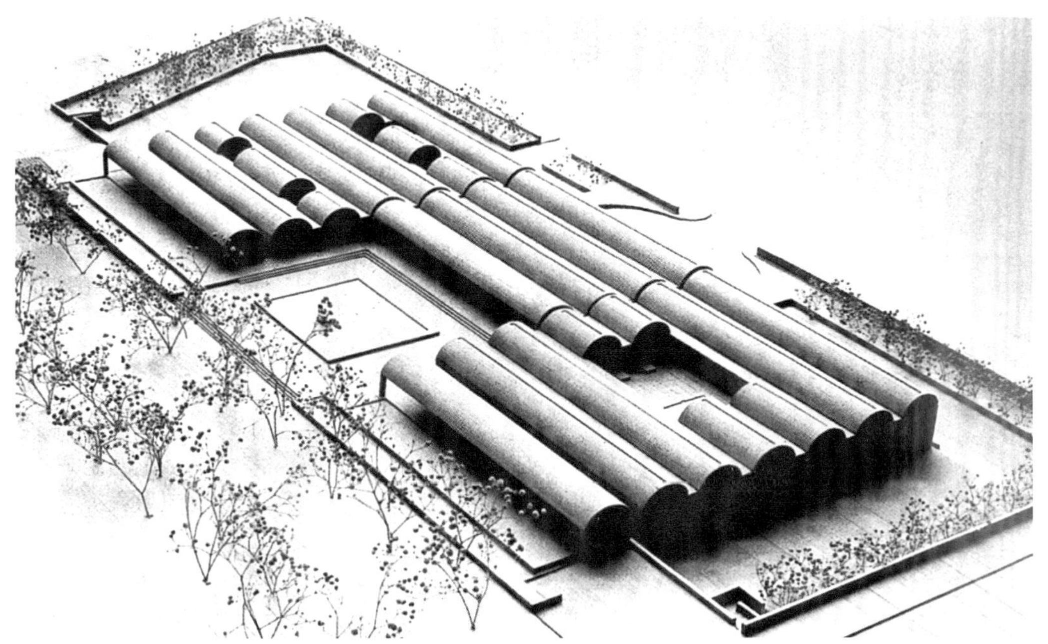

图 43

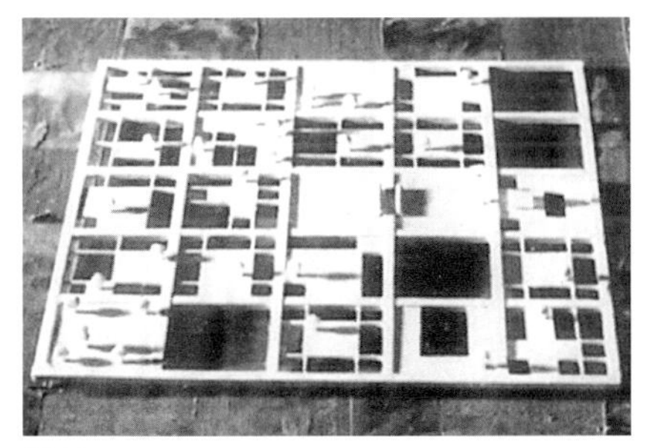

图 44

图 45

图 46

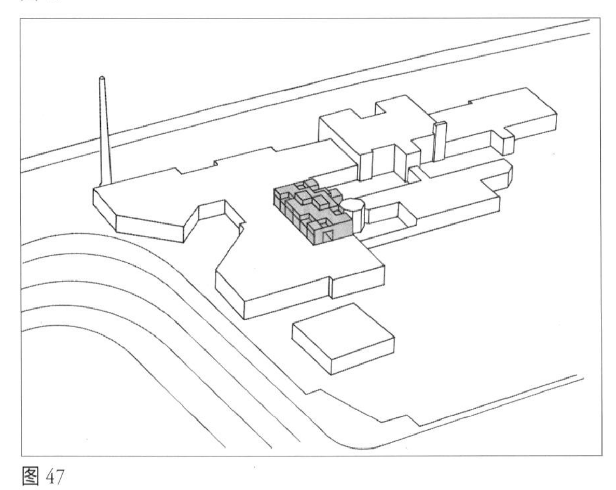

图 47

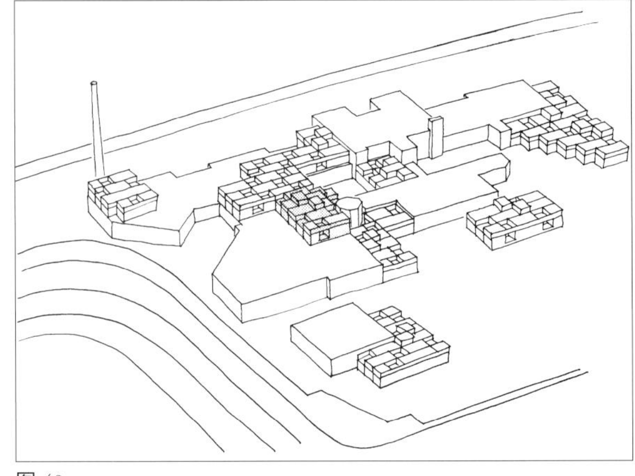

图 48

为了适应业务上的不停变化，每一建筑单元应满足工业生产方面大范围的要求——即它不应过分限于特定的工艺流程，而应该能满足各种功能的要求；哪怕只是建造过程中的一个次要阶段，在每一次扩建后建筑物应该是完整而统一的，每一次新的增建应该构成一个相应的完整整体。[《建筑学教程 1：设计原理》，第 128 页]

图 49

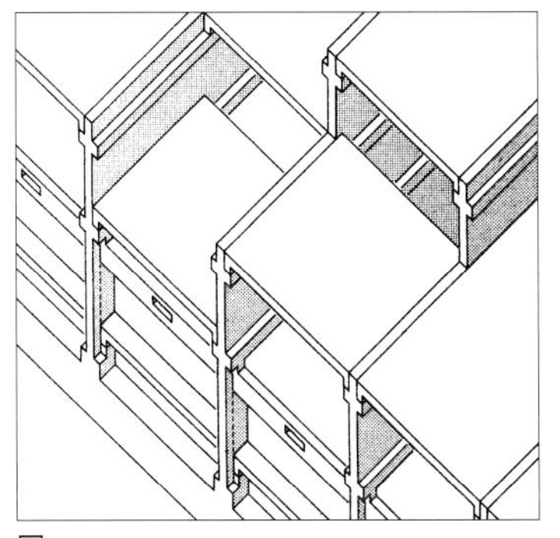

图 50

图 46~图 50 赫曼·赫茨伯格，林米吉工业综合体扩建项目，阿姆斯特丹，1962 年。

所以可以从建筑单元为起点来谈一谈，它能够通过多种方式加以解读和组合，可以在任何时间添加进任何地点中，即便组织结构发生了变化，它也能满足基本的空间需求。不清楚一栋建筑物未来担负的职能便没有理由拒绝明确的建筑形式精确度，是形式带来了建筑元素其施工构件风格的成套组合。

这是从原有认知中迈出的意义重大的一步。我们以前认为想要让空间具有"灵活性"（flexibility），空间就不得不是中性的，并因此缺少了明确的形式。作为首次尝试，该项目展示了中性用途、没有特定用途的建筑也可以有它自己的身份特征，它的身份特征并不是源于它的用途。

因此建筑单元应该有自身的特性，而且这种特性应该很强，使它能够自由地嵌入而无须考虑特定的环境条件，并且对它所构成的整体特征具有自己的作用。在这一实例中，预制构件展示性的使用不是由于需要重复所决定的，而实际上是由于——这看起来是一种悖论——为使各个构成部分具有特性所决定的。各构成单元必须是独立的，以满足多种功能的需求，而同时形式的选择应使得各个不同的建筑单元，能随时与其他单元相呼应。[《建筑学教程 1：设计原理》，第 128 页 ~ 第 129 页]

受建筑单元（解读为：空间单元）的接合方式以及组装它们的组成部分所驱动，结构单元作为具有自主性的物体在林米吉项目中得到了强调，其设计方式与之前提到的案例所采用的方式一样。从这里出发，人们很快就知道了组成部分之间的连接方式较之组成部分自身可能更需要得到关注，同时这也开启了通往崭新的令人着迷之处的道路。

老年之家（De Drie Hoven）是一座收容身心蒙受损伤的老龄人口的聚居地，也是一个全部采用由深思熟虑设计好的种类有限的预制混凝土构件装配而成的复杂建筑物，老年之家是建筑师遇到的采用预制构件组装的一次机会。老年之家的居民基于他们的身心状况被安置在不同的分区，每一个分区由不同的部门负责管理，每一个分区

图 51

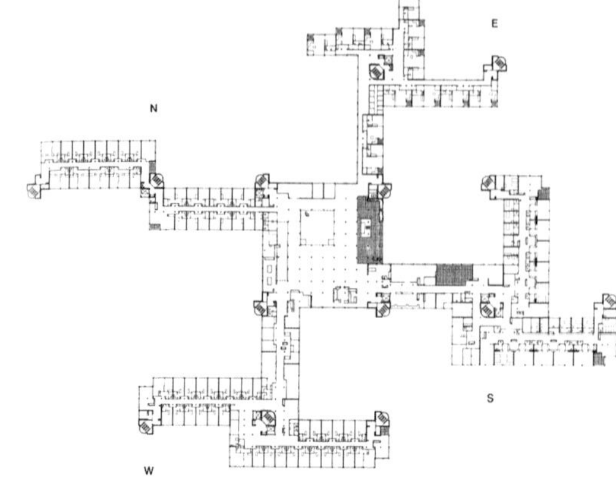

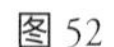

图 52

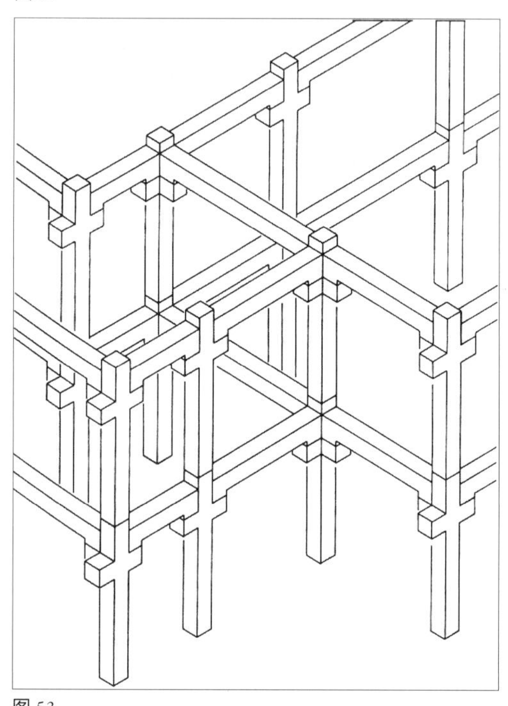

图 53

图 54

都已考虑到各自的设计方案与设计尺度。所以采用具有共同度量单位的单一结构体系防止综合体瓦解，变成不同建筑物的简单累加，这就变得十分必要了。除此之外，在把混乱控制在最小范围前提下能够把这里的居民转移到其他分区，同时还要尽可能让社会联系得以平稳运转也很重要。为达到此目的，不同的分区交会于“广场”（square），所有的共享便利设施都集中在这里。由电梯和其他同样关注结构稳定性的基础设施组成的网格构成了设计核心。以空间示意图形式呈现出的任务指示根据由现场所决定的可能性叠加在“客观的”（objective）网格上面。混凝土要素组成的“建筑构件设计包”提供了整体上的连贯性，阻止不同任务要求和由任务要求产生的各种填充内容削弱了组织上的和谐及视觉上的和谐。甚至，作为一个

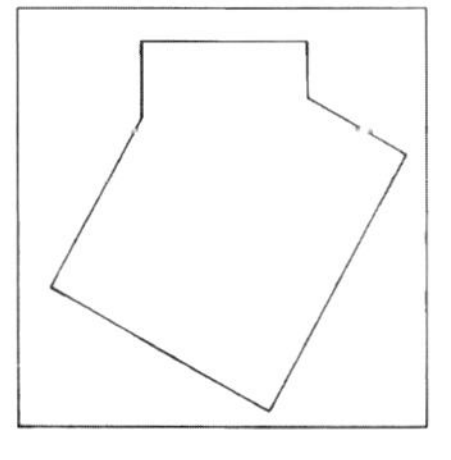

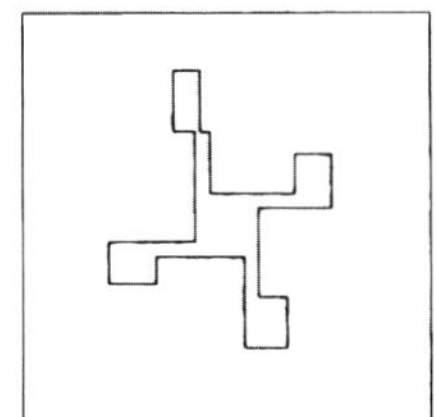

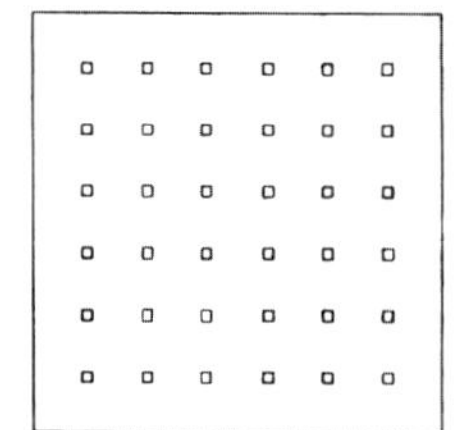

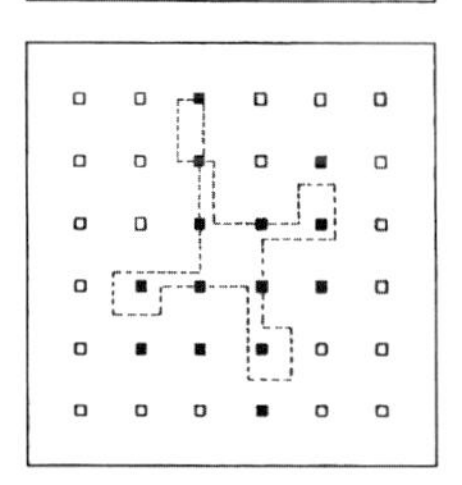

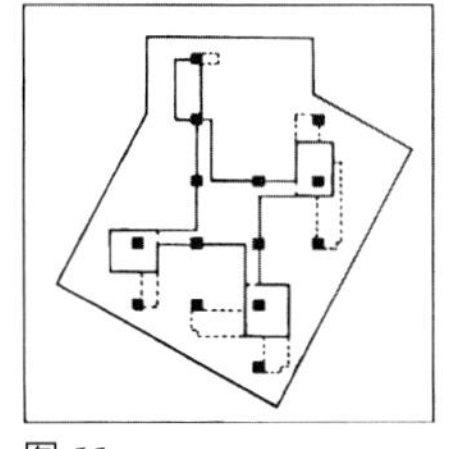

图 55

图 56

图 51~图 56 赫曼·赫茨伯格，老年之家，阿姆斯特丹，1965—1974 年。

7 查尔斯·詹克斯，《后现代建筑的语言》（*The Language of Post-Modern Architecture*），纽约，1977 年。由于政府不再向诸如此类的机构提供任何支持，老年之家现在处于衰败过程中。

整体，建筑物的结构确保了在综合体中一种连续的、容易识别出来的统一性，并且相对来说它也不易受到之后因适应问题而产生的影响，甚至作为结果对它们更具有开放性。（查尔斯·詹克斯（Charles Jencks）选中了作为一种纯正结构原则加以发展的十字形立柱，把它当作建筑中象征主义的例子，并作为居民最终命运的参考加以解读——探讨关于理解的自由！[7]）

很遗憾由于客户几乎消失殆尽，中央管理保险公司经理雅各布·德·鲁伊特（Jacob de Ruiter）正在寻找能够设计出另一种让人们觉得自己是社区一部分并享有更多自由的办公大楼的建筑师，而在 1968 年，这个巨大的机会出现了。

图 57

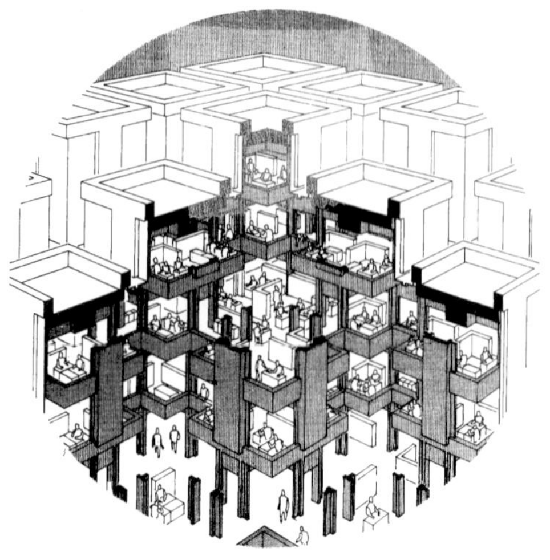

图 58

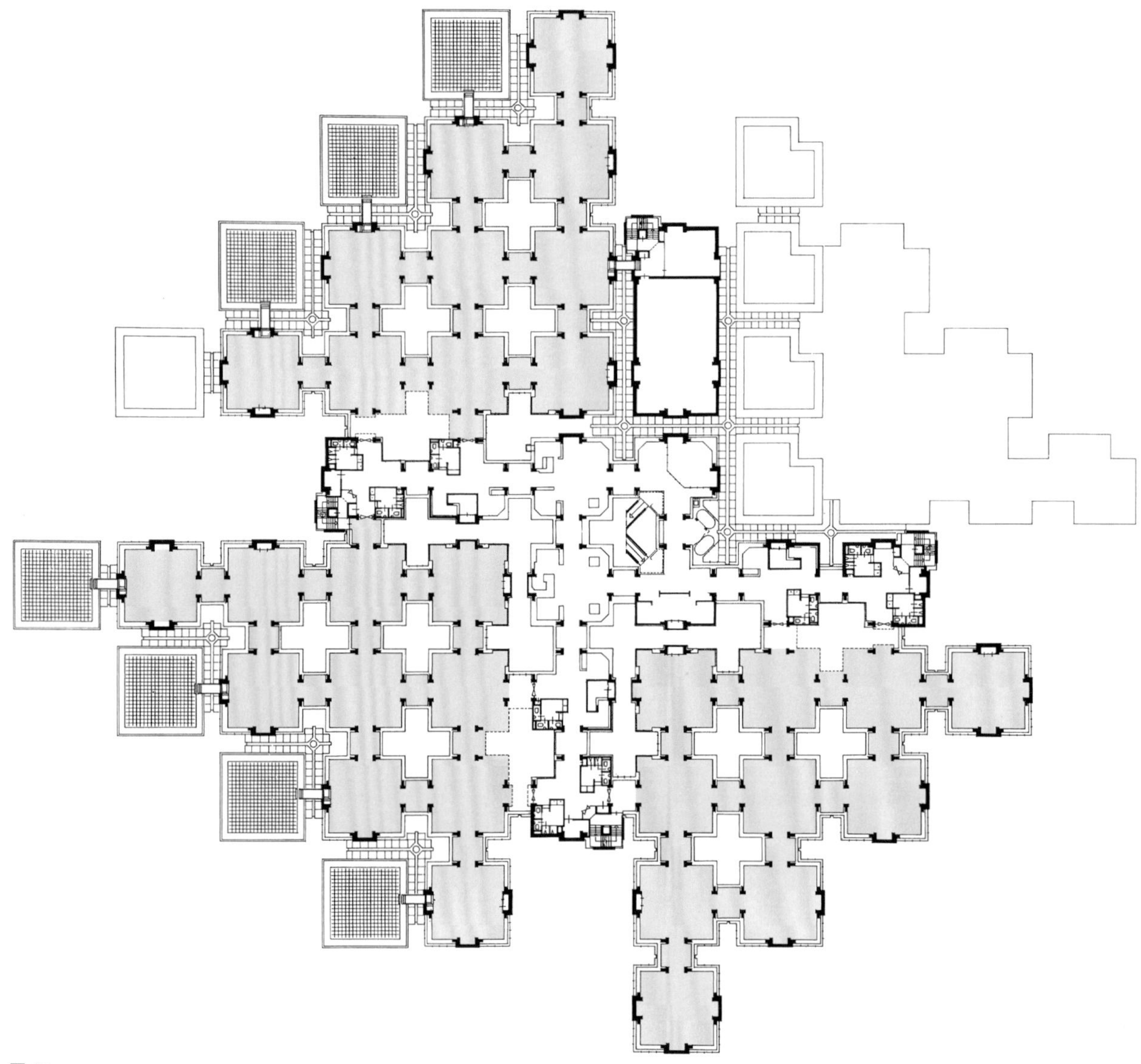

图 59

图 57~ 图 59 赫曼· 赫茨伯格，中央管理保险公司办公大楼，阿培顿（Apeldoorn），1968—1972 年。

8 见第七章，第 141~143 页；第九章，第 173 页。

20 世纪 60 年代末爆发了社会改革浪潮，改革扫荡了使荷兰社会停滞不前的惯例，取消了原本正式的办公建筑。出现了更为开放的集体办公网络，以全新的办公组织安排形式形成了新的办公空间景象，所以一排排整洁的沿走廊布置的小办公房间已不能满足需要。我们称之为“为上千人设计的办公场所”；不再像走廊和小办公空间似的建筑。[《建筑学教程 2：空间与建筑师》，第 90 页]

包含着一排排具有自主性空间单元的建筑物固然让人着迷，就像是早些时候提出过的瓦尔肯斯瓦德和阿姆斯特丹市政厅的设计方案，而此时到了把它们付诸实践的时候了。诚然路易斯·康设计的位于费城的医学研究中心塔楼也算是相邻单元，但是它们沿直线配置的方式仍然是相对无序的。现在的策略是要把两个方向上相同的建筑单元安排进一个统一的领域，好让“塔楼”间的道路模式具有开放性，道路可以被来自顶部的自然光照亮。我们从中得到的结构有着不同寻常的大型表面区域，并且它可以根据人们的意愿向各个方向延展，由此独立于它的边缘地带。这在那时是一种新的建筑物类型，几乎不可避免地会让人们想起把建筑物当作一个城市来看待的想法。
这个想法已经在之前提及的有关阿姆斯特丹市政厅设计方案中得到了发展，阿姆斯特丹市政厅几乎真的是城中之城。不仅如此，它还在办公单元中加入了接待室和礼堂，让互不相连的建筑单元变得更大，不经意间也会产生出某种道路系统。

中央管理保险公司[8]的设计概念里包括了连续使用作为基本建筑砌块的 9 米 ×9 米的单一重复空间单元。选定的尺寸让方案中的所有组成部分都能容纳进去。这些空间单元具有独立于具体职能的明确形式，因此它们又是可理解的和多功能的。地板被当作一个个“小岛”（islands）接合在一起，并且被开放空间（留白）所围绕，这些“小岛”间由发挥桥梁作用的元素互相连接，它在整体上是一个开放工作的系统，它的不同层级都在空间上有关联。
中央管理保险公司是由内到外进行的设计，它根据网格原则，用到了成组团的同等尺寸的空间单元。取决于特定场所需要什么，空间单元可以被分配以另一种职能，并且从那个意义上来说它是可解读的。此外，尽管这些空间单元被桥梁相连，可以说它们还是在空间的海洋中经受着冲刷。这里创造的接合式大型共有空间具有一种社区工作场所的氛围。

组织内部的不断变化，要求对不同部门的大小做出频繁调整。建筑必须能够适应这种内在的力量，而作为一个整体建筑物，则要求必须从每一个方面、在每一个时期都必须正常运转。这意味着持久的适应性是设计的先决条件。为了保证一个整体系统的平衡，即保持它继续发挥功能，在每一种新的情况下，各个构成部分必须能服务于不同的目的。这座建筑物被设计成为一个有秩序的延展，包括一个基本的结构，它在整个建筑物中，表现为一个基本固定的永久性区域，以及一个可以变化并具有明确用途的区域。基本的结构是整个综合体的承重系统。[《建筑学教程 1：设计原理》，第 133 页]

对我来说，这个设计意味着一种新的理解，也意味着在 20 世纪建筑中功能主义者“形式追随功能”（form follows function）的想法被画上了言之凿凿的句号。形式追随功能，就是说不论人们最初期望它变成什么样子，空间的形式应该都能与之相适应。甚至它还表现出空间被人们赋予不同的解读就会催生出不同的职能，除非刻意设计出来的不包括在内。

1965 年前后的那几年，许多设计出来的项目都被人们认为是结构：整体的凝聚力以及包含在内的各个部分被打造成互相相关甚至是互相演化的关系。因为人们把同样的空间单元加以重复当作是新思考方式下特色鲜明的正式领域，这一形式的联盟被人们赋予了结构主义的名字。结构主义由此逐渐代表了小单元接合连接的方式、按比例缩小、去中心化以及在网格内形成体系、模块和模式，还有组织起让人回想起栖息地演化的小单元结构的“火柴盒理论”（kasbahism），关于这类“火柴盒理论”的知识，我们主要从北非地区获得。但就此方面而言，它对于结构主义者有关建筑的思想意识所具有意义的看法过于片面，弱化了它在进程中的作用，而这正是我想探讨的。

第二章　结构主义与建筑 | Structuralism and Architecture

人们认为20世纪60年代和20世纪70年代的工作方法是属于结构主义的工作方法，而这种盛行在20世纪六七十年代的工作方法现在又重新得到推崇。不管是现今对于结构的思考，还是在设计过程中从较小空间单位入手的趋势，都展示了其与五十多年前的"荷兰结构主义"（Dutch structuralism）具有一定程度的相似性。所以从1959—1965年这段时间开始，展现在期刊《论坛》上的理念世界以及《论坛》刊载的文章《关于另一种理念的故事》中所表达的内容，都在为设计更加讲求人本的建筑发声，而这些声音今天又重新回到了我们的身边。刊登在《论坛》上的许多规划的配图以及与"构形过程"（the configurative process）相关的文章确实大多是有关结构的。至于那些规划是否抓住了结构主义的本质则是另一回事。尽管如此，在今天有关结构和结构主义的相关性讨论也要比过去更强。

可能是由于计算机的出现接管了作为一个整体设计过程中的"人工"（manual）部分，建筑师们被鼓励以一种新的形式思考有关结构的问题。现在每一条自由曲线都被数字所精确捕捉、定义、固定并正规化。对于每一个人来说，所有的事情都变得可以实现，最终的结果变得错综复杂——曾经经常是出于谨慎原因——如今不再是设计最具活力的形式和建筑时的障碍了：现在脑中之所想皆有可能，而可能之所有又皆被想象。计算机规定了一切，又未经询问就把它们传送到了一个没有自由可言的检查点。闯进设计过程中的不期而遇和出乎意料的影响就好像偶然发生的一样。不仅如此，计算机使复制变得简单，能够在一个个像素块中思考这件事也鼓励着建筑师们在众多相对较小的空间单位内进行设计。

再加上受全球化影响，经过一段规模过于庞大的设计思潮期之后，小尺度的设计优势一度开始显现，在个人主义产生的结果上和特征需求上表现得尤为明显。拿一整栋房子来说，里面的一切都在通过它自身的努力进行着调整，让每一个彼此分离的居住空间都可得到辨识。这样确实往往会忽略把那些单元聚集在一起的相关概念。实际上，很明显人们还有很多东西要从所谓的结构主义的"火柴盒式"计划（kasbah-like plans）中学习。

如果说过去那些时代的许多误解是因结构主义而生，那么这样的误解在当今只是有增无减。只要是结构在其中起到作用的任何事物，人们都会自动地把它与结构主义联系在一起而忽略掉结构主义的原意。同样的情况也适用于立体主义（cubism）一词。自 1906 年纪尧姆·阿波利奈尔（Guillaume Apollinaire）发表题为《立体派画家》（*Les peintres cubistes*）的文章，将目光聚集在继保罗·塞尚（Paul Cézanne）之后进一步把客体打碎成一个个具有自主性平面的新一代画家上面，从此之后便出现了对立体主义的误解。虽然立体主义和立方体并没有什么关系，但由于阿波利奈尔出于善意的解释，立体主义就成为一个让我们困惑的名称。你可以提出自己的不同观点，但一旦某种说法已经根深蒂固，就算你已筋疲力尽，也无从让它改变。

结构是协调的，也是连贯的，它使不同的事物共同运作或彼此适应。通过相互依靠和相互合作，事物各要素间会发生联系。而有关联的事物以及它们的要素之间如何维系彼此间的关系，结构都会从整体思路上给出回答。它既可以是一种平级系统，也可以是一种彻底的等级系统，这二者实现起来一样容易。符合合理的规则，甚至经常是专断规则的要求，如果满足这些要求的系统受到监督和控制，那么结构就会抑制自由。但同时游戏规则也让游戏能够进行下去，所以结构也会创造自由。归根究底，结构主义和你所认为的，也就是对结构的坚守和对结构的使用之间并没有必然的联系，但是在不同情境下沿着主观或具体的路径，个人或群体是如何解释某些具有一般性的客观原则的，对于这个问题，结构主义却可以解决。在这种情况下，结构主义从本质上来说是与个体和群体相互依靠的方式以及二者能够相互影响的方式有关。

以纺织品的结构来举例，它是由经纱和纬纱组成。经纱部分的线长度长、绷得紧，但颜色不一定鲜艳，经纱要靠纬纱才能构成纺织品的结构。纬纱的线各处都不同，由于经纱上的线具有结合和支持的特性，纬纱实际上已经实现了完全自由。就组织结构来说，经纱和纬纱二者所履行的职责并不相称，但是二者的价值却没有高低之分，不存在一者价值高，另一者价值低的情况。

谈到结构，组合织物的理论性案例就少了一些，比如说美国拼布（American quilt），各个拼接的部分是由多个不同的参与者制作完成。一开始每一位参与者就会把自己的解释和个性共同融入选择的拼布图案中。在每一个场合中，人们共同接受的框架也会沿着个体路径得到解释。

这些关于组织布局的案例清晰地告诉人们，“自上而下施压”（imposed

1 这里带有注释，将“能指”（signifiant）解释为“可用符号表示的”（signifiable），将“所指”（signifié）解释为“已用符号表示的”（signified），因为这两个词在这里的含义与平时经常使用的含义不同。

from the top down）的系统是如何受到影响并调整为“自下而上”（from the bottom up）的。所以说在集体组织的“色彩”（colour）和个体参与者的颜色之间是能够实现合理合成的。就这种意义来说，可以把它描述成一种开放系统。但是就结构而言，制作出的产品即为最终成果，自此之后便不可改变。它的成果不会随着时间的推移而变得开放多样，而这正是我们所追寻的。
就像语言在使用过程中会受到某些进化原理内容的影响一样，结构主义所涉及的结构不仅对由使用者造成的各类影响是开放的，而且实际上也要依靠这些使用者。尽管随着时间的推移外界输入会改变，但从本质上来说整体仍然是相同的。

就像存在于形式与用法以及它们的经验之中那样，集体给定的解释与个体解释的关系可以类比为语言和口语之间的关系。语言是一种集体工具，是人们的共有财产，通过使用这种工具，人们就能够形成他们自己的思想并把思想互相传递给对方，只要遵循语法规则和句法规则，并使用可被识别的单词就可以做到——换句话说，单词对聆听者来说具有意义。最值得注意的是就算他或她以高度个人化的方式表达出非常个人化的感情与关切，每一个个体还是都可以被他人所理解的。[《建筑学教程 1：设计原理》，第 92 页]

当你意识到语言学领域的所有个体都结合到一起，以互相结盟的方式形成可以被理解的统一单位时，你就会发现这一现象所具有的意义是前所未有的，而且每个人仍然可以做出他们自己的解释，甚至以他们在集体性整体之下的个体性去影响整体。

居于结构主义中心位置的是两种模式“能指”（signifiant）和“所指”（signifié），不确定与确定相互对立下的不完美与完美的辩证关系：“可用符号表示的”（signifiable，还没有一个确切的含义，可以有多种含义）和与之对照的“已用符号表示的”（signified，具有特定的含义）。[1] 画家未经涂抹的白色画布呈现出的是一种期望，是潜在的可能性：一种能力（competence）。

而且，口语不仅仅一直是语言的一种解释，语言反过来也会受到人们经常所说的话语的影响。待时机成熟，受稳定的影响，语言会发生变化。所以你可能会说语言在决定着口语的同时，语言自身也被口语所决定着，语言与口语二者是辩证相关。

结构的概念往往是让人迷惑而不是让人清晰。

不管把什么东西放在了一起，就算方式粗劣，人们也会很快把它描述成一种结构。（然后就会与科研机构、商业组织，当然还有政治当局所谓的“结构思考”（structural thinking）产生负相关的联系。）在这里，“结构”是指由新的掌权者施加的新的压制形式。关于建筑的一切事物，不论好坏，都被贴上了结构主义的标签：从直观上看构造方面在建筑中占据了重要地位；建筑也要反复地与是网格还是框架，是坚固还是摇晃，抑或是几者兼有的预制零部件（可能是混凝土，可能是其他材料）打交道。结构与结构主义的原始含义是毫无虚无之感的，但它们的最初含义好像确实已经淹没在建筑术语的重压之下。结构主义最初是指一种源自文化人类学的思考方式，它在20世纪60年代的巴黎达到盛期，对各类社会科学都产生了强烈影响，特别是其形式在克劳德·李维－斯特劳斯（Claude Lévi-Strauss）的研究下得到了发展。“结构主义”一词与克劳德·李维－斯特劳斯联系密切：他的观点——特别是在解决前面提到的集体模式（collective pattern）与个体解读（individual interpretations）之间的关系问题上——对建筑尤有启发。

就克劳德·李维－斯特劳斯而言，他是受语言学家费尔迪南·德·索绪尔（Ferdinand de Saussure）的启发。索绪尔是研究“语言”（langue）和“言语”（parole）不同、语言和口语不同的第一人。[2] 语言是最杰出的结构，从原则上来说，能通过语言交流的一切都包含在结构的可能性可以表达的范畴里。它确实是思考能力的一个前提条件。人们只有说出自己的想法，才能让这些想法在其用语言表述的默认范围内实现存在；我们使用语言不仅是表达我们的思想，在表达思想的时候，其实语言也在塑造着这些思想。表述和思考是同时进行的：我们按所想进行表述，我们也按所言继续思考。

在这个系统里——各种连贯一致的价值观——不同的相互关系都按照规则产生联系，但是在同一系统里也仍有许多可以发挥自由作用的地方。虽然看似自相矛盾，但这还要归功于意在限制自由的同一种确定的规则。

结构主义哲学把这类思想扩展到包含一个人的影像，这个人所具有的可能性是持续和固定的，就像你用一副纸牌根据不同的玩法可以玩出不同的游戏一样。

不同的文化，无论所谓“原始”（primitive）或所谓“文明”（civilized），可以说都在同一游戏中发生着变化；解释会是一直不同的，但主要方向是固定的。[克劳德·李维－斯特劳斯，《野性的思维》（*La Pensée sauvage*），1962年出版]

2 威廉·冯·洪堡（Wilhelm von Humboldt）可能是第一个列出结构主义原则的人："语言是一个对有限手段无限运用的系统。"

经过对不同文化的研究和比较，克劳德·李维－斯特劳斯观察到了同一主题反复出现的现象，并由此得到结论，通过对转化规则加以应用，结构就会具有高度的相关性。他认为不同文化下的所有行为模式都可以互相转化；但不同的是，它们在自己的系统里发挥着功能，面对这样系统的关联性从原则上说是持续的。

"同理，如果你比较一张照片和它的底片——尽管两张上的图像不一样——你还是会发现各个组成部分之间的关系仍然是相同的。"[保罗－米歇尔·福柯（Paul-Michel Foucault）]

当你开始着力研究其中本质的时候，如果将其置于更为流行的角度之下，你就会关注不同情境下不同的人以不同的方法做同样的事以及用同样的方法做不同的事。"人被塑造的方式造就了人，但问题是人被塑造的方式又是如何被塑造的"[让－保罗·萨特（Jean-Paul Sartre）]，萨特此语意在说明他已在他自己可能性的限制中成功创造出了某种程度的自由。对于结构的思考，最为简明的总结可以借助之前列举过的国际象棋游戏的例子说清楚。在最为重要近乎幼稚的简单游戏规则控制下，游戏里每一个棋子的移动自由都受到规则的控制，而好的棋手能成功地将各种可能性的范围无限扩大。棋手越是优秀，游戏内容也就越丰富。除正式游戏规则外，基于经验还会出现非正式的子规则。这些经验丰富的老玩家在他们游戏的过程中所运用到的经验也会反过来影响最初的正式游戏规则，这些游戏玩家甚至会由此为调整系统做出贡献，借他们之手让非正式的子规则发展成为正式的游戏规则。而且，就一套固定的规则是如何做到不仅没有限制自由反而是创造出了自由而言，国际象棋也是一个杰出的案例。美国语言学家艾弗拉姆·诺姆·乔姆斯基（Avram Noam Chomsky，特别因其对美国入侵越南的越南战争持反对态度而被人铭记）用与克劳德·李维－斯特劳斯比较神话相类似的方式比较了不同的语言，并得出结论，所有人都具有相似的语言能力。他把"生成性语法"（generative grammar）作为入手点，认为所有的语言从根本上都可以追溯到同一种潜在模式，这种模式里有一种天生的能力存在。所以从这个意义上说不同的语言就像不同的行为形式一样，可以把它们看作相互间的一种转化。一般来说，所有这些与卡尔·古斯塔夫·荣格（Carl Gustav Jung）提出的"原型"（archetypes）概念并没有相差甚远。人们与生俱来会对本质上相同的"主要形式"（arch-forms）进行不同的解读，这是人的天生能力。在相似的基础上，以溯源到最多样的文化背景下所有人的天生能力为依据，产生出的感觉也是形式与空间组织的创造物。再有乔姆斯基引入了“语言能力”（competence）和“语言运用”（performance）的概念。语言能力是指人所拥有的语言知识储备，语言运用是指在实际情况下人对语言知识的使用情况。也是由此，“语言”和“言语”会在更广泛的含义上得以重新表达，可以与建筑之间建立起一种联系。从建筑角度来说，你可以认为“语言能力”是可供人们解释的形式能力的大小，“语言运用”是人们在现在或曾经的特定情况下解释某种形式的方法。[《建筑学教程 1：设计原理》，第 92~93 页]

所以结构主义确实是与结构存在一些联系，但这些联系也仅存留在表面上与它相对立的自由上面。所有结构都会着手学着如何去忍耐，但是结构主义特别强调的是，除了能够让结构发现它们自己的情境会对结构产生影响外，结构还会试图去包容它们，甚至自己吸收自己。

图 60

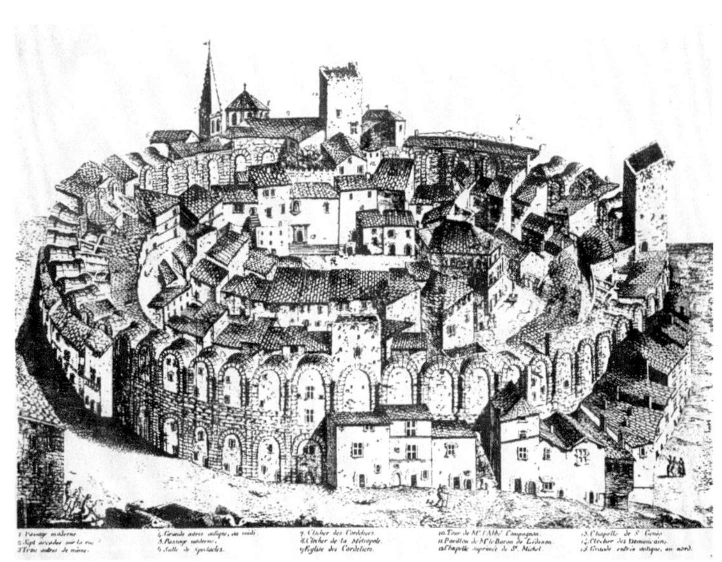

图 61

图 62

图 60，图 61 圆形露天场所，阿尔勒，法国。
图 62 卢卡，意大利。

3《灵活性与多样性》（*Flexibility and polyvalence*），《家园》（*Ekistics*），1963 年 4 月，第 238~239 页。

不同的应用、不同的情境都会对建筑物产生影响，如何能让建筑物在各种影响下既不失自身特质又能够很好地适应环境，不仅忠实于它们自身，还能更加可持续、更加民主，对于这个问题，从把结构主义转化成建筑的经验里我们能找到一些思路。圆形露天剧场就是此法最为简单的表现形式。作为体育场的雏形，古罗马人在整个帝国范围内都在修建这些椭圆形结构，但这些圆形露天剧场已经丧失了它们最初的功能，其中很多都按照它们所处的具体情境做出改变，为人们所应用。

“在中世纪，人们把阿尔勒圆形露天剧场当作堡垒来用；在那之后它里面开始有了越来越多的建筑物，到 19 世纪它已经成为一个居民栖居的小镇。意大利卢卡的圆形露天剧场则被城镇吸收，成为城镇的一部分，与此同时它作为公共广场又保持有开放性。在难以名状的城镇肌理中，椭圆形空间就是标志，它把自己的名字和特征都贡献给了周边的城镇肌理。”“建造这两座圆形露天剧场的目的是相同的，它们都在变化着的情境中扮演着不同的角色。它们中的每一个都吸收着环境，又被环境所吸收，呈现出新环境的色彩。环境反过来也会被在其中心的古代结构所影响。由此它们不仅理所应当地以一种新形式成为城镇肌理中不可或缺的一部分，也为城镇肌理提供了一种特征。这两个案例中的椭圆形结构及其周边地区证明了二者之间可以相互转化。椭圆形代表了一种原型形式，此案例的封闭空间、室内空间、大型房间可以作为工作场所、操场、公共广场和居住场所。圆形露天剧场的最初功能虽然已经被人们忘却，但是其又富于联想，能为持续更新提供各种机会，椭圆形的形状还保留有它的相关性。”[3]
这两座圆形露天剧场成功保留住它们封闭空间的特征，但是它们的内涵处于变化之中。因此在情境变化、结构自身本质不变的情况下，同一种形式可以临时扮演不同的外形。此外，阿尔勒圆形露天剧场现在已经恢复到它初始的状态，此案例说明这类转化过程基本上是可逆的。关于建筑的“语言能力”和“语言运用”的例子，再也想不出比这个更有说服力的了。两座圆形露天剧场不同的事实也只是为了强调形式的争论属性：就像转化的过程强调了椭圆形式的自主性，所以把作为“原型”（archetype）的形式强加于自己身上也是不可避免的了。……总有一种具体的形式来适应具体的目的，这句话显然是正确的。形式不仅允许各种解释，而且在变化着的情境中实际上还会促进各种解释的出现。所以你可以认为各类解释的方法作为内在命题一定都要包含于形式之中。[《建筑学教程 1：设计原理》，第 102 页]

图 63

图 64

图 65

图 66

这些分量十足的建设活动让圆形露天剧场几乎就好像自己自然进化的一样，得以呈现出永恒的一面。这是一个特别强有力的例子，作为一个主题也很难再有提升。此外，具有持续性和包容性的圆环就像一个盘子或一只碗一样明确地把内部世界和外部世界区分开来。
如果基本的假设再少一些，像这样包容一切结构的例子还有很多，比如只在中国南部福建省发现的独特环形建筑，特别是在永定一带。这些如同要塞一般的居住建筑，有时因个体原因而出现，有时因群体原因而出现，共同构成了一个实现完全自我包含的居住村落。从北方迁徙至此寻找更好生活条件的客家人（陌生人）的整个族群都居住在这些土楼里。在这些堡垒建筑物中，他们可以自己保护和守卫自己，对抗攻击和长期围困。
所以我们一直在观察的是相对具有结构的、涵盖广泛的、有包容性的部分与可以转换适应任何新情况、由情境创造和描绘的非结构部分的区别。

无论何时我们谈起结构主义，总会涉及客观能力（语言能力），通过应用材料的某种主观解读（语言运用）就可用符号进行表示（能

图 63~ 图 66 客家土楼，福建，中国。

指）。这些应用不是最终结果；结构也可以适应其他情况。不仅所有时代的个人和群体都可以自由操控建筑的语言能力（不像是金融能力，而更像是发动机的性能），而且不同的情势和时代、其他需求与可能性或迷人之处也都是可以的。

结构主义从本质上来说可以归结为一种既能赋予各种含义，同时又能摒除各种含义的能力（即可解读性），换言之也就是说结构主义对各种表达自己的解释都持开放态度。可解读性能力存在于我们所谓的“结构”当中，而不是开放结构之中，二者的区别在于结构赋予最终阶段以实体形式。

开放式结构可以是拥有实体形式的，比如说构成环形广场的椭圆形建筑部分便是如此。但是开放式结构同时也可以轻松拥有空间，拥有可能是夹在中间位置的空间，像道路和广场系统或道路系统、广场系统二者其一就决定着城市长远发展的主体结构，即便是界定空间的建筑物都发生了变化或是建筑物被替代，也依然是如此。开放式结构具有持久性的特点，它像变色龙一样变化多端：它引人入胜，甚至是注入了情感。如果结构总是与限制自由有关，那么开放式结构通过为自由兼容并包的本性铺垫温床，实现了输送自由。

把多个基本的空间单元复合在一起，也就是用外推法（extrapolation），你就可以创造出一种结构。但一个巨大形式的包容性整体或描述性整体的结构效应也可以是你的入手点。人们会用内插法（interpolation）进一步填充这个巨大的形式，会按需求进一步解释这个巨大的形式。这就是围绕环形广场发生的一切，一定程度上也是乔治·坎迪利斯（Georges Candilis）、阿列克西·乔西克（Alexis Josic）、沙德拉·伍兹（Shadrach Woods）所做的柏林自由大学（Free University of Berlin）规划所发生的一切（见第 48~55 页）。方案里的策略都是按宽线条制定的，这些策略，更准确地说是一种模式，成为人们进一步解读的（保护性的）入手点。环形广场和柏林自由大学的范例都呈现出了一个具有连贯性的整体，对于这个整体我们可以将其描述为开放式结构。不同之处在于包围形式或是首要形式可以插入进去，它能达到的范围预先已经是确定好的。综合考虑，以真正的形式把结构主义最贴切地运用到建筑和规划上来的设计策略实例是如同城市网格般的烧烤架以及具有自给自足结构的环形广场（烧烤架和西方环形广场都源自古罗马文化）。

而后，结构在本质上可以穷尽其各种变化。以我思考的入手点环形广场为例，它的结构坚固而巨大，从本质上来说它就是把自己赋予了广泛解读的城市形式，由此它的各种功能可以添加上也可以移除

图 67

图 68

掉，这也就解释了结构为何无需放弃它们的巨型椭圆形状，因为它们能够做出调整来适应变化。这里所说的结构是一种具有包容性的形式，它可以提供庇护的场所，让不同的组成部分聚集在一起并确保其具有凝聚力。

如果把环形广场看作是一个建成的物体（形式是强调包容所有的，而不是强调内部包含着什么），并且认为在环形广场的建造过程中它的结构在尺度上和内向性上都是固定的，那么结构在城市网格规划里就是由外向型、视野向外、原则上没有界限的建筑之间夹杂着的内容所塑造的。

与城市网格的外向型趋势相对的是包容性形式，就像与晶体相对的是硬壳。二者都是利用空间进行移动，一方把内容收纳进来并把它们结合在一起；另一方就像具有协调能力的脊柱，遵循线路展开，并在开放空间有所发展。

把结构当作是生成性的脊柱，或是一块布料上经纱的颜色源自纬纱的多样性，柯布西耶为阿尔及利亚首都阿尔及尔（Algiers）所做的皇家要塞（Fort-l'Empereur，1930 年）设计方案就是这样一个开放式结构的经典案例。

图67，图68 勒·柯布西耶，“炮弹规划”（Obus）/皇家要塞设计方案，阿尔及尔，阿尔及利亚，1930年。

沿带状海岸线坐落着被拉长的巨大结构，产生这样结构的设计理念是将高速公路和住宿需求结合在了一起。在高速公路上下，堆叠的楼层构成了人工建筑场地。一个个的居住单元可以建设在这些建筑现场之上，它们的个体拥有者喜欢什么样的风格，就可以把它们打造成什么样的形式和类型。
你可以把这种对于“人造路面”（sols artificiels）的建设看作是一种支持（勒·柯布西耶他自己用的术语是超级结构（superstructure）），对于“人造地面”的建设，显然要将其当作高速公路的一部分，由国家实施独立建设。柯布西耶的画作展现了他的设想，至少从理论上讲，展现了可以想象出来的巨大变化。可以确定1930年是建筑领域中现代主义运动和功能主义思想最为盛行的时候，就像之后许多评论家所言，即便柯布西耶对于交通的观点有一些幼稚，这依然完全是革命性的。但是柯布西耶这幅画作呈现的画面是最为特别的，甚至在八十多年后的今天，还鼓舞着越来越多的建筑师准备好去接纳它！

勒·柯布西耶的阿尔及尔规划方案是我们进行思维训练的关键，如其明确所指，由于巨型结构自身的力量，机会提供给了个体使用者，让他们按照自己希望的那样或是“他们自己的”（their own）建筑师的想法去准确创造他们自己的家。事实上集体的结构只会对每个个体的居所起到限制空间的作用，但是一个个居所在一起又决定了整体的外观，正如“超级结构”在集体性层级上为个体居民异常突出的自由所创造的那样。
这幅画作——顺便一提，这也是勒·柯布西耶创作的最易引起情感共鸣的画作之一——展现了大相径庭的设计方法与建造方法可以和谐共存，也展现了正是巨型结构不仅让多样性成为可能，也让这个综合体从整体上具有无限可挖掘的宝藏，远非一个天资聪颖的建筑师所能企及。但这还不是全部——这幅画作还告诉我们像这样的一个结构：局部的多样性越是丰富，整体的质量越是上乘！所以混乱和秩序似乎确实是相互需要的。[《建筑学教程1：设计原理》，第108~110页]

虽然说及时做出修改并不能让全局与局部得到一个互相妥协的方案，但是从我们所熟悉的建筑实践来看，修改所具有的勃勃生机的多样性也和面临的实际情况毫无关系。因为它完全基于这样一个假设：有相当多的人，他们可以随心所欲，任凭自己的方法来设计自己的房子。即便在这个案例里再补充一点事实是，出现差异的可能性也并不太大。至于其余的部分，因为展示给我们的只是冰山一角，不太熟悉居住单元的可到达性与可利用性能够达到什么程度，反倒会

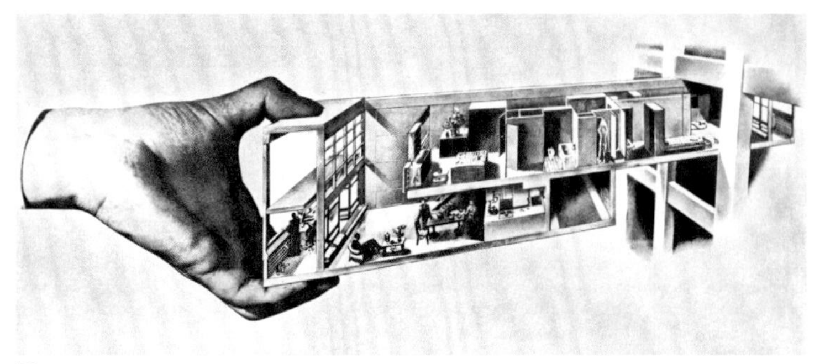

图 69

图 70

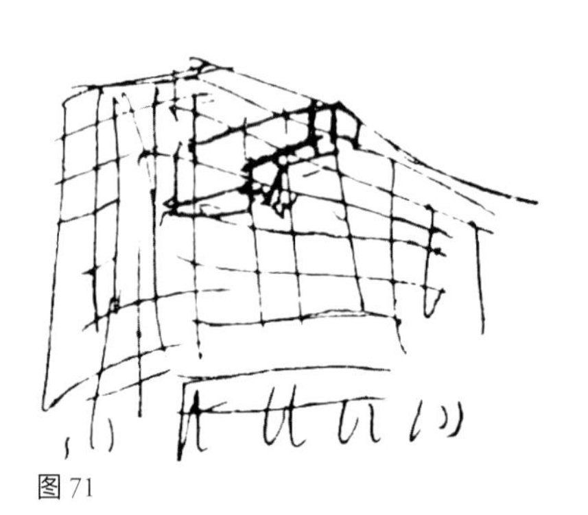

图 71

图 69~图 71 勒·柯布西耶，有关马赛公寓的研究，马赛，法国，1946 年。

图 72 杰里特·阿德里亚森佐·贝克海德（Gerrit Adriaenszoon Berckheyde），绅士运河（Herengracht），阿姆斯特丹，1672 年。

图 73，图 74 船夫街（Scheepstimmerman-straat）上分别单独设计的住房，阿姆斯特丹。

4 参见第四章第 89 页。

5 见其著作《支持：一个集体住宅的替代物》（*Supports: An Alternative to Mass Housing*），1972 年。

让我们做得更好，就像该项目的说服力完全是在这幅绘图的暗示影响中所发现的，宣告出现一种新机制下的美学。这个规划方案给人留下的印象是：这种超前的激进思维方式在三十年后演变成为结构主义，我们提出，结构主义也就是在单一时间由集体方式创造的共有结构与多姿多彩的个体创造构成二者之间的区别。[4]

N. 约翰·哈布拉肯（N. John Habraken）厥功至伟，他是第一个明确阐述住宅中基底建筑和内部装修这二者理念区别的人，换言之，是“支持”（support）将个体居所作为互不相连分立的组成部分作为“填充物”（infill）。[5]哈布拉肯认为集体住宅的归宿不应由设计基底建筑物的建筑师的布局和设计方案所决定，而应该把它们的决定权留给集体住宅的占用者们，在工业化生产的零件的帮助下，他们可以做出自己的选择。这里作为议题的集体住宅，勒·柯布西耶也曾在他的巨构形式中试图为它正名，集体住宅很大程度上是在寻求安放数量众多的具有大尺度结构居所的实践中形成的产物，并且只有到了那时，人们才开始着手解决它的消极方面。

同样，我们从勒·柯布西耶对他在 1946 年设计的马赛公寓的解释中也看到了把插入居住单元当作是往混凝土框架内加入预制建筑物构件设计包的相同的想法，就像是往酒架上一个个地放酒瓶子一样（“如同一个瓶子”（tel une bouteille））。

图 72

图 73

图 74

在此我们已经看到了作为一种集体支持的框架与作为一种个人组成部分的居所，它们二者的不同之处。类比公共街道网格中的私人建筑物，单体建筑中公共领域与私人领域的划分便在于此。
可清晰追溯的街道遵循的原则一直如此，就是它联合起所有已经建成的个体表达集成一个有共性的整体，尽管人们并不是总能像这样意识到这个原则。作为能够汇总大批个体建筑实体的城市结构，阿姆斯特丹的环形运河就是这样一个典型案例，就像是串在同一串项链上的颗颗珍珠，个体建筑实体都具有自己的特征，只在一些起始点上遵从共性（建筑红线、建筑高度）。码头岸壁紧紧勾勒出水面的岸线，像树木年轮一样以半圆形的方式对城市进行了表达，并把城市分隔成了不同的时代阶段。

很明显，它们原先的防御功能，如今只能被视为其特殊布局的基本动机；这一布局曾经有过、现在仍有许多潜在的东西可加以利用。除了主要作为防御功能外，这些运河还曾是货物运进运出的主要运输通道，而这座城市也正是因此而繁荣富裕起来，在公共下水道系统尚未建造之前，它们还是开敞的下水道。如今，这些运河构成了城市中心的主要绿带，而乘船的旅游路线给大量的旅游者提供了观赏这座城市美丽建筑的独特视点。[《建筑学教程 1：设计原理》，第 95 页]

近来我们注意到有的人提出了由各种建筑实体构成城市围墙的想法，城市围墙就像我们之前提到的运河沿岸由建筑构成的墙体一样，日趋频繁地成为对大尺度建筑文化做出反应的标准城市规划手段。从个体入手，设计方案常常特立独行，以及从造价上也更可行的小尺度单元入手，这些就是一个让街景变得变化多样的方法。

本着勒·柯布西耶所做的阿尔及尔项目的精神，1965 年由斯特凡·维维卡（Stefan Wewerka）为柏林鲁瓦尔德居民区（Ruhwald residential area）所做的设计方案彰显了更多的内容，就好像在这里投入的项目原先就在计划之内。这里笔直的居住区道路被同样笔直的像墙一样的成排房屋所分隔，形成的网格包含了该项目的结构。该项目乍看给人些许单调之感，但却挑不出任何毛病。“墙体”上随意打开的甚至不是连续的开敞缺口，创造了一种由出入口和广场组成的模式。出入口和广场它们作为分离器的特质可以转化为道路途径。到头来让整个方案具有渗透性并由此产生空间开放感的不是道路而是这些开敞缺口。此外该方案也表明在某些地方可以通过加高“墙体”（walls）的方式创造出高塔。

图 75

图75 斯特凡·维维卡，鲁瓦尔德居民区，柏林，德国，1965年。

从本质上说，这一方案是把墙体一样的建筑体块作为划分空间的手段，以形成意向性的建筑基地，并作为一个在一定“游戏规则”（rules of the game）范围内加以填充的格网。……面对这一格网，建筑师的脑海中将产生多种可能性：即这一格网能够产生什么或唤起某种结果。上述构思显然没有限制作用，相反地，它实际上具有激发与催化的作用，因而构思的约束实际上产生了更大的自由度（自由与约束互为因果是否矛盾？）。

独立工作的设计者们可以用这一格网作为“总图”（master plan），在此基础上他们可以用各自的设计来充实它。大量多变的计划可以用相同的方式得以实施。在这一规范范围内，各个组成部分可以根据各自的评价标准进行发展。这样的规划允许多样的理解与表达。这样，不论由什么人、用什么来替代，作为一个整体的综合体将会存在某种秩序。实际上是这一网格能从所有层次上加以解读——它仅仅提供一个客观的模式，仿佛是作为基础的趋势或原型。它要求通过赋予它的理解和表达的优势，特别是通过填充进去的项目以及填充的方式，获得自己真正的特征。不论填充进去的是什么内容，它总是具有指导性的秩序，这就是说，不是从“从属的”（subservience），而是从“有倾向性的”（inclination）意义上受到规划的指导。

这一格网具有生成性的构架作用，它本身就包含了转化每一种结果的基本倾向。而且，由于这一格网给每一构成单元以共同的倾向，因此不仅各个部分将决定整体的特征，而整体也反过来给予各部分以自己的特征。部分与整体的特征将是相辅相成的。[《建筑学教程 1：设计原理》，第 118~119 页]

正如语言是表达我们自己情感的必需物一样，集体的形式结构对于个人从空间上表达自己也是必要的。如果从这些实例中我们能得到什么的话，那肯定就是这样一个结论，即一个结构原则（经纬、脊柱、格网）的限制，看起来并没有导致适应性的缩小反而导致了它的扩展，因此个体表达的可能性也得以扩展。正确的结构主体并没有限制自由，而实际上是导致了自由！

因此结构被填充的方式不再是从属于结构的，从另一方面来说，我仍然从经和纬的关系来考虑：经线完全可以把整个织物维系在一起，但是终极产品的外观仍然取决于纬线。但是结构和填充物不仅仅是等同的，它们也是相辅相成的。因此，这里经与纬的想法已不再适用——同样地，说话也产生了语言，而不仅仅是语言产生了说话。而且，各自的质量越高，这两类之间的特性也就越不重要。[《建筑学教程 1：设计原理》，第 120 页]

图 76

图 77

图 78

因为勒·柯布西耶的阿尔及尔方案与维维卡的鲁瓦尔德项目都没有获得实践的检验，所以它们的可行性也就无从得知。但它们描绘的仍是令人灵光乍现的愿景。

在代尔夫特的蒙特梭利教育中心（Montessori School），操场上的矮墙相互平行的组合方式正是由维维卡的方案催生而出的。[6] 矮墙间采取这样的组合方式都是为了构成矮墙之间的空间，形成通往玩耍世界的空间。矮墙间不仅设置有沙坑，矮墙还创造出了微型花园，包括像露营之类在内，孩子们想怎么玩就能怎么玩。这些矮墙还有引申出的作用，孩子可以把这些中空的立方体想象成数量众多可以埋沙浇水的花盆，甚至是冰激凌店和糕点铺。

在讨论维维卡的项目时，援引阿尔多·范·艾克的索斯比克雕塑展馆（Sonsbeek Pavilion）的例子似乎有点扯远了。尽管它们二者间的不同显而易见要比它们的相似之处多得多，但大致都是在 1965 年同时构思出的基础方案，其中的某些特质具有极强的相似性。

阿尔多·范·艾克设计的展馆尽管它的墙高是相同的，但也是由粗糙的墙面构成的，并形成了平行的道路，雕塑矗立于此，游人休憩

图 79

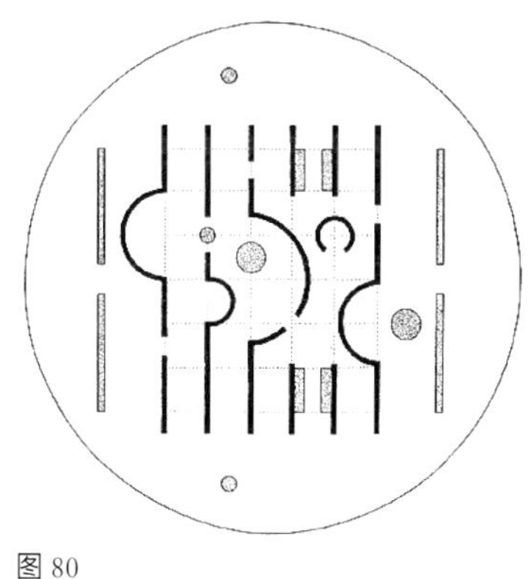

图 80

图 76~ 图 78　赫曼 · 赫茨伯格，蒙特梭利教育中心，代尔夫特，1966 年，矮墙。图 79，图 80　阿尔多 · 范 · 艾克，索斯比克雕塑展馆，阿纳姆（Arnhem），1965 年。

6 后来这些矮墙被拆除了。
7 引自《阿尔多 · 范 · 艾克：胡贝图斯公寓》（*Aldo van Eyck: Hubertus House*）中赫曼 · 赫茨伯格所写文章，阿姆斯特丹，1982 年。
8 参见由文森特 · 里格特赖恩（Vincent Ligtelijn）编辑的《阿尔多 · 范 · 艾克：工作》（*Aldo van Eyck: Werken*），比瑟姆（Bussum），1999 年，第 141 页。

于此。高度在这里被用来当作一种宁静的常量，同时透过加固尼龙材质的均匀漫射光线从上面（另一个常量）投射下来。它久久吸引着人们在一个水平世界里的注意力，这个水平世界的曲线、凹陷、移动以及所有类别的持续倒置让人们的视野不断伸缩，让开放性能取而代之，让每个地方都能实现闭合。[《20 世纪的机制以及阿尔多 · 范 · 艾克的建筑》（*The mechanism of the twentieth century and the architecture of Aldo van Eyck*），第 14~15 页][7]

阿尔多 · 范 · 艾克更为优雅的小尺度平行墙体所想表现的主题是当引导参观者前往每一个连续的隔断时，这些墙体就会中断。半圆形的凸出部分创造了一个又一个令人惊奇的场所，感觉这些地方矗立的雕塑就像是永久定居于此一样，并不只是摆在这儿一段时间。我们从他诸多做准备之用的草图中就能证实这一点，[8] 他在追寻一种开放的、更具城市味道结构的过程中，努力尝试着，或者更准确地说是艰难前行着，只为避免设计出像是建筑物一样的物体。如果说斯特凡 · 维维卡的方案实际上仍然只是一个城市结构，并由此对进一步的发展持有开放性，那么在这个展馆内所有的事物都是固定下来的。甚至连每一尊雕塑都有它自己指定放置的地方。它就其本身而言是一件艺术品，不可侵犯，不容置疑。（画面里涂上颜色的环绕圆

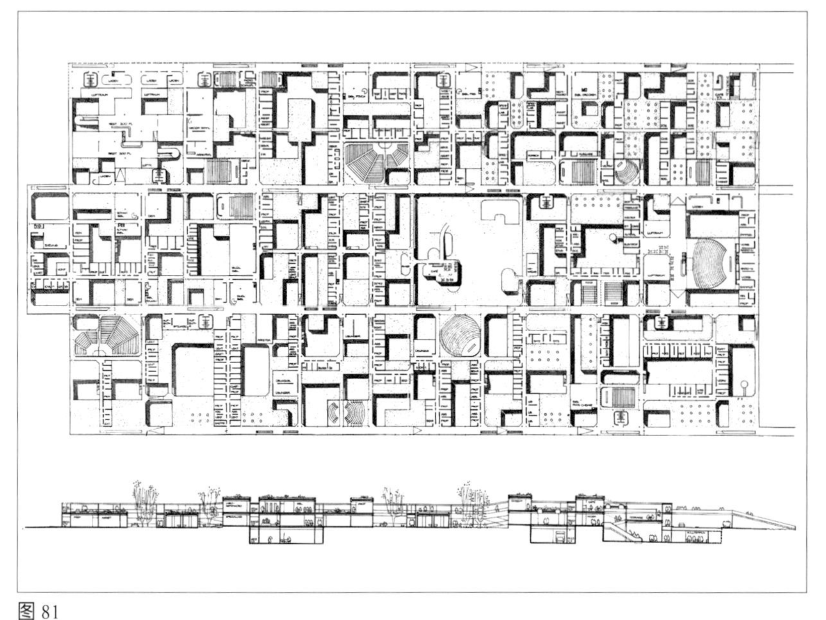

图 81

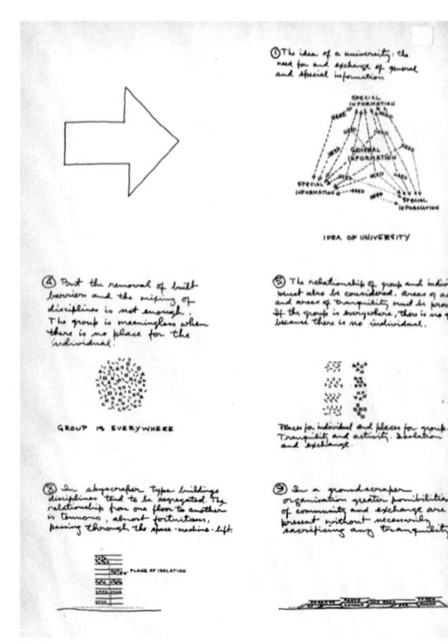

图 82

圈比在现实中的表现更为突出，它知晓有关可以驱散开放式结果最终咒语的一切技巧。）尽管展馆已被重建，人们也仍然可以在其中获得感受，但是重建的新址却缺少了原址那样能够提供给人们创造出性情温和氛围的帐篷状轻盈的屋顶。它现在还缺少了一件件雕塑投射的阴影，阴影让它们失去了其可塑性。

获得设计委托的乔治·坎迪利斯、阿列克西·乔西克、沙德拉·伍兹（还有曼弗雷德·希德海姆（Manfred Schiedhelm））1963 年提出的关于设计位于柏林自由大学综合楼的方案第一次以建成综合体的思路取代了把或多或少具有相关性的建筑物集合在一起的想法。建成综合体内的主干道路和次级道路都被认为是能够凝聚在一起的组织结构中的一部分，这些主干道路和次级道路围合起建筑物“区块”（blocks），共同包含有一种城市结构。这是城市规划第一次介入建筑领域，传统特质上建筑物那种物体自我包含的概念被坚定地遗弃了。感谢年轻建筑师会议（Team 10 meeting）提供的讨论平台，人们参考了纺织品的本质特点，很快将这一新概念冠以“毯式建筑”（mat-building）的称谓[9]。

最初的方案构想了一个从空间上组织现代大学的程式，把它作为互相交往的机会和关系网络。这项设计的出发点不像通常先划分学院，把它们各自安排在自己的建筑里，各有各的图书馆等设施，而是把它作为一组单个连续的结构物，功能上就像在同一屋檐下的学术聚

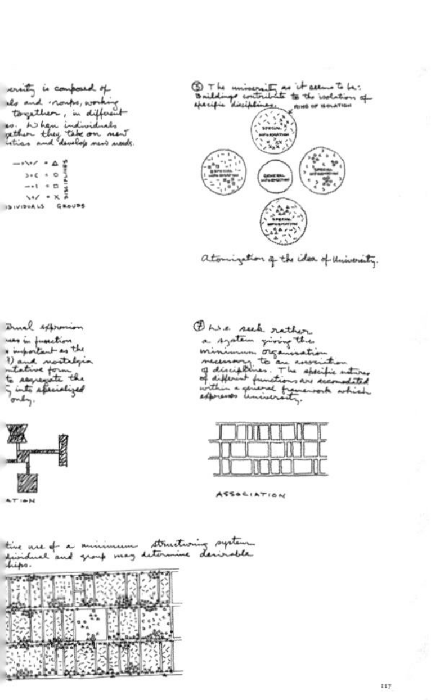

图 83

图 81，图 82 坎迪利斯—齐西克—伍兹（Candilis-Josic-Woods），为自由大学所做的设计，柏林，德国，1963 年。
图 83 坎迪利斯—齐西克—伍兹，竣工的自由大学，柏林，德国，1973 年。

9 艾莉森·史密森（Alison Smithson），《如何识别和读懂毯式建筑》（*How to Recognise and Read Mat-Building*），《建筑设计》（*Architectural Design*），第 44 期（XLIV）（1974 年）9，第 573~590 页，收录进：哈希姆·萨基斯（Hashim Sarkis），《勒·柯布西耶：威尼斯医院》（*Le Corbusier: Venice Hospital*），慕尼黑 / 剑桥，2001。
10 沙德拉·伍兹，《世界建筑》（*World Architecture*），伦敦，1965 年，第 112~114 页。

集体，其中所有的组成部分可以用互相之间最具逻辑性的关系加以布置。而且随着时间推移、构思改变，关系也会变化，不同的构成部分也会随之改变；所以设计的构思建议在一个固定和永久的内部街道网络中创造空间，而这些空间可以随时建立和拆除。

这些可由沙德拉·伍兹所做的陈述中获得解释。

• 在这项设计中，我们的意图是选择最简单的组织结构，以提供作为大学存在理由的那种接触、交流和反馈的最大机会，而不是保证个人工作的宁静。

• 我们相信有必要超越对不同建筑物中不同的学院或活动的分析研究，构想了一个具有多种功能和部门的综合体，使所有学科可以联系在一起，并且不会采用建筑手法对各部分进行支离破碎的区分，以牺牲整体为代价来加强各部门间心理上和行政管理上的便利。

• 保留了主要和次要的交通和服务网络的修改，使之得到更加有效的使用。在规划的最初阶段，它只是作为一个大致的路权网络，只有当人们需要提供交通和服务的时候它才会被建造。它不是一个巨型结构而是一个最小的结构组织。这个结构组织在技术和经济背景的限制条件下，保持潜在的增长性和变化的可能性。

• “任何一条道路都没有赋予较之其他道路更大的重要性，无论是尺度上还是沿着这条路的活动强度上。这一规划所包含的意图在于，不应该存在使用的中心，而应该由使用这一系统的人们决定‘中心’（centres）的性质和位置，而不应由建筑师武断地确定。”[10]［《建筑学教程 1：设计原理》，第 116~117 页］

把在实践中它所遇到的情况放到一边，该项目很可能是第一位真正结构主义者的概念；一个不会发生变化的、可延展的结构可以接受在填充过程中局部发生的改变，也有能力让这样的改变发生，并且该结构表明了以下两者的区别，一方是在原则上指导性的一成不变的结构是什么；另一方是较之结构，运行的时间周期短、种类多样、变化多端的填充物有什么。从城市设计的角度来说，你可能会把这个原则比作一条经受得住时间考验的道路，在道路经受得住考验的同时，构成楼群的每一幢建筑物都受到使用方式变化的影响，以及不可避免地在外观上发生改变。结构主义的一个鲜明特征是改变和自我保留之间的对立统一。我们正在探讨的“系统”（system）是一个对改变持开放态度的系统，它能够在自己本身不产生实际改变的前提下接受这一改变。所以结构主义的真正表象对有关建造建筑物的所有能够把握住其根基的观点都持开放态度，与此同时，让其自身与按计划行事所面临的不确定性相协调，自始至终掌控着我们所有的设计。系统的开放性，从根本上来说也是一种不完整性，对于结构主义来说至关重要。建筑师们喜欢把他们的建筑物看作是一种面面俱到的建筑组合方式，但与这种看法相比，开放的系统更像是一个保持变化的城市。至今也没有建筑师像沙德拉·伍兹那样把结

图 84

图84 尤金·博杜安和马赛尔·洛德，学校，叙雷讷，法国，1935年。
图85 让·普鲁维，人民之家，克利希，法国，1939年。
图86 “两马力汽车”的原型（Prototype of“deux-chevaux”），1939年。
图87 查尔斯·伊姆斯和蕾—伯尼斯·亚历山德拉·凯瑟·伊姆斯，伊姆斯之家，洛杉矶，美国，1946年。

构主义用到极致。

由于建筑师并没有明确从这一特质出发，所以许多建筑物不能接受改变，尽管它们的外观并没有向人们发出这样的暗示。一般来说，建筑物随着时间推移会发生转变是事实，因此它容易受到建筑物的使用者们突发奇想的影响也是事实，但进入建筑师头脑中的第一个想法和这些事实并没有关系。[《建筑学教程3：空间与学习》，第161~162页]

一直等到1967年，柏林自由大学项目才开始施工，1973年项目才竣工。为应对这种情况，让·普鲁维（Jean Prouvé）应召提供设计服务。如果有人能在当时的技术条件下构筑起轻盈灵活的覆面系统，那么这个人就是让·普鲁维了。他在1939年设计的位于克利希（Clichy）的人民之家（Maison du Peuple）（也不要忘了1935年由尤金·博杜安（Eugène Baudoin）和马赛尔·洛德（Marcel Lods）设计的位于叙雷讷（Suresnes）的学校）为法国钢结构技术独秀一枝定下了基调，法国钢结构技术同样还催生了雪铁龙2CV汽车（Citroën 2CV）。我猜1946年设计的令人无法抗拒的伊姆斯之家（Eames House）对美国的沙德拉·伍兹产生了影响。查尔斯·伊姆斯（Charles Eames）和

图85

图86

图87

图 88

图 89

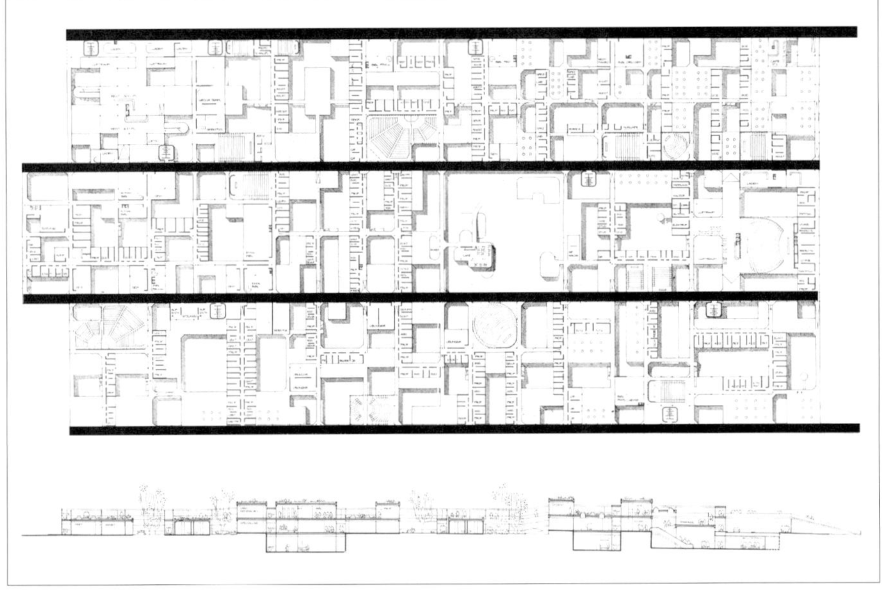

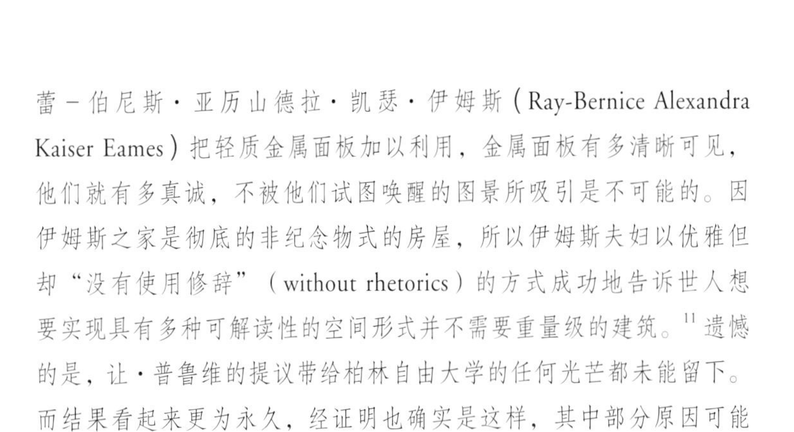

图 90

图 91

图 92

蕾－伯尼斯·亚历山德拉·凯瑟·伊姆斯（Ray-Bernice Alexandra Kaiser Eames）把轻质金属面板加以利用，金属面板有多清晰可见，他们就有多真诚，不被他们试图唤醒的图景所吸引是不可能的。因伊姆斯之家是彻底的非纪念物式的房屋，所以伊姆斯夫妇以优雅但却"没有使用修辞"（without rhetorics）的方式成功地告诉世人想要实现具有多种可解读性的空间形式并不需要重量级的建筑。[11] 遗憾的是，让·普鲁维的提议带给柏林自由大学的任何光芒都未能留下。而结果看起来更为永久，经证明也确实是这样，其中部分原因可能

图 88 室内道路，自由大学，柏林，德国。
图 89 薇薇安拱廊街（Galerie Vivienne），巴黎，法国。
图 90 坎迪利斯—齐西克—伍兹，为自由大学所做的设计方案。
图 91 对自由大学进行扩建，柏林，德国，2005 年。
图 92 自由大学，柏林，德国，2005 年。

11 伊姆斯夫妇偏爱“法国”（French）技术，艾莉森·史密森和彼得·史密森（Peter Smithson）是沙德拉·伍兹的密友，他们自己也是显而易见的崇拜者，他们提及伊姆斯之家的时间更早。

是德国建筑的规章制度是不容置疑的，建筑师们要严格遵守。所以虽然各式各样的组成部分可以随心所欲地沿主干网络“挂上”（slung）和“卸下”（unslung）的许诺是具有革命性的，但到头来毫无结果。

不仅把建筑拆解开看看里面是怎么构造的不会产生任何的结果（考虑到在我们自己的时代还有糟糕透了的无遮盖的预制学校房间，它也确实有可能会产生出一些结果），而且穿过建筑物的主干道路网络实际上也变成了稀松平常的走廊系统。这对于原本是一个充满灵气的构思而言是致命打击。这幢建筑物就像其他很多不过尔尔的建筑物一样变成了一座通道迷宫。[《建筑学教程 3：空间与学习》，第 160~161 页]

更糟糕的是，这样的道路在两层楼里随处可见，两层楼的楼高已经被压缩至在任何一间办公室或是一家医院里都可以找到的标准楼高。

想要把一段走廊变成一条道路，除了要用到能唤起与外部联系的材料，还需要采用更大的维度以及比其他都更重要的、更高的高度，顶部光线最好像 19 世纪巴黎的拱廊通道一样采用自然光。再次在这里强调，人们沿着柏林自由大学的“道路”（streets）找不到可以办公的地方或是任何其他能够催生出用途以及互相产生联系的要素。假设你在路上碰到了某人，你可以驻足与之长谈短聊，当然只要是遇到了像这样的空间场合，你也只能这么做。
所以最终妨碍这一令人极为赞叹的构思硕果的正是对于建筑的过度考量。之后由亨宁·拉森（Henning Larsen）于 1973—1981 年以及诺曼·罗伯特·福斯特（Norman Robert Foster）于 1997—2005 年主持的两次扩建工程都没有想过往这一概念中注入新的活力并因此而拯救它——现实就是这么的背道而驰。柏林自由大学的设计过程在刚开始时像是在遵循一个处处平等的计划，但特别要指出的是，后来由诺曼·罗伯特·福斯特设计的格格不入的穹顶却支配了整个设计进程，让沙德拉·伍兹的绝妙想法走向了绝路，现在很难在柏林自由大学里找到沙德拉·伍兹的痕迹，这其中彻头彻尾改头换面起到的作用尤甚。[《建筑学教程 3：空间与学习》，第 161 页]

看上去似乎到头来最让沙德拉·伍兹痴迷的是技术，实际上对于真正能把主干网络转变成社会空间的必要空间方式，他的兴趣反倒是小了一些。
我只见过沙德拉·伍兹一次，是 1966 年在乌尔比诺（Urbino）召开的年轻建筑师会议（Team 10 meeting）期间。在他探讨完他的自

图 93

由大学的概念后，我这个年少轻狂的新人就大胆地就其探讨的某些部分发表了自己的批评意见。我继而接着开始阐述我对于正在施工中的韦斯伯街（Weesperstraat）学生之家（Students' House）的构想。[12] 对于我在建筑物内设置街道并配以大量转角、凹部以及其他能让居民之间产生联系的有益部件的想法，沙德拉·伍兹尖锐地回应道："你正在建造的，是未来的贫民窟。"就像以前经常发生的一样，之后缓和局面的又是雅各布·拜伦德·巴克马。

就算现在我们参观柏林自由大学会感到失望，但我们至少应该意识到潜藏在它之中出类拔萃的概念。沿着灵活系统（像是织物中的纬纱）下空间可增减的部分设置主干道路（像是织物中的经纱），由主干道路不可改变的和一劳永逸的结构来考虑建造一幢建筑物，这里的想法全部都是根据使用者需要的发展方式而产生的，也就是说建筑物为了容纳下社会的改变能够做出自身的相应改变，这样做某种程度上是让自己顺从于演变的进程。

图 93 坎迪利斯—齐西克—伍兹，罗马广场，法兰克福，德国，1963 年。

12 见第四章，第 91~92 页。

造就了柏林自由大学项目的，特别是从 1963 年算起最初的设计方案，重要的一点是要像组织一座具有主干网络的城市一样来组织一幢建筑物的构想。如果这个想法能足够强势、不容侵犯的话，那么它会确保要做出改变的空间是一个常量，并由此证明了就建筑而言的结构主义的悖论。但是，沙德拉·伍兹对于过度设计的担忧，特别是因为各种改变都会因过度设计而难以出现——就其本身而言这是正确的担忧——这也阻止他设计出足够强大并且富有特色的主干道路结构，道路之上的建筑物明显遵从于改变，本来是设想让这些建筑物沿着存在时间更短暂的临时线路布置的。

在视线所及范围内的各个时代的项目，如果在项目中不能表现出一种明确的、构造上的建筑秩序的力量，那么一幢建筑物的结构就将不会发挥功效，这是我们从中学到的教训。

但是这一向外扩展的低矮综合体过分开放的边缘使其无法成为一栋自主性的建筑物，尽管事实是它被纵向上 3 条主干道路中的 2 条塑造而成的。他们早些时候为法兰克福的罗马广场（Römerberg）做过竞赛入选方案，他们方案中的罗马广场边缘区域的道路网络对于现有的周边情况是持开放态度的，除此方案外，这里就再看不到把它与周边环境相连的尝试了，尽管对每一个城市发展方案来说这都是一个至关重要的限制性条件。

建筑上的结构主义带来了共享情境和有关个体行为表达两者间的区别。这里我们看到城市学者的思想被允许进入建筑领域，他们的思想在建筑物内部创造出一种可以类比于城市集体性的共有领域的意识，与此同时总的来说还要去掉更多的私人领域。

就像是城市规划中由道路和广场形成的网络，一幢建筑物结构内的共有空间领域要归于私人需承担的责任之内。独立于在那里发生的并会在较短时间内导致转变的变化和调整，共有领域在原则上来说还是在做时间最久的准备，保持着自己的行事方式，共有领域与施工建设加在一起构成了我们所说的建筑物的“结构”。

第三章 开放式结构与闭合式结构之比较 | Open Versus Closed Structures

今天人们所理解的开放式结构是那些易于与整个世界产生联系的结构：与闭合式结构不同，开放式结构既能影响它们的周边环境，又会被周边环境所影响。从建筑学角度来看，开放式结构与周边环境之间相互影响的关系主要涉及了一个问题，那就是这种相互影响的关系随着时间推移所产生的各种后果，换句话说也就是扩展与转化的问题。

许多建筑物，也包括大量城市设计（还有一些规划方案）实际上都属于向内发展的堡垒类型，即便只是从它们一成不变的外观来判断也是如此。它们无力对正处于变化中的外部世界进行回应，还总是因为针对已经产生变化的领悟和挑战以及正在发生变化的领悟和挑战而向内发展，但不论是无力回应还是向内发展，都同样令人感到惊恐。我们把结构主义的资质条件当作一个特点保留下来，就是为了让这些客体易于接受外界的影响并为此让这些客体变得可以理解，与此同时，许多项目从表面上来看似乎是符合开放式要求的，但是从根本上来说还是死板而固执的。可能这些项目展示的结构是清晰易懂的，但却与结构主义无关。我们应该关注的不仅是形式本身，还有其展现出的可能性以及人们在主流环境背景下是如何解读这些可能性的。

借助于前人已完成的作品来思考，诸如借助一幅传统画作或一尊传统雕塑，建筑师在设计过程中似乎很难摒除这种思考方式。时间因素常常存在于我们的思维模式之外。

城市都是始于某一地点，然后在外力作用下从核心向外扩散生长，这种情况造成了像受到控制的、人为设计的边界之类的东西都不可能存在。如果不拥有这种特点，由外墙围起的城镇就是这种受到控制、人为设计边界的一个例子。常规而言，不是人设计了城市，而是城市自己设计了城市，这非常像是一个个设计单元里的美国拼布床单，但最终还是要借助社会上的各种力量由内而外地表达出来，这些力量就算有，也是很难控制的。

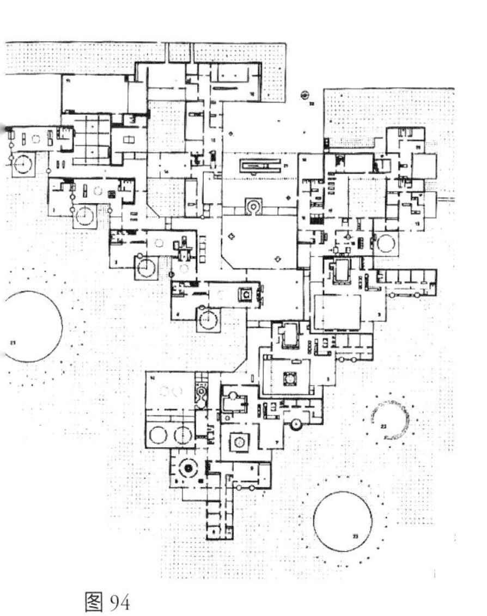

图 94

图 94 阿尔多·范·艾克，孤儿院，阿姆斯特丹，1955—1960 年，设计方案。

1 1956 年国际现代建筑协会在克罗地亚杜布罗夫尼克召开第十次代表大会，会议由来自年轻一代的建筑师代表小组负责组织。会后，这一年轻建筑师群体被冠以“Team 10”的绰号。在国际现代建筑协会停止活动后，“Team 10”继续组织活动，称为“年轻建筑师会议”。

2 参见汤姆·阿维马特（Tom Avermaete）《开放式结构：关于结构主义的导论汇总》（*Open Structures: An Introductory Dossier on Structuralism*）一文，《皆在掌控中：建筑中的生物学》（*Everything Under Control: Building With Biology*，第 35 卷）。

3 “对于质量一词在开放形式语言中的理解，人们应该将其理解为群体中个体的认识。”奥斯卡·汉森（Oskar Hansen）引自：奥斯卡·纽曼（Oscar Newman）所著《1959 年在奥特洛召开的国际现代建筑协会：现代建筑文件》（*CIAM'59 in Otterlo: Documents of Modern Architecture*），荷兰希尔弗瑟姆（Hilversum），1961 年，第 190 页。

与城市不同，人们对于建筑物的构想是由外而内的。一名建筑师担当起置身事外的职责，把仍然在心中的虚构建筑物通过努力完善成脑海中的图画，想象出它在施工现场可能会是一个什么样子。为了确保外部的封套能够容纳下所需的内容，建筑师们承受的痛苦自然而然是巨大的，就像在挑选旅行箱的时候，箱子的尺寸最好能和装在其中的行李大小相一致。有一点需要在此补充，建筑师不得不总是要遵照城市规划的要求也是不争的事实。每一栋建筑物都要融入周边环境之中，对它如何集聚、如何选址都有明确的要求。这样一来，建筑物的外部形式就成了他们重要的关注点，同时也让他们对于塑形难以抑制的渴望变得顺理成章。建筑师需要用尽可能大的（最好是）独立客体来表达自己，而客户对此也有促进作用，因为这些客户同样想要表达自己，知道他们可以从中获得认同感。将建筑物视为自足式（self-sufficient）的客体，并对此坚持不懈地进行实践，可能这就解释了在这样的实践下建筑物的各个部分都可以得到完成，但是最终形态难以改变或扩展。这种工作方法似乎仍然是不可能得到根除的。每一个新的简短主干（brief stem）都出自转瞬即逝的数据，每一位设计师都要面对如何解决这些主干的冲突问题，所以说做出适应是一直都会需要的。人们承认灵活性是找到可能的解决办法的关键，至少在理论上是这么认为的。范例转移（paradigm shift）需要以开放式的方法进行设计，想要引起范例转移实属不易，所以建筑物同样可以承受起现代生活产生的作用力。甚至到现在，建筑师视他们的建筑为具有自主性的艺术作品，是无需以任何方式进行增减或干预的已完成的客体。在 20 世纪 50 年代，国际现代建筑协会（CIAM）和之后的年轻建筑师会议（Team 10 meeting[1]）就已经把“闭合形式”（closed form）和“开放形式”（open form）之间的不同当作一个议题探讨过。[2] 日本的新陈代谢派也把这二者的区分当作是他们的一个关键主题。建筑师和规划师们意识到以已经终结的概念来设计建筑物和城市，几乎立刻就会过时，停止这样的设计是必须的，也是不可避免的，而用创造开放形式的方法取而代之，就既能接受改变和扩张，又易于接受居民们的影响。[3] 能提前意识到问题的存在，但并不能保证马上就可以解决问题。

同样，年轻建筑师会议在 1960—1968 年已经形成了不再把建筑物或城市当作闭合系统的策略。这些案例时至今日仍然与我们息息相关，特别是之前提到过的坎迪利斯—乔西克—伍兹规划的柏林自由大学方案，该规划方案第一次把建筑物以充满自由的城市网格形式进行组织。（这里提到的自由在实践中没有得到利用，也与脱离初衷无关。）阿尔多·范·艾克设计的孤儿院（1955—1960 年）是一个实际案例，该孤儿院是按照一个迷你城市进行组织的，设计师有意设计出了边界来显示其是有限的，使用的方法与被墙环绕的城市形成的效果一样。城市性不仅会引起诸如街道、广场等“公共”（public）空间的共鸣，也会对个体建筑单元的重复方式产生影响，就好像是打破了房子间的联盟一样。所以除了流通空间外，每个人都会从内部和外部利用好吸引人的场所来消磨时间，而这也并不会影响整体的明确性。把每一栋“房子”（house）都当作是一个社区，甚至是一个分区来解读，至少从理论上来说，像这样的工作方法就会变得清晰起来，产生出一座城市的设计。这栋建筑杰出的地方在于，它就像一座城市一样从内向外发展，反之亦是如此。这意味着与柏林自由大学不同，我们可以把阿尔多·范·艾克的综合体既看作是城市，又看作是建筑物。

尽管使用了易于解读的单元来表达清楚，也暗示了外推法的可能性，但在整体上仍然是一个没有任何修改、没有任何增添的最终作品。最显著的例子就是阿尔多·范·艾克设计的孤儿院在1990年承担起了新的职责，成为荷兰贝尔拉格学院（Berlage Institute）的学校建筑，这里竟然成了培养建筑师的学院。就算事后这栋建筑肯定会被证明非常适合新的教育用途，自己设计出这种转变的阿尔多·范·艾克哪怕对建筑物做出最微小的改变，也还是要面对最艰巨的困难。遗憾的是，阿尔多·范·艾克视这栋建筑为一个闭合系统，并没有在设计过程中考虑到接受改变或是扩展。这一说法也可由他在1960年孤儿院竣工前对客户意见的强烈反对予以证实，当时客户很可能是受社会学新见解的影响，决定把“年龄组别”（age groups）调整为“家庭组别”（family groups）。在孤儿院的每一部分，阿尔多·范·艾克都特别针对提到的年龄组别专门设计出了额外的空间作为玩耍时的围栏和木偶剧院。每一细节都经过精心设计，不同的年龄组别对身处世界的感受不同，这些要素与每一个特定的年龄组别都遥相呼应，而且是以一种永久的形式为这些年龄组别设计出来的，所以客户做出的调整会让这些要素丧失掉大量最初的意图。阿尔多·范·艾克难以抑制地想要安排好一切需求以及与其一道居住者的利用情况都在向同辈建筑师们首先表达，在他的眼里这些建筑师们的思路异常匮乏。“我们很少让机会变得伟大。很少有一门技艺是如此之失败，也很少有这样一个职业低于需求水平这么多”。[4]

这个案例以及其他的例子，展现了阿尔多·范·艾克在结构主义上的思想内核——他永远都是在表现我们如何能在所有的地点、所有的时间“以不同的方法做同样的事情，以同样的方法做不同的事情”，而从发展进程的意义上来说则找不到过往的历史记录——他在自己的作品里并没有表示出服从于改变的意图，他崇高的建筑物具有永恒性，不会遵从于改变。“改变和增长”（change and growth）被年轻

图95 阿尔多·范·艾克，布克斯洛特米尔（Buikslotermeer），阿姆斯特丹，1962年，草图。

图96 约翰内斯·亨德里克·范·登·布勒克（Johannes Hendrik van den Broek）和雅各布·拜伦德·巴克马，肯尼默兰项目（Kennemerland project），1957—1959年。

图97 坎迪利斯—乔西克—伍兹，勒米哈尔—图卢兹第二大学（Toulouse-le Mirail）规划，法国，1961—1971年。

图98 特奥·凡·杜斯堡（Theo van Doesburg），《俄罗斯舞蹈的节奏》（*Rhythm of a Russian Dance*），1918年。

4 参见阿尔多·范·艾克的《关于另一种理念的故事》（*Het verhaal van een andere gedachte/The story of another idea*），《论坛》（第7期，1959年），第199页。

5 参见阿尔多·范·艾克《关于另一种理念的故事》，《论坛》（第7期，1959年），第236页。

6 克劳德·李维－斯特劳斯，《野性的思维》，1962年出版。

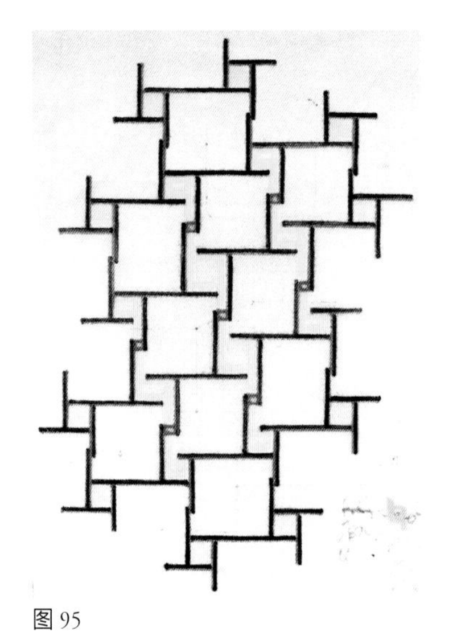

图95

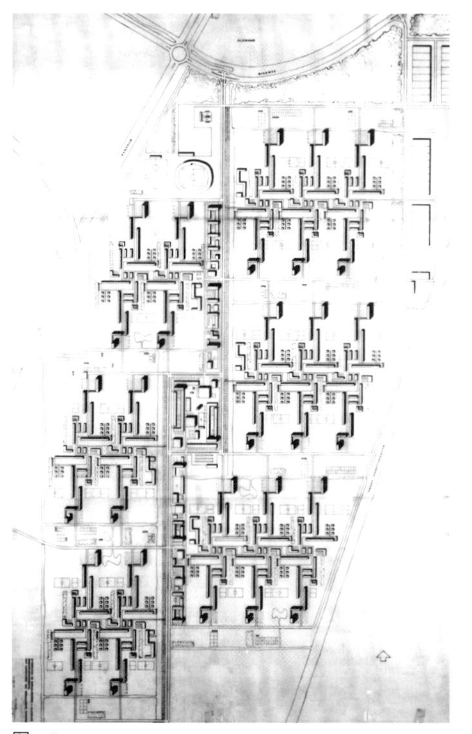
图 96

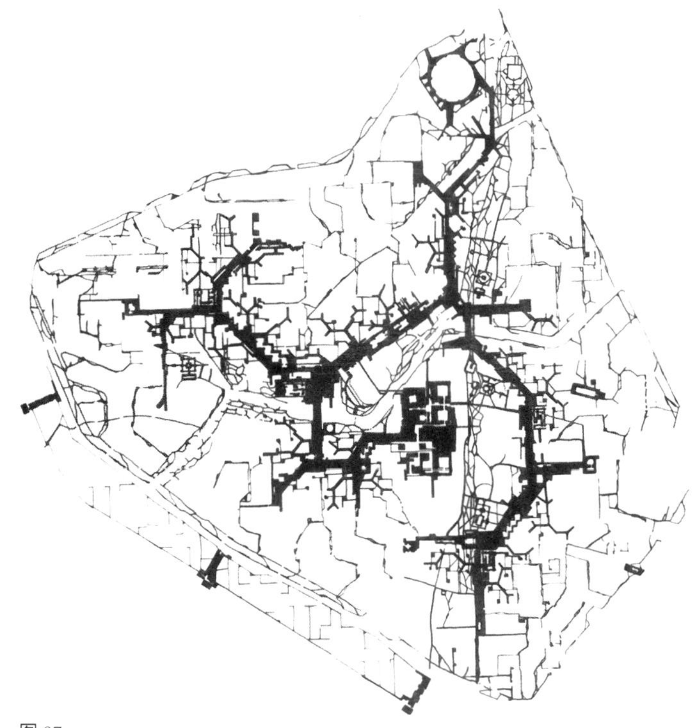
图 97

图 98

建筑师会议认为是本质的一面，但这对阿尔多·范·艾克没有什么影响。[5]事实上，与此相关的结构主义思想之后就会出现。[6]但不用说也知道，阿尔多·范·艾克肯定是不会接受的。

这栋建筑物可以作为一个学习机构来使用，这一点就证明了除了它最初的设计意图外，建筑物可以轻松适应完全不同的功能需求并为它们所用，证据就是它拥有空前的空间潜力。尽管对于建筑师的怀疑并没有减少，他不能也不想理解建筑被赋予的新角色。

阿尔多·范·艾克设计的孤儿院除了具有出色的空间结构、令人惊叹的多样使用选择外，孤儿院也可能是第一个把建筑物按照迷你城市规划进行组织的案例。居住单元排列在街道两侧，街道从中心广场呈扇形散开，孤儿院各个部分的聚集方式都是按照此居住单元的方法。这里并没有象征着公共空间与私人空间的范围划定，这栋建筑物里的每一个地方都遵从着同一原则，相同的立柱、门楣、穹顶都要在具有决定性的严格建筑秩序下遵从同样的原则。赋予建筑物以普适价值的空间需要、严格的建筑秩序来塑造。就像为儿童量身打造的房子一样，让其作为适合学生学习的场所，很大程度上也需要严格的建筑秩序来负责。

同一时期，针对由内在逻辑提供清晰组织框架的城市规划，人们也提出了许多方案，其中包括约翰内斯·亨德里克·范·登·布勒克和雅各布·拜伦德·巴克马以及坎迪利斯—乔西克—伍兹的真实方案

图 99

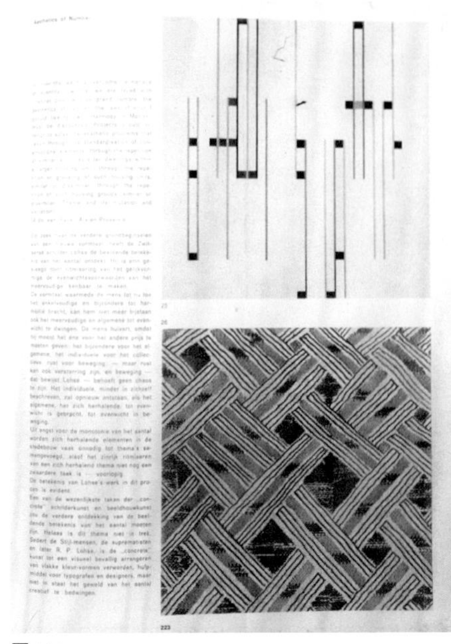

图 100

和部分真实方案。这些方案或多或少都是依托于把社区融入周边环境、然后融入分区、最后融入区域中的思想。从原则上来说，这些规划方案都具有等级结构，这些等级结构表现最为显著的地方是在它们的树状接入系统中。雅各布·拜伦德·巴克马，也不要忘了还有约翰内斯·亨德里克·范·登·布勒克和他的同事莱昂纳德·斯托拉（Leonard Stokla），他们很可能在某种程度上受到了荷兰风格派运动群体（De Stijl group）绘画的视觉图像的影响，特别是其中的皮特·科内利斯·蒙德里安（Piet Cornelies Mondrian）和特奥·凡·杜斯堡。他们自己对于这些画作的潜在含义极为敏感，认为表达了他们明确的城市设计意图。

如何让城市基础变得强大，强大到足以让“数量众多的人”（the great number）有地方居住，同时又如何避免城市出现无序扩张的恐怖前景，这些问题确实促使年轻建筑师 Team 10 群体对于城市形式进行了大量思考。

特别要指出，是阿尔多·范·艾克受到现代绘画尤其是理查德·保罗·洛斯（Richard Paul Lohse）的作品以及来自中非库巴纺织品的启发，让他构想出允许城市以有组织的、可预测的方式增长的设计策略。“数量美学”（the aesthetics of number）源自抽象绘画的模式和纺织品的模式，通过提供“数量美学”的例子，他展现了有节奏的重复——比如在他的孤儿院方案中——是如何产生有意义的模式的，尽管有意义的模式或许不能直接落实进区域发展规划中，但它至少可以为它们指明一个特定的发展方向。接踵而至的下一步从逻辑上来说都得是在此之前的上一步推演出来的，各个部分在一起不仅构成了整

图 99，图 100 《论坛》，第 7 期，1959 年，第 222~223 页。
图 101 皮特 · 布洛姆，诺亚方舟，1961 年。

图 101

体，而且就个体而言，它也同样是这个整体具有逻辑性的结果。

1962 年，年轻建筑师会议在巴黎以北的罗亚蒙修道院（Royaumont Abbey）举行，会上阿尔多 · 范 · 艾克把皮特 · 布洛姆的“诺亚方舟”（Noah's Ark）方案提交给了大会。这个理论性的提案是针对拥有 100 万居民的城市提出来的，也是皮特 · 布洛姆最激进而且最富争议的成果。这个构思精妙的方案尽其最大可能遵循了布局原则，但却遭到了年轻建筑师 Team 10 群体其他成员接二连三的批评。这个封闭项目内的各个要素之间复杂的连接方式以及看上去无穷无尽的复制过程，都在暗示这里的发展不可能有自由。这个项目最清晰地展示了像这样的闭合结构不会产生出什么结果。
事实上，皮特 · 布洛姆的项目是天才之作。它由一个增长的形式构成，在这个增长的形式里每一个要素都会引申出接替它的要素，就像是一块让自己成倍数增加的水晶。对于建筑师所擅长搭建的理论模型，皮特 · 布洛姆把它运用到了登峰造极的程度。这个方案，实际是由阿尔多 · 范 · 艾克提出的增殖形式布局过程的最终结果——故事似曾相识——被国际年轻建筑师会议“揭穿”（unmasked），认为它是原教旨主义的，甚至称其为“法西斯”（fascist），尽管他们的论断可能意味着武断独裁。阿尔多 · 范 · 艾克极力为其辩护，就像它是一块无辜的冰晶一样，但他没有得到任何形式的支持，为此他感到些许沮丧。但无论如何这个消息很明显让笔者现在很生气。为毁掉方案——他把模型打翻在地，这一对后世影响深远的成果呈现出只留下了一张照片的夸张姿态——皮特 · 布洛姆为他自己正名。对

图 102

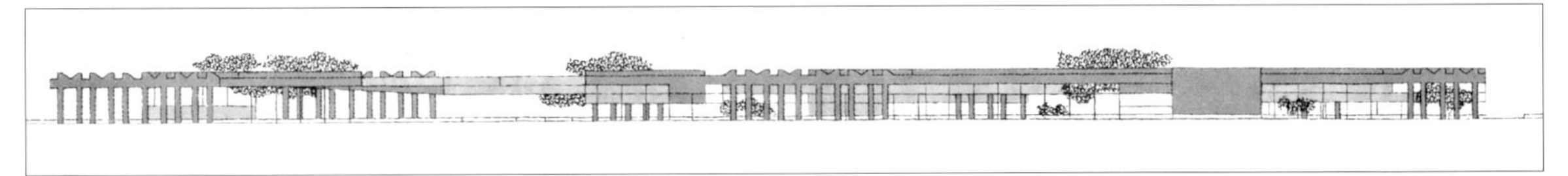

图 103

他来说，从中吸取的教训意味深长，但也不仅仅是对他一个人来说是这样的。建筑虽然构思巧妙，但建筑能做什么从社会角度来看也是会受到制约的，这里就更多地涉及了限制建筑能做什么的因素。

完全可以想象出阿尔多·范·艾克在看到他所欣赏的学生皮特·布洛姆取得的成就后，会就诸如这样的布局策略的可能性感到信心倍增。皮特·布洛姆是一个拥有连接各个要素并让它们维系在一起的魔力的魔术师，阿尔多·范·艾克当时极有可能低估了皮特·布洛姆杰出的才华。范·艾克想必是被令人赞叹的模式所吸引，并断言他从中看到了实现他的“数量美学”的可能性。喜欢也好，厌恶也罢，像这样的雄心却与城市在政治及经济上演化的现实没有丝毫联系，这就足够戏剧性了。这些看起来令人印象极为深刻的方案是一种可视化的纯粹城市乌托邦。
至于皮特·布洛姆的冰晶，其表现力不及诗情画意的形象。毕竟，阻碍所有外部影响的难道不是产生于重点定义的相互作用外力的形

图 102~图 105 勒·柯布西耶，医院项目，威尼斯，意大利，1964 年。

图 104

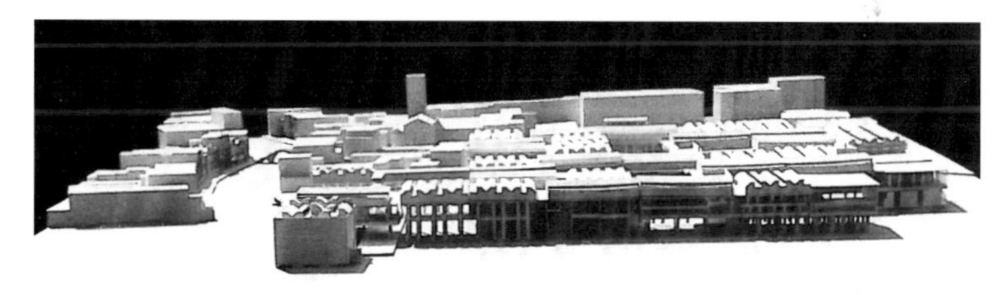

图 105

式吗？它是一个闭合系统，某种意义上来说也确实会被理解成独裁专制。同样，对于布局相关表述的最后定论毫无疑问也是具有积极意义的，但是它非常激进的做法也明确表明了像这样的布局方法在城市规划实践中是没有未来的。

如果我们把皮特·布洛姆的“诺亚方舟”方案与勒·柯布西耶在罗亚蒙修道院会议结束不久之后在威尼斯一家医院所表现的内容加以比较，我们就会很容易看出闭合结构与开放结构二者的根本不同。始于 1964 年，勒·柯布西耶的这个医院项目在理论的完整性以及由此带来的无法撼动的整体性上都稍显不足，相比之下其在城市结构内密集进行碎片填充让城市结构可以沿着想象出的所有路径发展的特点则更显著。有许多项目都只是画好了一张极富张力的图画，这张图可能让你轻易便忘记了这张图背后的项目从来就没有建成，勒·柯布西耶的这个医院项目就是其中一个。乍看之下，它是一个由其最终形式展现出的结构，或许这是因为我们希望勒·柯布西耶会这样做，但是经过更为详尽的评估后我们会发现它是一个由更小单元构成的“组织”结构（fabric），试图锁定于沿卡纳雷吉欧区（Cannaregio）方向上的现有居住区域。而随着年代更久远的老建筑物的无序增长，你很容易就能想到添加到医院里（或是从医院里削减去）的单元创造了一个在本质上与该项目并没有达成折中调和的不同的边缘地带。实际上这个方案后来的版本也证实了这个说法。[7]此外，密集的立柱提升了病房区及其富有特色的光栅距离水面的高度，同时在没有影响预期形象的情况下，为后来的现代医疗机构所希望的扩建留下了大量空间。[8]

在勒·柯布西耶职业生涯的末期，这一设计方案闪耀出新的光辉，我们可以把按该设计方案设计出的建筑物视为一幢无确定目标的开放式建筑物。年轻建筑师 Team 10 群体内部的发展，最为著名的是皮特·布洛姆提出的方案似乎已经对该设计方案产生了影响。作为勒·柯布西耶的员工和合作伙伴，吉列尔莫·朱利安·德·拉·富恩特（Guillermo Jullian de la Fuente）也参加了在罗亚蒙修道院召开的年轻建筑师会议，凭这一点，会议的相关内容和皮特·布洛姆的方案无疑会进入勒·柯布西耶的关注范围。恰恰相反，由皮特·布洛姆设计，1969 年建成的位于恩斯赫德（Enschede）的巴士底学生餐厅（student restaurant De Bastille）与勒·柯布西耶位于威尼斯的医院项目有着惊人的相似之处。

医院的选址一边直接毗邻现有居民楼，另一边毗邻开敞水域，这样的条件毫无疑问应该会怂恿很多建筑师做出夸张的设计动作。但现实是这里并没有这些夸张的设计。沿水面呈扇形自由散开并借助于城市规划方方面面的帮助，勒·柯布西耶设计的医院表现为一个开放式建成结构的明确范式。

图 106

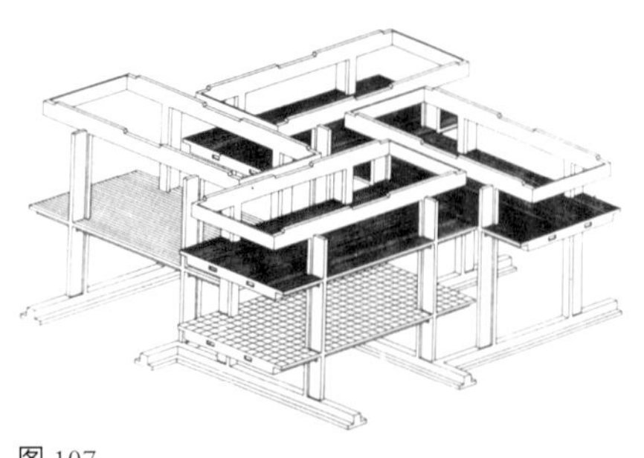

图 107

图106 勒·柯布西耶，有关医院扩建项目的研究（由其学生构建），威尼斯，意大利。

图107 皮特·布洛姆，巴士底校园建筑物，特温特大学（University of Twente），恩斯赫德，1969年，基础结构。

图108 皮特·布洛姆，巴士底校园建筑物，特温特大学，恩斯赫德，1969年，成比例模型。

7 共有两个方案，一个始自1964年，另一个始自1965年。

8 美国圣路易斯市（St Louis）华盛顿大学（Washington University）的学生2010年在罗伯特·麦卡特（Robert McCarter）的指导下曾为此做出过努力，并用大比例模型展示了这幢建筑物可以承受后期惊人数量的扩展。

其中的诀窍可能在于把相对较小的建筑物单元组合到一起，连接成一个更为巨大的整体。不同于大而无当的简单单元，我们可以把组成部分解读成对于要素的一种集聚（例如一条项链），它们能够在无需创造不完整性或是异质性的前提下更容易地接受偏差、扩张及压缩。

一排排放置共同构成建筑物的小型要素（小是相对于整体而言的）的设计原则于1960年前后在许多地方成为一个议题，但是少有像林米吉工业综合体（见第22~25页）和中央管理保险公司大楼（见第27~30页）这样在实际上付诸实践的。这一主题贯穿路易斯·康1955年之后的作品，对其影响深远。他的医学研究中心塔楼（1957年）所采用的设计方法首次展示了一幢建筑物在竣工后如何仍然保留有对其进一步发展的开放性。

一个个建筑单元一排排地组装起来组合构成建筑物，通过这样的方式，我们得以证明已经完成的组合方式不会因单元的增减而受到干扰是可能的。显而易见，连接方式和重复方式担负起了有机整体产生影响的职能，并确保了不管在什么时候我们所看到的都是它在作为一个整体被人们所体验。实际上归根结底，我们已经不再采用一个已完成整体的概念说法，过程中由时间赋予的每一个阶段都可以将其视为是一种已完成的状态以及是一种动态平衡。

年轻建筑师Team 10群体中的朋友们对于皮特·布洛姆项目的激烈反应以及阿尔多·范·艾克为该项目进行的辩护都可以解释为当时人们越来越强调在城市设计和建筑中运用网格。网格毕竟是年轻建

图108

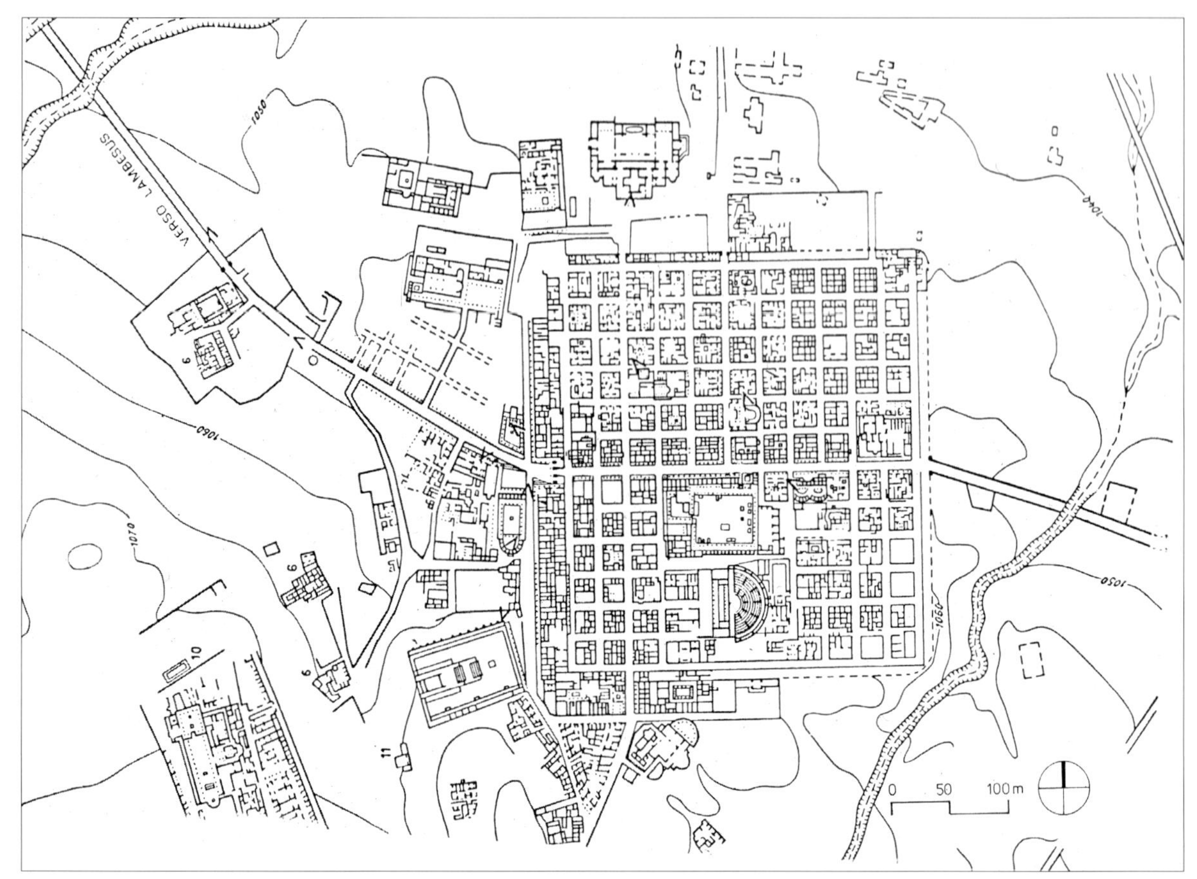
VERSO LAMBESUS
1050
1060
1070
1040
1050
1060
0 50 100m

图 109

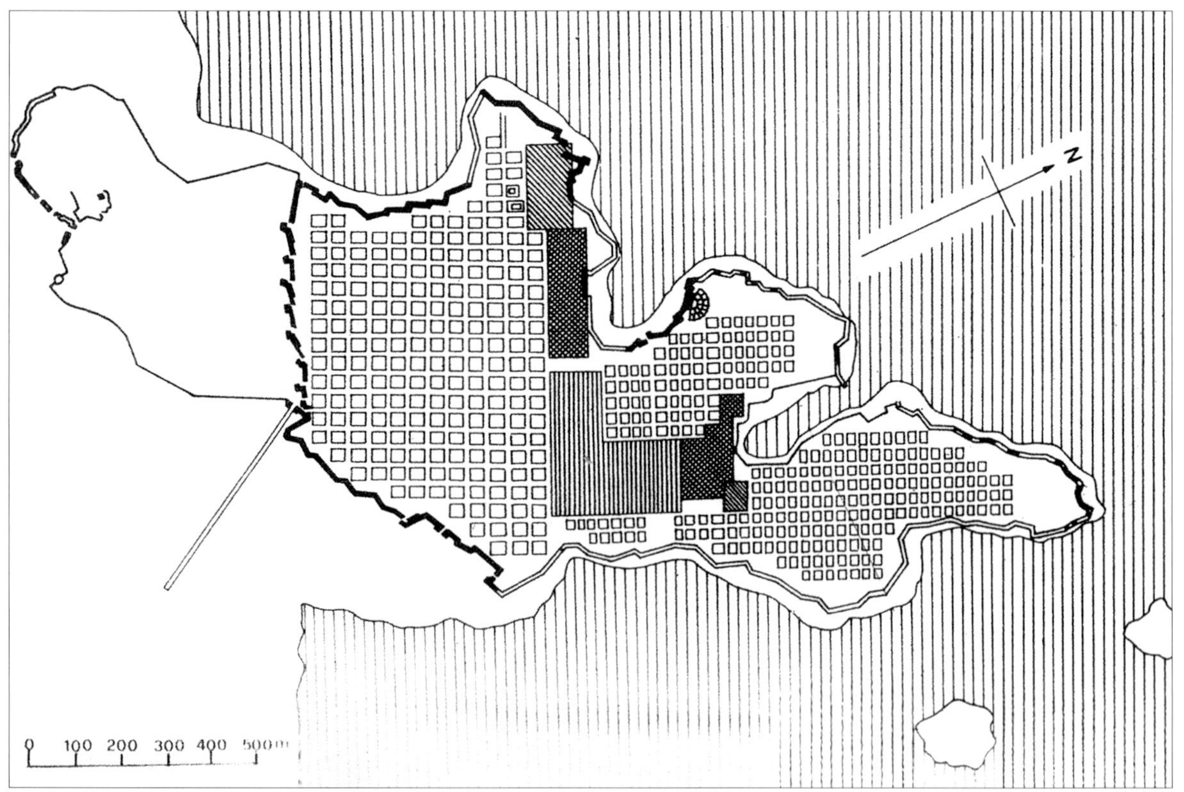
N
0 100 200 300 400 500m

图 110

图 109 提姆加德（Timgad），阿尔及利亚，7 世纪。

图 110 米勒图斯（Miletus），希腊，公元前 5 世纪。

9 参见汤姆·阿维马特，《毯式建筑：年轻建筑师 Team 10 群体对城市组织临界容量的革新》（*Mat-building: Team 10's reinvention of the critical capacity of the urban tissue*），收录在由马克斯·里瑟拉达（Max Risselada）和德克·范·丹·赫维尔（Dirk van den Heuvel）主编的《年轻建筑师 Team 10 群体，1953—1981 年：寻找现代的乌托邦》（*Team 10, 1953-1981: In Search of a Utopia of the Present*），鹿特丹，2005 年，第 307~312 页，第 309 页。

筑师 Team 10 群体当时的议题之一，坎迪利斯—乔西克—伍兹（柏林自由大学、法兰克福的罗马广场，见第 54 页），当然还有日本的新陈代谢派在运用网格上的表现最是突出。出现了为达到某一目标而采取的策略，正是他们这样的意图才可以被填充和补全——换言之，这就是开放式的。

作为一种给出结果的设计方法，甚至在面对人们日益提高的洞察力时，网格都可以作为回答。它可能通过追溯主线的方式确定指导原则，但这永远都不是全部，就像传统的设计方案中体现的那样。所以皮特·布洛姆所应用的布局原则从理论上讲较之传统的、精心设计的方案，可以提供更多的自由，但是它受到不可否认的冲动情绪所支配。

年轻建筑师 Team 10 群体中的艾莉森·史密森，特别是迪利斯—乔西克—伍兹特色鲜明的规划方案，引入了网格概念并与阿尔多·范·艾克以及皮特·布洛姆的布局原则竞争抗衡。[9] 清晰区分，对于人们理解开放式结构是极为重要的。

像是曼哈顿网格以及其他许多城市区域的网格，这些网格可以追溯到古罗马人时期甚至更早，一直都是一种固定城市主要结构的方式，在固定完成后人们在相当长的一个时期内都可以往里面进行填充。网格包含的完全是句法信息，也就是说意欲达到的整体性压倒了为个体情况所做的一个个设计方案，只要这些个体设计方案没有违背整体规则，它们就可以顺便自由地展现。

在像这样的城市规划中，只要严格坚持道路规划中明确规定的建筑控制线，只要每个人的采光和视野（“上空权”（air rights，正式名称为 Transferable Development Rights，即“可以被转移的土地开发权”））得到尊重，那么每一个街区或是其他单元都可以被设计为单独的组织实体，这才是关键所在。网格试图容纳下所有个体的愿望，甚至人们的想法随着时间发生改变，它也自始至终一直在这样去做，而且并没有使整体的完整性遭受损失。一个网格就其自身而言不是一种设计。它所做的一切就是提前追踪主线，就其自身来说它是句法上的。句法信息被认为只与连贯性有关，结果无非是一种秩序原则。整体方案涉及的每个组成部分都可以单独拿出来安置并闪耀光芒，这样的整体方案是它起步的出发点，它起步的出发点不像从不同功能的角度进行思考的例子那样把大量的局部利益组装到一起，以上事实才是它的重要性所在。

像曼哈顿网格这样的规划是一个闪耀着光辉的规划案例，它可以在任何时间令人满意地从一个街区填充到另一个街区。再也想象不到有其他的城市规划能够在不断发展着的过程中如此成功地产生出像这样令人信服的、组织上的辩证统一并且产生出像这样的源自看上去天真幼稚、基础简单的自由。

网格就像是一只根据极为简单的原则操作的手——诚然它的确是制定了一个全面的规则，但对每个具体场地它会变得更加灵活。作为一个客观的基本原则，它规划了城市的空间布局，这一规划将大量孤立混乱的决策转变成可接受的部分。与其他许多很好的网状规划体系相比，简单的网格体系是一种更有效的获得某种规范形式的途径，那些其他的体系虽然表面上灵活和开放，却会窒息想象的热情。[《建筑学教程 2：空间与建筑师》，第 177 页]

网格给予人们以极大程度的自由，但极大程度的自由并不是在所处情境中的完全自由。既不是通过语言，也不是通过建筑秩序，而是通过确定对运动的维度和自由度加以某种联合，从而奠定了基础。在音乐里你可以说它决定了一段乐曲的节奏起落。它提供了能让游戏得以进行的规则，但提供的不是游戏本身。在这里我们找到了规则以自相矛盾的方式试图去激发出自由。

自由从来都不是绝对的，我们必须总是持正确的观点来看待自由。没有规则，自由看上去就更大，在理论上甚至是无限的，但同样由于没有规则这一自由的发起者，自由就会变得抽象。只有不自由的感觉可以激发出自由的灵感。必须得有缺乏自由的背景才能让对自由的渴求成为一项使命、一个任务。那么结构就是某种可以定义这种背景的权威。

网格原则上是结构的底图——是结构的结构。作为一种根本上的城市规划工具，它也被用来为建筑物提供规则基础，给空间单元提供同质性。你或许会认为它把在单一名义下组装那些空间单元的结构要素都聚集到了一起。

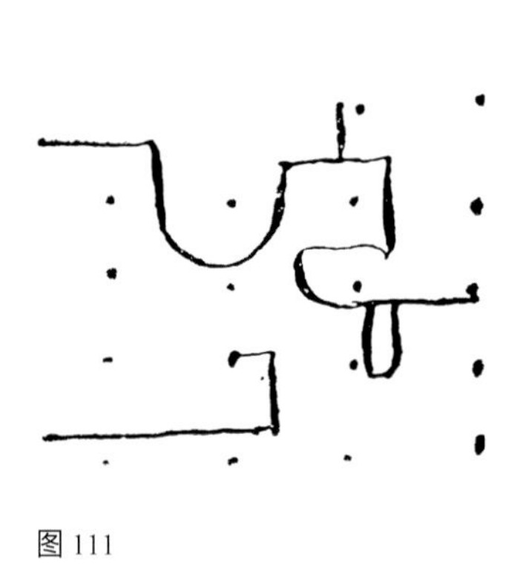

图 111

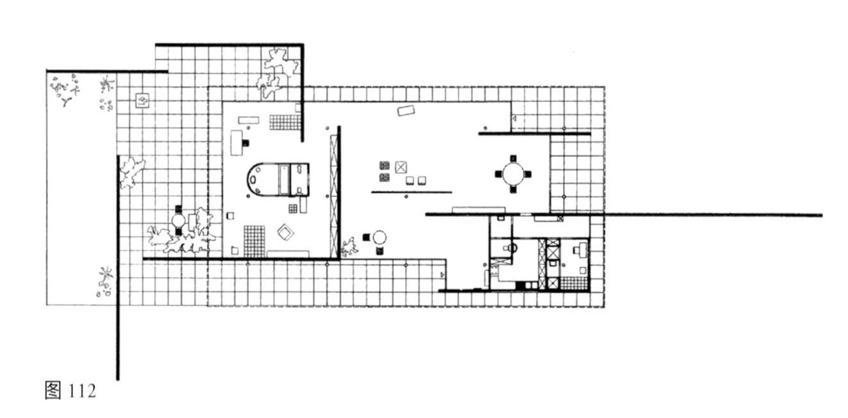

图 112

图 111 勒·柯布西耶，“自由平面”草图。
图 112 路德维希·密斯·凡·德·罗，柏林建筑展览会（Berlin Building Exhibition（IBA，Internationale Bauausstellung））上的房屋，德国，1931 年。

作为砖制支撑墙体的替代品，框架的出现让人们强调的重点第一次转向了评估体系。结果是结构的强制性（coercive）减弱了，“客观性”（objective）增强了，把它自己从会变得更为自由（就像“自由平面”（plan libre）中那样）的填充物中分离出去。

工业化产品特别是预制零部件的使用让我们拥有了互相独立的组成部分，还大大提升了重复使用同样的要素以及接踵而至的相同空间单元的趋势。它进一步引燃了关于结构的灵感，并且伴随其填充进一种简化的结构主义概念。这不是用来为所有事物设计专用空间的想法，而是实现能够满足最广泛要求的、可能是最普遍的空间品质的想法。所以开始作为一个网格的事物已经生根发芽长成结构，它从原则上可解读，配备齐全，各个部分——越来越多地被强制着沿城市线路进行组织——而且整体都会得到充分发挥并产生同等影响。

顾名思义，网格会按照道路的建筑红线那样，为各式各样的组成部分建立起它们之间的关系。这是一种**先验**（*priori*）的关系，也就是说就算是在不同地点独立发展的单元也总是能够互相连接的。网格在某种意义上可以比作是音乐中的小节线，它施加以界定好的最低限度的规则来划分时间并加以整合，非常像人的吸气和呼气的过程。不再把它想象成是一个拥有完全自由的自给自足的单元，一步一步地，一部分一部分地，就好像人们已经签署了关于某种共同游戏规则的**先验**协议：即一种建筑秩序的开端。

网格本质上来说是无穷无尽的——也就是说，它不需要终结，在某种意义上它是开放式的。同样地，在实践过程中它随机到某条线的位置时都可以被终止，可利用的区域也随之在那里终止。它给我们可以随意确定的边界，我们则需要保护好这些边界，就像是粗糙剪切出的织物，几乎不可避免地呈现出一种平常无奇的样子。

网格界定的建筑物都有一块由它们自我选择的空间单元所指定的边界地带。这让它们要依靠于与它们产生关系的直接环境，而这往往需要精心筹划。

在孤立的城市土地收购案例中，我们变得渐渐习惯于关注机会主义者动议的边界地带。中世纪，在边缘地带罕有明确标明的城市边界，作为一种规则它最初是受到防御的必要性影响所形成。

采用受网格驱动方案更为极端的结果可能就是它们固有的对于等级制度的否定。由网格创造的道路规划在原则上每条道路都是平等的，可能它在许多方面都值得称赞，但是它自身既不能产生出中心，也不能产生出副中心，其他能提高强度的动因也不会从中产生。在“自然”（naturally）演进的系统中会有机地出现主干道路和次干道路，但网格就缺少这样的主干道路和次干道路的网络。通过使用后接踵而至的影响便会是产生自然的均衡，换言之是自下而上会产生出影响。由于系统的可理解性，这一均衡可以被利用与吸收。尽管系统是自上而下施加的，但它也是民主的，是与产生出的影响适配的。

一个崇尚平等主义的系统往往会倾向于均匀平分各部分的质量，所以这也为所谓的中心城市的各项功能提供了依据。在这样的哲学引导下，每个地方都应该是一个这样或那样的中心，不管在哪里都从未缺少过这类功能。但是它也有一个问题，就是像这样的中心要依靠于局部上巨大强度的吸引力来实现相互支持与维系。它像是由原木引燃的火势一样，能持续燃烧是因为许多发红发热的木块聚集到了一起，互相之间产生了影响，并产生出了熊熊的火焰。如果把它们分开，那么它们就没有进一步互相加热的机会，每块木头的火焰都会熄灭。

一个崇尚平等主义的系统可以为所有的地方提供相同的情境，给予所有的地方以平等的机会，但会适时开始展示强度上的不同。例如，基于网格的城市结构最终还是会归于中心、主轴以及相对没有特色的区域。

尽管在理论上所有这些方面可能还挺有趣——一般说来如果方案未能实现，它们强化了其中许多引人注目的部分——而在实际上它往往需要相当大的规模调整，这也让纯正的网格规划最终寥寥无几。

同时克里斯托弗·沃尔夫冈·亚历山大（Christopher Wolfgang Alexander）撰写的文章《城市并非树形》（*A city is not a tree*，1965 年）反对城市的组织结构有等级高低之分，认为应以更加注重平等的思考方式允许自下而上产生的影响能够融入它里面。从理论上来说，它涉及的一切并没有那么困难，但令人遗憾的是，组织城市规划的每一个决定权都掌握在权力机构手中。

就像阿尔多·范·艾克和皮特·布洛姆当时的意图一样值得称赞，作为一种现象，现代城市过于复杂，发挥作用的各种力量无法预测，所以不能认为它是一个面面俱到的不受外界影响的组成部分。从某种意义上来说，自上而下产生不了城市。并不意味着无法控制的混乱占据主导地位，但它至少是一个自下而上调动起来的、将各个地方去中心化的、秩序上完全不同的组织，它作为权力中心的补充是能够接管责任的——由内而外，像是织物的纬线。

这些都不是什么新想法，皮特·布洛姆当时恰巧就知道，尽管他的说法有些笨拙：“住在城市里将会像住在村里一样”，阿尔多·范·艾克同样也知道，还同样笨拙地鼓励我们制造“像是房屋一样的城市”（a city as a house）。他们实际上想要说明的都是要思考更多与场所有关的内容，思考更多亲密性更强的内容。

对于赋予占据者和使用者以更大的责任——这一呼声要求，规划阶段、实施阶段、保持维护阶段都把此要求作为一个目标，不仅如此，希冀由形成的居住地、更大的影响力和责任所带来的更多样、多彩的居住环境也都把它作为一个目标。人们从由专业设计师以最佳的设计意图设计出的现代房产中获得的感受却是其中的居住者们频频表示他们感到与周边的环境格格不入。

城市居民成为自己居住环境外来者的原因，或许是潜在的集体积极性被高估，抑或低估了参与感。一座住宅的拥有者并不真正关心，也不是真正地忽视他们的家之外的空间；这一对立导致与环境的疏远——就你和他人的关系受到环境影响这一方面来说——也导致与邻居的疏远。控制程度的加强导致了与环境和邻居的疏远，使我们周围的世界逐渐变得无情。这导致对他人权力的侵犯，而这又反过来造成规则网络的进一步严密，结果形成恶性循环，造成义务感的缺乏和对混乱的恐惧，两者逐步升级。

……

整个建成秩序的抑制体系就是为了避免冲突和矛盾；为了保护社会个体成员不受同一社会其他成员的侵害，而无需相关个人的直接卷入。这可以解释为什么存在着对于非秩序、混乱和不可预测事件有如此之深的恐惧，以及为什么宁要非个体的、“客观的”（objective）规则而不要个人的介入。似乎每一件事物都规则化并加以量化，以实现彻底地控制；创造这样一个条件，使秩序的抑制体系把我们大家都变成承租人而不是共同拥有者，成为臣服人而不是参与者。因为这一体系自身创造了上述“疏离”的现象，并声称代表人民，并能促进更为亲切宜人的环境条件的发展。

……

较为宽松的环境产生更大的积极性。这样，群众的能量能得到发挥，否则就会被集中化决策系统所窒息。这等于要求非集中化，要求尽可能下放权力，要求把责任交还给它们本来所属的人们——否则将不可避免地成为“城市沙漠”（urban desert）。[《建筑学教程 1：设计原理》，第 47 页]

一切受制于不确定经济利益的事物，它们同时还掌控着城市规划并已经把城市规划师的作用降低为市场规定模式的执行人。从伞状组织结构到洽谈伙伴，政府扮演的角色一直在变化，如果是那样的话。

城市规划在我们的视野中创造出假象，让我们一直认为它是“可打造的”（makable），作为组成部分是可控制的，但其实城市规划只是作为乌托邦范式的兴趣而已。

城市设计取决于囊括在内的每一个街角，而就像自上而下的城市设计站不住脚一样，被自上而下认为属于自我包含体系的建筑物也同样站不住脚。从没有一幢建筑物以如此方式使自己的职能得到扩大或发生改变——或者那些职能对于空间提出了其他诉求——让它可以保持住其最初状态。为了适应软硬件的相互匹配就需要去努力和发明创造。作为永恒不变的建筑物是从早先时间缓慢流逝的静态文化中传承下来的。今天紧张的博弈需要思路疾如闪电地改变，它已经不能再适用这么快的变化了。

总的来说，建筑物具有使用价值的生命周期正在变得越来越短。类比于城市采取开放式策略来试图避免发生混乱，建筑物只有采取开放式的策略，才能按此法构想成能够适应其他功能的样子。换言之，建筑物应该减少对于单一客体进行适应性调整；而对于使用者和占用者引入的超出他们居住和工作环境承诺之外所产生的影响，建筑物应该变得更加敏感。

城市和建筑物里并不是一切都是在封闭的组织布局方式中固定下来的，城市和建筑物也给予人们对周边环境施加自己影响的机会，这样一来人们会感到更舒适自在。这里的情境具有一种留有余地的“开放特性”（open character），并且坚定不移地为改变做好准备。这会让我们的城市和建筑物的使用寿命变得更长。

结构的外在和内在都必须是开放式的，结构作为一个系统不应该试图去控制结构的应用，而是应该起到促进作用，并在使用过程中对它产生影响。挟持人们为人质不是它的本意，在更巨大的凝聚力下产生出每个人都可以获得更多的自由才是它的用意。

就像语言在使用过程中受到了影响并发生改变一样，建筑结构也同样应该是灵活的，要能够在不丧失基础的前提下有所让步。

有些方案认真精细并明确地表现出它们在规则上井然有序的能力，然而规则并没有促进游戏的进行，而是让人们对游戏感到迷惑。有关结构主义的最大误解就来自这样的方案。经常是一个方案只是建议使用网格或重复使用同一种要素就会被贴上结构主义者的标签。在形式上不是说你展示出了一个结构就会一定被赋予这样的资质。容纳能力是结构主义的特点，结构主义的容纳能力作为一个会产生主观影响的相对客观的基础，它能够明确地对个体的和共享的诉求予以尊重，并把它们当作一整体加以容纳。

图 113，图 114 皮特·科内利斯·蒙德里安，《胜利之舞》（未完成），1944 年。海牙市立博物馆（Gemeentemuseum Den Haag），©2014 由希拉里·C. 理查森国际公司（Hilary C. Richardson International）交由蒙德里安 / 霍尔茨曼信托基金会（Holtzman Trust），弗吉尼亚，美国。

10 最初拼写为“Mondriaan”，而不是“Mondrian”，他搬到巴黎时把第二个“a”去掉了。

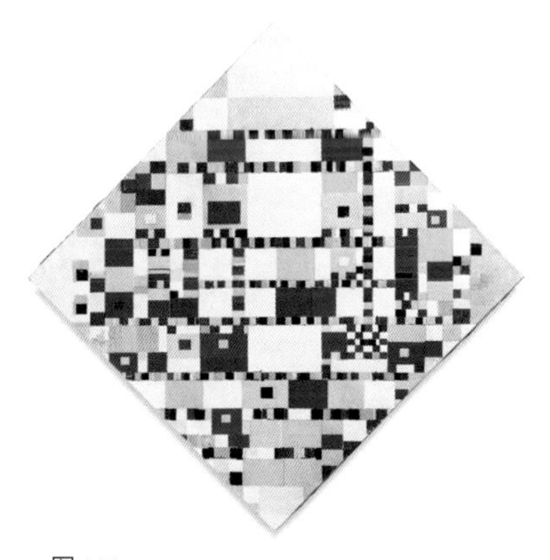

图 113

图 114

皮特·科内利斯·蒙德里安[10]的最后一幅也是最终没有完成的画作《胜利之舞》（*Victory Boogie Woogie*）当作一个开放式组织布局方式的例子是有内在风险因素的，若是因为这幅作品是无意间没有完成，那么从字面上看上就是开放式的了。综合考虑与城市规划的联系，特别是与蒙德里安生活和工作的城市——曼哈顿的联系看起来是显著的，轻易无法抹去。尽管我们会把它看作是许多相互分离、自给自足的平面聚集到一起的构筑物，表达出了一种凝聚在一起的非叙述性的意象，但是如此有限的方式是如何产生出种类如此丰富的意象也是令人称奇。实际上这幅画作里有的不过是位于有限的一个个尺寸里的大量正方形或接近正方形的平面，平面精确到只有六种颜色：红、蓝、黄、白、灰、黑，细微差别不包括在内（最主要是黄色的色彩差别）。显然，想要在视觉范围内想象出与画作题目所暗示的那种与声音的质感亲密接触的样子，对于我们来说是很困难的（尽管声音和图像并不能真的互相表达）。这里看起来观感和听感似乎已经非常简单地发生转化了。也就是说，声音或是彩色平面是怎样连续地、一排排布置起来的，完全没有一点解释性的叙述——换言之是完全“抽象的”（abstract）——却能激发出人们美的情绪，还没有一个哲学家或是心理学家试图对于这一未解之谜做过解释。

尽管画作能够产生如此之丰富的细微差别，但受材料的限制以及近乎“清心寡欲”的处理方式还是会让人回想起一幢建筑物可以产生的最为一致的建筑秩序——没有用到任何图案重复、对称或其他秩序因素。我们并没有看到有明确律动的证据，这一组织布局方式最突出的地方似乎就在于它根本没有系统！也就是说，原则上的律动感让画作里的各个平面维系在一起，严格来说它作为一体过于复杂，无法识别。蒙德里安自己使用的说法是“自由律动”（free rhythm）。我们在这里看到了组织布局方式中的每一个地方都是由各种要素独特地排列组装而成，这样一来整体就变得可以表现出它的多样性在材料区分极小的情况下可以达到什么样的程度。

你可以在几乎无法察觉中交换整幅画作里不同的平面和颜色，你还可以增加几块或减少几块，只要不过度破坏布局方式即可。就此方面，这幅画作未完成的状态并不是没有意义的，从某种意义上来说，这是采取富于想象行动的一种托词。再进一步引申，它是至关重要的开放性以及持续发展状态的象征，这幅艺术作品似乎也享受于此。仍保留在画布上的胶带支持了这一说法，这些胶带暗示了画布上面的创造还在继续，明天还会有更多的平面在画布上四处挪动位置。画的尺寸以及由此产生的外部边界都没有得到确定，由于没有完成，它们变得可大可小。所以这幅画画布的版面无法给出一个结论性的评估意见，尽管它的菱形摆位强化了不确定性以及由此产生的无穷性的暗示，特别是由于超出边界范围外的彩色平面部分都已经沿斜线被裁去了。

采用菱形版面是蒙德里安的一个典型特点，菱形意味着你只需要用一颗钉子就能做到“笔直”（straight）悬挂作品（回想一下用于下达服务指示的挂在教堂圆柱上的黑色菱形框，就像我们从扬·彼得松·萨恩勒丹（Jan Pieterszoon Saenredam）画作中看到的那样）。它突出了组织布局中正交的特点，它——蒙德里安的一个重要限制条件——不惜一切代价避免了可能由斜线带来的各种视图暗示。

部分是由于蒙德里安在他的绘画作品里对于深度感有一种执拗的排斥——唯一的空间就是画面里平面的空间——以建筑师的眼光，我们会不自觉地倾向于把它看成是一个想象中的建筑物的楼层平面图或者是一个让改变处于永恒状态中的城市。

图 115

图 115，图 116，图 118　约瑟夫·冯特斯，蓄水池，巴塞罗那，西班牙，1874 年。
图 117　蓄水池改建为图书馆，巴塞罗那，西班牙，1999 年。

在巴塞罗那，建成的高位蓄水池（西班牙语为“Dipòsit de les Aigües”）为毗邻的城市公园提供服务。这是一个由约瑟夫·冯特斯（Josep Fontersè）在 1874 年设计的大约（65×65）平方米的正方形建筑物，建筑物的表面大到异乎寻常，都是留给水塔使用。它要承受 4 米高的水量并确保有必要的水压，所以提供支撑的砖制立柱就分担了水的重量。这需要 144 根 1 米厚、2 米长的立柱组成的网格。由 3 米乘 4 米的中间空间构成了尺度巨大的建筑物，它们分别创造了相当大的材质密度，并影响了水箱以下的空间以及立柱之间的空间使用方式。在以往的时代除了抽水设施外，掩藏在水下的空间实际上一直处于闲置状态，直到 1999 年大学图书馆在此安家后，人们为这个高度超过 12 米令人赞叹的空间上的几何洞穴找到了许多新的职能。

庞大的矩形立柱一方面对于建筑物的使用方式产生高度影响，另一方面它们把一直表现出的笔直而且明确无误的稳定侧面当作相互抗衡的场所，以这样的方式促进了连接性的增长。如果是圆柱的话（就像可类比的例子，位于伊斯坦布尔的地下水宫（Basilica Cistern），土耳其语称为“Yerebatan Sarayi”，地下水宫看起来更像是一个进了水的教堂空间），那么可能性就会大大减少。圆柱更像是在强调把空间作为一个整体，反映了一种更为集体的目标意图，就像位于西班牙科尔多瓦（Cordoba）的清真寺那样，粗壮的矩形立柱更像是在鼓励自给自足情况下呈现出的多样性。对于楼梯、画廊、桥梁、长凳、壁橱、工作场所以及放置在各个角落的艺术品，矩形立柱一直都是一种诱惑。一般来说，大量的立柱是传播信息和制造场所的重点，鼓励或联结了过程中的活动多样性。

这里网格的布局方式几乎可以看作是与曼哈顿的网格一样——尽管

图 116

图 117

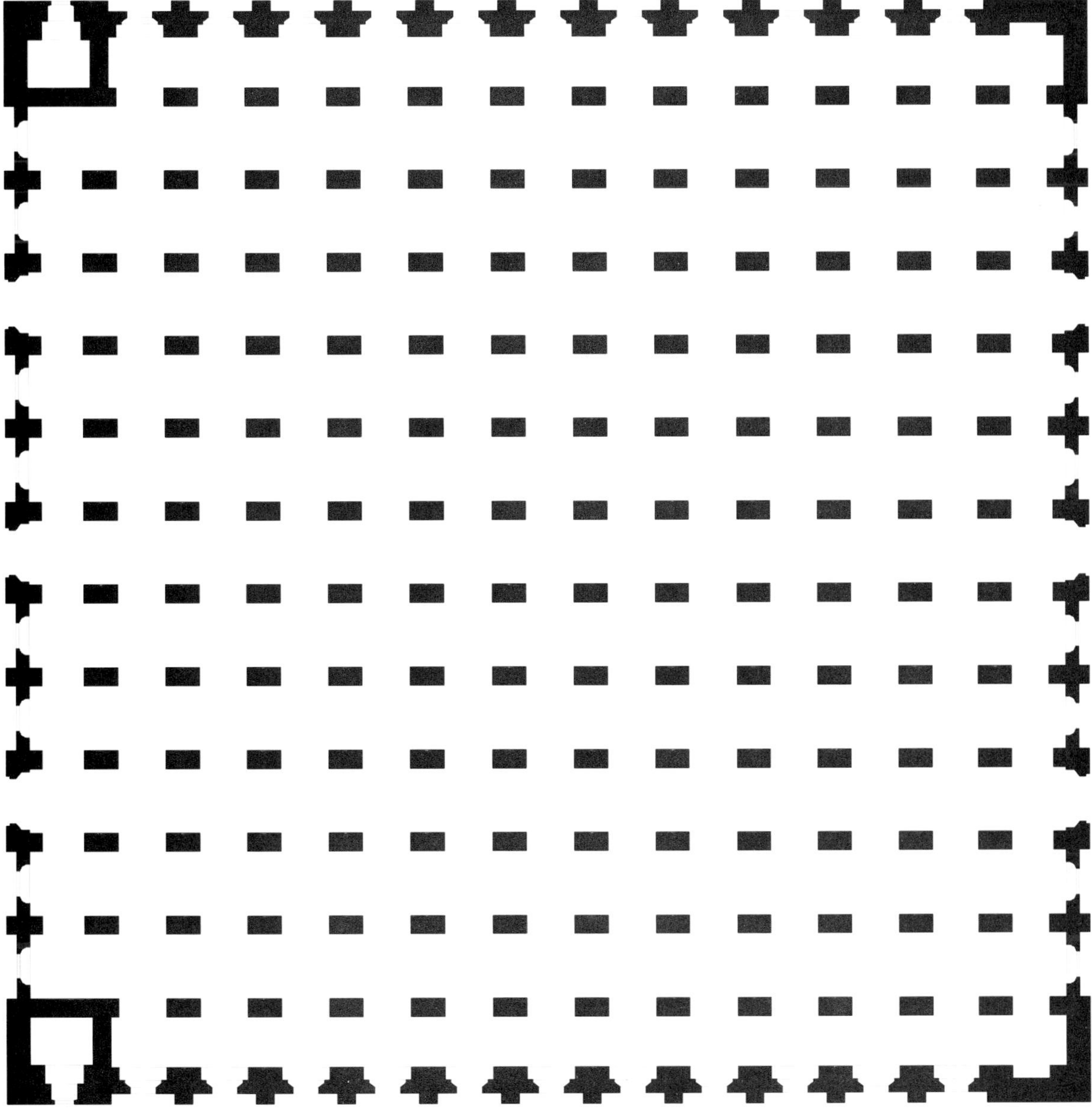
图 118

图 119

图 119 蓄水池，伊斯坦布尔，土耳其，6 世纪。

在这儿是反其道而行之，这里的立柱是不会发生改变的组成部分，其间的空间（就像道路空间）是用来填充内容的。道路网格是对理解持开放态度的结构，因地而异，并随时间而变化。

我们再一次看到完全是功利主义的没有明确建筑虚饰的格式（这里显然是受到了位于那不勒斯的古罗马浴场的启发）是如何较好地适应于担负起其他含义并因此对解读保持开放性。针对一幢建筑物的解读倾向以及由此产生的其他用途与它作为建筑最初的理想目标是成反比的，看上去似乎确实如此。

第四章　结构的共性 | The Collective Character of Structure

结构主义对于建筑的重要性首先在于集体和个体在空间使用方式上的互相影响。集体即共享，个体即独享。

一方面，结构代表集体的东西，它可能是一种赖以表达的途径；另一方面，代表个体的要求，因为达到了个人和集体的协调一致。[《建筑学教程1：设计原理》，第106页]

集体和个体，不只是在建筑上，我们一次又一次地会遇到这对辩证对立的事物，实际上它们也和我们对自由的渴求与我们对归属的需求之间两难的处境有关。但是通往自由的道路也是通向个人主义的道路。毕竟自由不仅与平等相抵触，还违背了友爱互助的精神。居所既要让人能意识到个人的自由，还要让人能意识到集体性（团结），为此就需要某些权威机构指明方向。[1] 所以我们如果想多留有余地，就应该多制造空间。

1 克里斯滕·布瑞克格雷沃，《向往权威》（*Het verlangen naar gezag*），《关于自由、平等和失控》（*Over vrijheid, gelijkheid en verlies van houvast*），阿姆斯特丹，2012年。

可以说结构及其凝聚力一直被认为是对自由的限制。自上而下强加给结构的事情总是在不可避免地发生着，就像儿时学习语言一样（某种程度上是天生的，超过了我们的影响范围）。但真正重要的是使用者是否能适应它，更新它，理解它——简言之（就像语言），对它施加影响然后投入其中。想要彼此实现合作、拥护、在心里占有一席之地，让你经历的事和你投入其中的事达到某种程度上的平衡，最终实现互相依赖。这首先就要投入和奉献。

1992年一架飞机坠毁在了阿姆斯特丹的一栋公寓楼上，造成部分房屋被毁，许多居民失去了他们的家人和住所。人们为这场灾难中的遇难者修建了纪念园，纪念园的设计灵感来自石毯（stone carpet）——就像美国拼布但是由瓷砖组成——包括救援人员和救援机构在内的与空难有关的所有人都可以就纪念园发表他们的想法，表达自己的感受。此纪念园项目的形式也是人们坦然接受了这场悲剧的证明，成为此区域的身份符号。将近两千名当地居民一起搭建

图 120

图 121

图 122

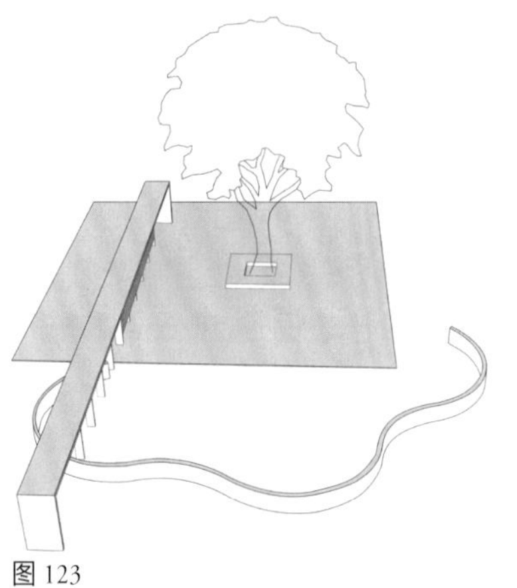

图 123

图 124

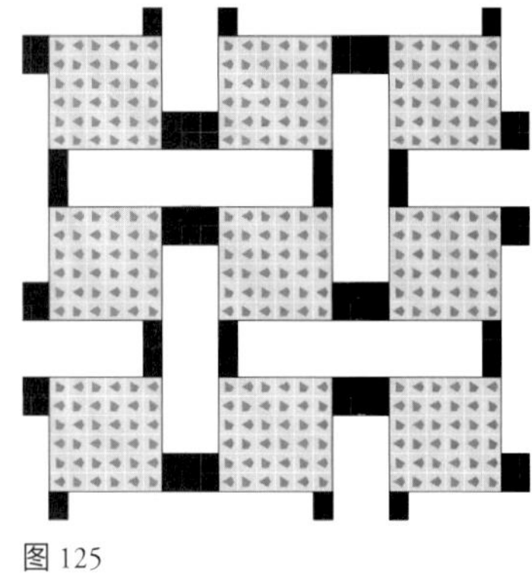

图 125

图120~图125 赫曼·赫茨伯格，乔治·德贡布（Georges Descombes）和阿克雷·赫茨伯格（Akelei Hertzberger），1992年庇基莫尔空难纪念园（Monument to the 1992 Bijlmer Air Disaster），阿姆斯特丹，1996年。

2 1995年和1996年，阿克雷·赫茨伯格构想并设计出马赛克地毯，约兰达·范·德格拉夫（Jolanda van der Graaf）把马赛克地毯铺装到纪念园里。总体来说这个项目是由本书作者赫曼·赫茨伯格和景观建筑师乔治·德贡布合作完成。

起他们自己的纪念园。灾难的痕迹可能已完全消失无踪，但人们脑海里对于灾难不可磨灭的记忆已经在纪念园里留下了印记。[2]

这里我们看到了在杰出项目中的杰出事件引导者，这个项目可以作为居民如何帮助设计师确定他们共享空间的案例来看待。当然，个人领域里可能存在的个人影响在公共领域来看总的来说是微乎其微的，就像你从那些大家都会获得的东西中抽离出属于你自己的自由一样没有什么影响。所以说我们首先要关心的应该是尽可能多地创造出日常生活的场景，创造出既能影响参与其中的人又能让他们转变成关键玩家的开放场地。

适用于公共领域的东西同样也适用于建筑物内部。虽然通常来说它们的字面意思并不具有公共的含义，但是它们有诸如人们使用它们的经历体验，这样产生出的影响甚至更加急剧。几乎所有的办公建筑、大学、学校建筑、医院以及包含有供私人使用房间的居住建筑都是把没有尽头的走廊串在一起，这就有点像超过标准尺寸的运输通道，一路通过它走出来是你在里面能做的唯一的事。一旦离开你的私人领域，便踏入了一个可表达出集体性的地方，为确保这一点，让空间变得有序是一个理想的方法，就像是在功能得当的城市中的街道上一样。

设计师希望你能够和别人在建筑物里共同工作，但是你希望在建筑物里获得一间属于自己房间的欲望却难以消除，你可能想知道这其中的原因。通常会这样要求，人们毕竟应该能不受打扰地开展工作，充满自信地讨论问题。但往往这些话是站不住脚的，在现代条件下深思熟虑、互相依靠确实变得很关键——“工作是为了能在家里做点什么”——孤立状态下的工作运转也越来越被视为禁忌。
我们怀疑潜在的动机是人们对个人领域的需求，一扇门的主要作用是为突出上面的铭牌。在一个组织当中拥有你自己的房间来共同工作是至高无上的，最重要的是，它是一种权力的表现。在等级关系中固有的是，你占有领域的大小表现了你所宣称以及感受到的重要程度。当然，受影响最大的是那些必须获取地位因而需要拥有大范围领域的人。

在美国剑桥市，一个来参观麻省理工学院的人正在向导的指引下游览。没有尽头的光秃秃的走廊连接着成千上万的房间，在这样一个堡垒里进行着世界上最重要的科技研究。向导会告诉来访者哪里进行过科技研究，并会邀请来访者去看一看那些取得过真正科技发现的地方。来访的人希望能看到的是特别的实验室，但却被一路护送穿过走廊迷宫来到稍微宽敞一点能放下煮咖啡机和几张桌子的地方。[3]新想法的出现经常是来自非正式的沟通，特别是不同学科之间的交流。走廊需要加宽，更重要的是走廊应该包括能够引发起活动的场所，或者在走廊里出现邂逅。（这就是坎迪利斯—乔西克—伍兹三人气势恢宏的柏林自由大学[4]的设计所欠缺的地方。）走廊应该像街道一样，至少有“让人久久不散的力量”（linger power），把它们从交通空间提升为社交空间。

人们适当地把目光聚焦在共有（公共）领域以及开发它的方式上面，可以把大范围的交通空间改变成完全成熟的、被验证为具备共有的社交空间。人们可以在这里不期而遇或提前安排好在这里见面，这里也有房间供举办公共活动。这就不仅需要更多的房间，还需要专用的组成部分——也就是说职责清晰，在某种意义上是具有领域行为的组成部分——应该是可渗透的。人们不应该变得冷漠，就像是不善交际的内向堡垒，而应该尽其所能对外开放。特别是在有重叠的部分而不是在突然分离的部分，在临界点变成区域的位置部分，也就是在私人领域与共有领域交流的地方。你可以认为私人领域与共有领域间有相互渗透的存在，让彼此间严格的界限划分变得不这么明显。这在办公室已经发生了，绝大多数的个体会沿着开放的走廊走出他们办公室的门。（没有人想逃避沿路经过的任何事物。）

在位于阿姆斯特丹（1972年）的老年之家，我们引入安放了上半部分可以单独打开的门。门上半边的打开部分作为一种空间引导，可以让视孤独问题为最大担忧的老年之家住户互相产生交流。四十年后，这些门现在仍然发挥作用。这一概念最基本的一点在于门既是关闭的，同时又是开放的。通过这种方法，你可以留意门前路过的人，可能还会有意与其中一些人产生交流，这些都无需占用你的私人空间，反过来那些路过的人还会吸引你的注意力。（该建筑现在正在被拆除。由于政府已收回财政支持，老年之家的住户正忙于再找一套属于他们自己的公寓，这些公寓无疑都会配备所有现代便利设备及报警系统，让他们变得独立也变得孤独。）

如果说居民楼和办公楼的走廊总被设计得很狭窄“是为了尽量减少表面区域的损失”，那么在呈传统形式排列教室的学校里，走廊有意被设计得很宽敞则是为了放下学生的外套和背包，一般这些外套、书包都放得乱糟糟的，走廊宽一点学生下课时蜂拥而至拿衣服和书

图 126

图 126 赫曼·赫茨伯格，老年之家，阿姆斯特丹，1965—1974 年。

图 127 随处可见的校园走廊。

图 128 赫曼·赫茨伯格，移动衣柜，布瑞德学校（Brede School，一所拓展培训学校），阿纳姆，2009 年。

3 帕布鲁·坎波斯·卡尔沃－索特洛（Pablo Campos Calvo-Sotelo），马德里（电子邮件日期 2011 年 2 月 1 日）。

4 见第 48~55 页。

图 127

图 128

包也更方便。这样浪费空间与今天的教育方式完全格格不入，因为学生不再需要长时间地连续久坐了，所以下课后他们体能的迸发也就不常见了。不仅如此，个人独立完成的工作和需要团队协作的工作都变得愈来愈司空见惯。这就意味着要找到能代替教室的地方，小一些的工作场地需要，大一些的工作场地也需要。调动所有可以利用的空间都必须以教育为最终目的，然后我们得到的就是一个单一区域，区域里包括一间间的教室，当需要同时集中大量的人的注意力时还能随意闭合变成较大的单元。学校应该禁用传统的走廊！赫曼·赫茨伯格设计的学习街道（learning-streets）或是学习风景（learning-landscapes）决定了现代学校的教育方式是纵横交错的，学生在学校里独立完成任务或是以小组为单位常常在大桌子旁、小角落里共同完成任务，脱离开他们的教室。

通过对空间的表达，创造出许多适合作为工作场所的角落，还有衣帽间单元（事先把大量的衣服和书包存好），空间经过组织后可以成为适合工作的多元场所。电脑的利用率越来越高，许多以前需要老师完成的任务现在都正在由电脑接管，电脑的普及也让一成不变的教室扮演的角色有所弱化。

占据走廊场地并把它作为公共领域是社交空间的一个完美例子：将由所有人共享的空间，这个极其抽象、带有社区特质构想的空间付诸实践。学生可以看到彼此投入工作的样子，这会引发后续的活动，激发学生们的好奇心。通过创造教室和老走廊之间这片属于公共组成部分的教室外面的区域，质变已经在学校内发生了。但是这个区域的位置又让人感觉它可能像是属于教室。这个区域对于教室是开放的，教室也可以利用这个区域，比如安放一个伸缩隔断。它也创造了一个含糊不清、见缝插针式的空间。各种活动是在属于教室的场地进行，还是它们可以自由行事？由此产生了相互承诺和共担责任，把曾经是教室的部分和曾经是走廊的部分聚拢到一起。

图 129

图 130

图 131

图 132

图 133

图 134

图 135

图 136

可以把中间区域理解成从属于某人的私人区域，同样地鉴于它允许别人接近的事实也可以把它理解为公共空间。它表示了两个领域之间一块令人放松的屏障，但它也促进了聚集，而且让我们看到基础形式的空间是如何被设定成多用途的，作为结果，它可以有多种解读。

人们声称在空间之间可以让人放松的屏障地带是以私人用途为最终目的，“公共的”领域是共有的，但并不意味着它的目标是要彻底摧毁这个屏障。而这正是那些鼓吹社会乌托邦的人所极力赞同的，他们想创建的理想社区是没有对私人领地需求的社区，这样一来会让责任变得模糊不清，不同的活动不可避免地会受到彼此影响。不管是有关个人的 / 私人的，还是有关集体的 / 公共的，过于坚定地强调其中哪一个，都不会对社会生活有利。我们试图用空间方法想要实现的是这两个类目之间的平衡，而结构的概念可为之做出贡献的地方也正在于此。所以我们会更多地把公共的看成标准的实践，把私人的当作是一种关于它的局部的和暂时的变体。

共享领域在本质上比私人领域更为保守，这是因为不管什么凡是归至“共享的”（shared）一类，就会要求得达成更为广泛的共识。它的效力更长久，作为结果它能维持的时间也更连贯持久。私人领域也可以成为高度保守的领域，但前提是私人领域中的居民流动性要变得更快，并由此改变私人领域的内容。本质上来说它们提供了更多的自由，因此可改变的余地就更多。改变的速度基于某人对其负责时间的长度。公司招聘了一位新经理、商店变得现代化、一个小妹妹住进了你的房间，所有这些都是发生在一段时间里，比如说，五年之内发生的。需要做出决定的周期越短，领域越是容易适应满足新愿望或

前页

图 129~ 图 132 赫曼 · 赫茨伯格，学习街道与工作场所，布瑞德学校（一所拓展培训学校），阿纳姆，2007 年。

图 133 赫曼 · 赫茨伯格，学习街道，布瑞德学校（一所拓展培训学校），埃因霍温，2010 年。

图 134 赫曼 · 赫茨伯格，学习风景，北方学院（Noordelijke Hogeschool），莱瓦顿（Leeuwarden），2009 年。

图 135 恩斯特 · 哈斯（Ernst Haas），《中间领域》（*The In-between Realm*）。

图 136 约翰内斯 · 维米尔（Johannes Vermeer），《小街》（*The Little Street*），约 1658 年，局部。

是新搬来的居民。这里可以把空间分为相对稳定、共有的（共享的）领域以及尽管具有专一性但还是从属于更快速变化的附属领域。这些从属领域应该具体到最小值，并可以最大限度地被人们所理解，也就是说它们不应该被设计固定住，而应该为了个人用途引申一下为以后的改进留下最宽泛的自由。

不管在哪里我们都会遇到紧盯着个人利益的争论，通过争论想证明他们强调私人部分的正确性。结构主义之所以对建筑来说很重要，因为它向我们展示了作为空间的起始点，它对共有事物施加更大强调力度的方式。建筑物里为社会交换而提供的空间永远是在被边缘化的，并且它被降至了光秃秃流线空间的地位，只保留有最低限度促进私人领域的必要性。至于城市中的公共空间，你会越来越频繁地听到所谓的社交媒体正在让实体性的社会空间变得过剩。根据这一新潮流的广泛传播来判断，人们显然感到他们有获得关注的需求、有对基于社区某些事物的需求，但是我们也留下了这样一个印象，传统上被认为是私人生活的部分和社会生活的部分，它们二者间的关系已经被严重扰乱了。传统的公共秩序协同私人秩序，以前就像是建筑师和城市规划师定期订阅的一样，现在似乎已经被淘汰并由新的空间环境下千变万化的景象所取代。比如，街角突然涌现出数量可观的大批咖啡厅；不仅在街角，还有在商店、图书馆以及博物馆也是如此，你会在这些地方看到以年轻人为主的人群带着他们的笔记本电脑在咖啡厅里度过大段的时间，并在咖啡厅与其他人会面，就好像咖啡厅是他们自己的家一样。我们也不应该忘记社交媒体可以动员的人数是海量的。值得注意的是，这里的“街道”（the street）重新变成它应该拥有的样子，这是一个每个人都可以表达他们社会想法的空间，特别是其中有些想法是反对上面强加限制的，有的则是支持它们的，而让“街道”变回原貌要全部归功于社交媒体这一交流方式。通过这样的方法，与自由、平等、友爱相关的示威游行齐头并进，社交媒体成为它们的一个新的助推剂，这是完全没有想到的。所以我们可以把在虚拟媒介中人们所认为的世界上的特权优势看作是一种象征，它象征了“真实世界”（real world）中出现了太多太多的问题，而这些问题是造成人们恐慌的根源。同样地，人们可以把它看作是对建筑师们的训诫，它要告诉建筑师需花费更多的精力而不是更少的精力来思考公共空间。甚至如果首先假定社交媒体的虚拟空间已经让实体空间变得多余，至少在社会交际上是如此，这个假定看起来在逻辑上是说得通的，那么这些为社交联系而生的新的潜在事物反过来就已经创造了需要与人会面的更大需求以及能够开展诸如此类活动的场所的更大需求。

我们不应低估空间情境对于社会结构的重要性。社会凝聚力最有可能出现在人们为了共同的目标而团结起来的地方，这在空间背景下没有例外。

建筑的关键起源不应该在住宅里寻找，而是应该在需要把人聚在一起并让这些人一直待在那里的容身之所里找寻，像这样的容身之所能让人们通过它们的实体外观彼此沟通交流，从而强化社区感。这种设想一点都不大胆，没有什么不敢去想的。

从前，建筑师最重要的工作是为诸如教堂发起的宗教会议设计空间。不管人们想从教堂得到什么，他们过去习惯于聚集在那里，他们在那里会有一种对于某个地方的归属感，觉得他们都属于那里，有一种包容一切的感觉。我们不应该忘记就此方面而言，在一座教堂里，年轻人和老人，特别是富人和穷人，都聚在一起不带丝毫的等级感，一起聆听同样的教诲，至少在这一刻人与人之间地位不同产生的阻隔不复存在了。这就要求需要大型的未分隔空间，这样的空间才会形成具有统一性的影响。

拆毁教堂就是在低估一个空间可以施加的影响力。允许拆毁拥有像这样的社会结构的房子既是天真之举，也是无动于衷的表现。

我们所需要的是一种在根本上专门用来应对社会空间的方法，这种方法只会在社会中，不管是公众还是其他什么，对于社会结构有了更深入的了解后才能产生。这也是结构主义可以伸出援手的地方。

通过结构主义给出的方法，人们便可以听明白个人方言和共有的方言了。个人品质是具有从属性的，就像它们都属于整体一样，但是结构给予的凝聚力让个人的品质不再是仅仅扮演一个次要的角色，而是成为一个非常重要的部分，按此法，织物的单个纤维不仅确保了它们能一直维系在一起，而且每一部分都在努力定义织物的特色。

建筑上的结构主义解决了次级领域与共享领域之间如何区分以及如何和谐共生的问题。

不同时间和不同地点下的不同文化按不同的方式向前发展，而不同的方式都源自一种对我们所有人适用的潜在模式。这是在人类学角度下结构主义设法要解决的问题。它完全是关乎人群中出现互相依附的现象，一方面我们分享所有，另一方面群体处置我们分享的内容。

首先，结构主义关乎人们如何在一起生活以及人们在一起生活的方式如何表现为多种多样的外在形式，这是因为文化的发展是它们对境遇和潜能做出的回应，这些境遇和潜能是它们不得不以自己合适的方式来处理的。某些部落在我们看来似乎可能是原始的，比如是因为他们缺少某些令我们引以为豪的领先的技术资源，没有这些技术资源我们就会迷失方向。但这从进化角度来看并不意味着他们

图 137 特拉斯提弗列区（Trastevere）的圣母大教堂（Basilica of Our Lady），罗马，意大利。

图 137

要比我们滞后。就算他们达不到按我们的标准来评估的文化级别，其中的原因也与他们的感受能力、直觉、逻辑感或是对真理的体验无关。所以说把一种文化置于另一种文化之上的标准是想象不出来的。被人们认为是原始的部落，他们也同样会很明显地共享同一种心理能力，这种心理能力来自部落中的每一个人从满足其需求的方式中吸取的内容，正是人类学家，特别是结构人类学家克劳德·李维—斯特劳斯从他们的研究成果中得出了这个结论。[5]

制造空间关乎人们共存以及往往反映了人们共存的表达形式的多样性（尽管起源一致）。甚至结构主义的一个关键特点是它把事物一分为二地来看待，为所有人、所有地点及所有时间驾驭的事物放在一边，更为临时的、局部的、个人的事物放在另一边。

对建筑来说，这意味着不管什么时候我们看到有机会对这些类目进行空间上的表达，我们要做的不仅是紧紧锁定真正涉及、吸引或影响到人的事物，而且因为我们这样做是源自基本情况的共享起源——换言之是，结构——在原则上我们独立于针对特定群体（有限的寿命）按部就班的需求。

建筑上的结构主义主要是与有意识地对以下两者进行区分有关。前者代表了短寿命的事物，后者代表了共有基础的事物（结果是它的效力得以保留，并由此获得一个较长的寿命）。对哪些是可改变的，哪些又是持久不变的进行标记，这是一种方法。从空间的角度来说，它被表达为共有领域和有限接触空间的区别，共有领域基本上算是为每一个人着想的，而有限接触空间是为特定群体着想的。我们可以把它与城市规划上按照规划塑造的公共领域进行比较——不是作为剩余空间，就是在建筑物之间做一些设计——有街道、广场、公园及水面。

一般来说，城市中的建筑物都只有有限的可接触性，就算是我们承认的对塑造和包含社会关系做出莫大贡献的所谓公共建筑也是如此，不仅教堂是这样，剧院、图书馆、博物馆以及室内体育场馆也是这样。

能够追溯城市的，能够让城市维系在一起的都是公共领域，公共领域的主线一般来说也不会受到改变的影响。建筑物的职能发生改变或者甚至被取代，这都是在让街道提供更为持久的结构。

把一幢建筑物设想成一座城市，建筑物的廊道和其他共有空间就好比城市的街道和广场，其他部分就不用提了，我们继续进行更为具体的专注于特定群体或个人的类比，然后就会获得可以把什么

5 他最广为普及的论著题目是《野性的思维》（*La Pensée sauvage*）（1962年），从逻辑上来说英文版会翻译为“The Savage Mind”，这本书的书名不够明确，但它也构成了这本书的核心内容。法语“野性的思维”（Pensée sauvage）也有野生三色堇的含义，这种花比人工培育的更小，颜色也稍欠生动，但每一朵都线条优美、形式纤细。

称为“建筑物结构”（building's structure）的认识。将建筑物按照这个方法来划分区域后，我们会从中得到能够维系混乱的个体对空间的声索权以及共有空间二者间平衡的资源。当然，首要必须建立的不仅仅是流线空间，也就是可以鼓励社会联系的空间，共有可以在这样的空间里得到表达。

这就要求在考虑时需更加周密，为共有的部分留足更多空间，这在实践过程中也将会缓和个人利益间的矛盾。同时这也是就空间规划方案而言大家普遍会首要关切的内容。代表了共有所有权的非专用区域以及与非专用区域地位平等而且互为补充的专注个人声索权的区域，对这二者进行的区分造就了这里的“社会空间”（social space）。兼顾制造特定的和一般的空间，并由此形成互相独立的临时的个人空间和更为持久的共有空间，这是结构主义在建筑上取得的极其重要的成就。

之前提到的由勒·柯布西耶绘制的沿阿尔及尔海岸线分布的居民区（见第 40 页）淋漓尽致地说明了一个我们称之为“超级结构”（superstructure）的建成形式是如何做到能够把种类极为丰富的解读概括到一起的。但是尽管它的本质是集体性的，就像其中包含的叠加在高速公路之上、毫无疑问只有政府出钱才能建成的人造路面（sols artificiels），但是它缺少公共的和共有的组成部分。你可以在住所之间留下数量可控的开放空间，这样一来内部道路可能随后就会成为可接受的选择。你或许还可以支持共有区域，让一幢建筑物里的一两层楼完全无人居住，就像由阿方索·爱德华多·里迪（Alfonso Eduardo Reidy）设计的位于里约热内卢的佩德雷古略住宅开发项目（Pedregulho housing development）一样，此项目深受勒·柯布西耶的启发，是一次用集体设施来制造共有区域的非常有意义的尝试。但想真的把像这样的一个区域带进生活中，则需要比通常认为的更多的共有设施。我们可以在由路易吉·卡洛·达内里（Luigi Carlo Daneri）设计的位于热那亚的令人印象深刻的奎兹堡住宅区（Forte di Quezzi housing estate）（1956—1960 年）看到这一点——这是一个值得进一步了解的项目——它朝此方向做出了认真的努力。

作为反映个体表现基础多样性的规划案例，勒·柯布西耶的制图是完美的，但是它缺少了可能会吸引居民聚到一起的集体的互为补充的组成部分。从这个意义来说，阿尔及尔方案不能被认为是真正意义上的建筑结构主义的例子。

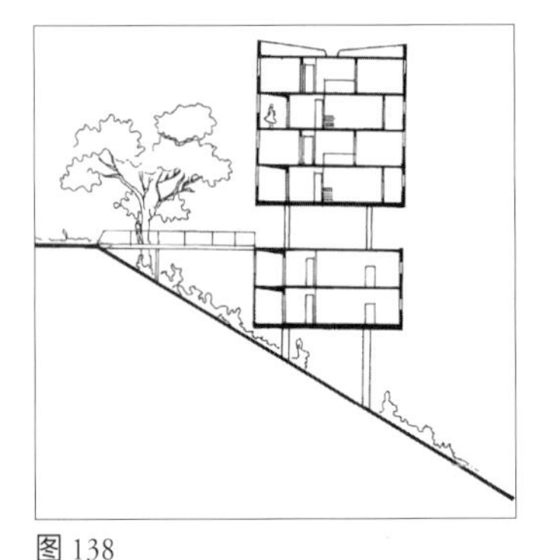
图 138

图 139

图 140

图 141

图 142

图 143

图 144

图 145

恰巧可以把一种领域的缺失比作几乎所有的公寓大楼都在使用一条街道。建筑物越庞大，缺失越明显，留下的只能是要不舒服地面对封闭电梯中的街坊居民。

甚至在马赛公寓（Unité d'habitation）的内部道路，尽管它们设计绝妙，但也还是无法与儿童可以在外面玩耍、邻里可以闲谈交心的传统道路相媲美。在这个杰出的项目里，关注点全部都放在了革命性的居住单元上面。说句公道话，它确实在七层和八层有一条购物街，这样这幢建筑物就可以表现出它自己是一个能够自足的城市实体。

图 138~图 140 阿方索·爱德华多·里迪，佩德雷古略住宅开发项目，里约热内卢，巴西，1947 年。

图 141~图 143 路易吉·卡洛·达内里，奎兹堡住宅区，热那亚，意大利，1956—1960 年。

图 144，图 145 勒·柯布西耶，马赛公寓，马赛，法国，1946 年。

图 146

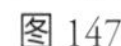

图 147

图 148

图 149

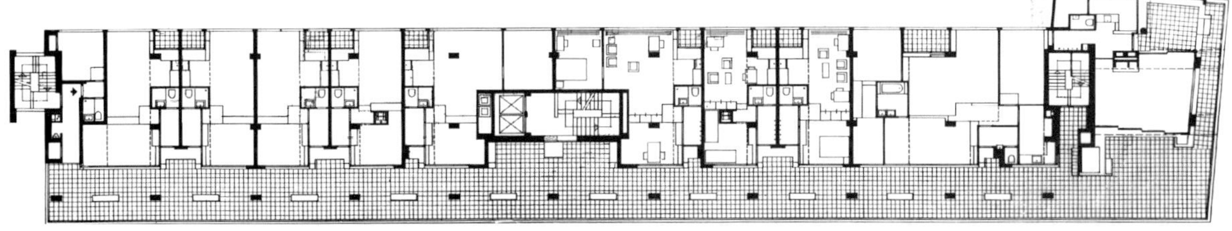

图 150

图 146~ 图 150 赫曼 · 赫茨伯格，学生之家，韦斯伯街，阿姆斯特丹，1954—1966 年。

这个城市试图渗透进建筑物的想法在一定程度上启发了我设计位于阿姆斯特丹的韦斯伯街（Weesperstraat）学生之家（the Students' House）第四层的道路（1959—1966 年）。要让住在那儿的学生情侣首先认识到这条街道的社会联系功能显著。此外再夸耀这是建筑物里唯一为共有用途设计的空间，颠覆性地偷偷加进斯巴达式清苦简朴的项目要求里。（这一空间后来被建筑物的管理人员没收，并作为他隔壁自己家之外的额外一处起居室。）

马赛公寓的例子没能为大量的公寓楼定下基调。大量的公寓楼通常

图 151

图 152

图 153

图 154

还是沿用高效储物系统，见不到一点创造社会空间的迹象。马赛公寓仍旧是独特的，屋顶是它的一个特点，所有人都可以登上屋顶，巨大的混凝土雕塑里的居民把屋顶当作一个共有的娱乐区域，在屋顶上碰面。巨大的混凝土雕塑远离了街道的喧嚣，扩散出极其美妙的柔和氛围。高墙围住了屋顶，任何站在建筑物顶部的感觉都被抵消掉了，让它成为一处僻静的风景。

"对居民互相之间可能意味着什么"缺少必要的关注，其他像这样的住房综合体还有令人印象深刻的由一个个住所堆叠在一起的金字塔形建筑，亨利·索瓦日（Henri Sauvage）借助金字塔表达了他对于结构的痴迷，以及由莫瑟·萨夫迪（Moshe Safdie）设计的位于蒙特利尔的极为壮观的住房综合体。

"火柴盒理论"（kasbahism）曾激发了如 20 世纪 60 年代出现的许多堆积式（hill-town-like）项目，实际上唯一建成的案例是蒙特利尔的莫瑟·萨夫迪住宅。这个努力去获取某种城市主旨的意图，不可

图 151，图 152 勒·柯布西耶，马赛公寓，马赛，法国，1946 年。

图 153，图 154 莫瑟·萨夫迪，栖居地，蒙特利尔，加拿大，1967 年。

图 155~ 图 157 比雅克·英格斯事务所，山（The Mountain），哥本哈根，丹麦，2008 年。

图 158 普韦布洛村落，陶斯印第安保留区，美国。

图 159 亨利·索瓦日，阶梯式住宅项目，1920—1928 年。

图 155

图 156

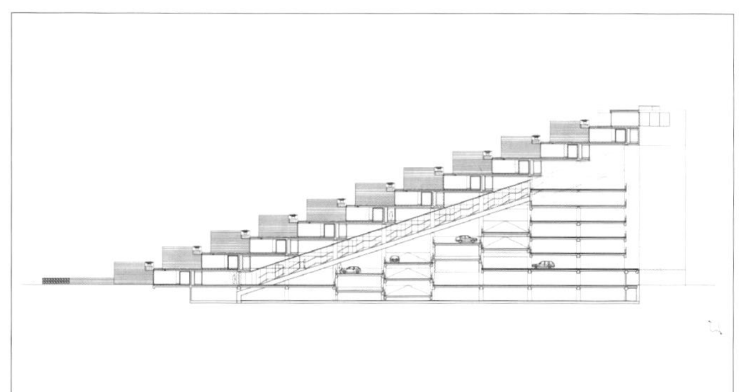
图 157

图 158

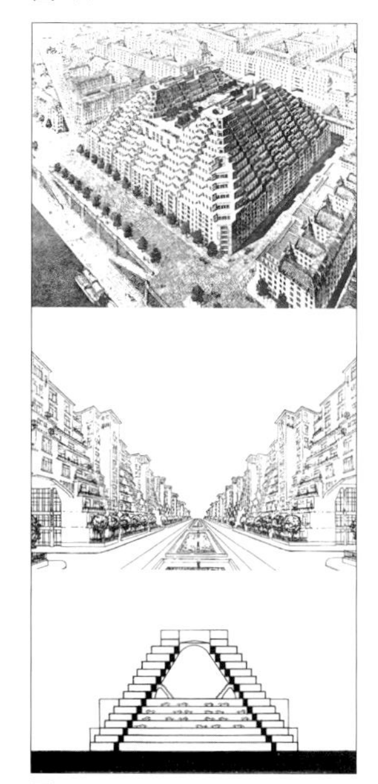
图 159

避免的最终结果仍然是一个街区和一个实体，二者交界的边沿受到了损失。[《建筑学教程 2：空间与建筑师》，第 218 页]

不仅如此，“栖居地”（Habitat）显著的居住单元之间的空间也停留在基础阶段，但它在视觉上同样让人印象深刻。

我们来看比雅克·英格斯事务所（Bjarke Ingels Group）最近在哥本哈根一个项目的同一张图，它的注意力全在居住单元上。并不是说缺乏外部表现要完全归咎于建筑师。要只是因为我们的文化里不包括街头派对，那么当然，联想到的美国新墨西哥州陶斯印第安保留区的普韦布洛村落并不能完全说明问题，但是你可能会很想知道以共有空间为方向的设计方案的第一步虽然小，但到底应该怎么做。这就是生活现实：有钱人把自己封闭在他们的象牙城堡里。当然在确实要考虑到建筑师天赋才华的前提下，建筑师们不应该高估他们对于社区生活的影响，而近乎不负责任地低估我们能够做成什么。社会有其虚伪的一面，建筑师对于社区集体的让步是建了一个多层停车库，就像一个多姿多彩的教堂，每个人都能互相赞叹对方的汽车，但也仅仅如此。或许它是一个巧妙绝伦、宏伟壮观的建筑和结构成就，但它不是一个人们有可能愿意进去互相交谈的地方。我们可以把它当作是一个超级聪明的建筑师们如何把他们的才华浪费在仅仅是形式主义者在上面狂欢作乐的案例。它或许是一个结构，但是在真正意义上它没有担负任何与结构主义有关的关系。

不同的居住单位享有不同的利益，创造这些利益堡垒是最重要的关切，同样最重要的关注还在于要保证空间为共享的利益而服务。除了要为每个人的个人自由留有空间外，建筑必须为连通人们、聚集人们、留住人们而制造空间，也必须为达到这些目的而提供各种情境。不仅仅是一种分离的方式，对于那些坚持共同展望前景的情况，它应该予以强调。

早些时候，建筑最主要关心的是填充和装饰人们聚集的单个空间或多个空间，以及建立并巩固一种共同感。大尺度的结构只有有钱的机构才能实现，比如开始是教堂，后来是政府可以支付得起。与私人居所相比，这实则是在另一种秩序下的建筑。不仅如此，建筑师们一度从事于设计巨大高耸的宫殿以炫耀当权者的权势以及接纳其他人。这些宫殿的尺寸总是过大，随着社会中关系的改变，它们最终证明了运行共享职能的理想，它们无一例外都要在这些新关系下扮演一个公共的角色。位于克罗地亚斯普利特的戴克里先宫通过成为城市中一个舍我其谁的存在，把这点发挥到了极致。[6]

在人们对于集体住宅的新关切里，建筑里有关居民私人领域的内容受到了特别强调，居民的私人领域迫使共享领域退而成为背景。个体产生的直接（民主的）影响简言之——独立于层级结构——就是每个人的个人愿望和利益都得到了良好表达。这也就强调了每个人各自所认为的令人愉快的、有用的以及必要的事物——民主为我们每一个人独立地发声（“每一个人都投了票”（every vote counts））。
由此，民主化程度的提高产生了私人领域得到强化而共享领域没有获得强化的矛盾。这让人们能聚集在一起的空间只能进一步受到压缩。是谁代表了集体性？又是谁为至少是重要的议题发声？对于彼此之间产生联系的必要事物，对于能扩大共同利益、交换想法的空间，能在你自己的家里让人们产生共鸣的空间，针对这些重要议题——

6 见第 1 章，第 15 页。

简言之，谁能为社会空间发声？

正是建筑师，在“公共”舞台的每一平方米上，为这些重要议题发声辩护。

更多的空间，或者更准确地说是房间，对于个体来说这意味着更多的自由。自由增多了，并不像人们常说的那样，主要事关个体。个体把增多的自由看作是冲破人们普遍接受事物的机会，然后实现一定程度上的创新。对比而言，增添的基础是人们所认为的具有共有价值的事物。个人群体宣称拥有的空间和个人的利益应该在与共享空间的平衡上投入更多，这在建筑物里表示更加强调了社会空间。私人空间是暂时性的、局部的，还要依靠于有效的并且不断变化的环境而存在。与私人空间不同，社会空间在本质上拥有更为强大的持久能力。这创造出了建筑中的不同层级并进行了形象地区分：一种是更加稳定、耐久度高的结构层级，另一种层级是允许出现多样解读的层级，空间的不同使用者会有不同的、变化着的需求，相应的理解也不相同。这就是区分一般是自上而下创造出的代表集体性的强大框架和在框架内个人获得的利益（解读）的意义所在。

结构总是与共享的事物有关，同时也允许个人群体或成员通过自己的不同解读重新塑造共享的事物。是从结构主义中汲取的经验让社区作为一个整体的利益和这个整体中个体组成部分都达到最佳水平。这在建筑里表示我们制造出的空间一定要留有供人们解读的余地。我们的设计必须最大限度地产生并规定责任的范围，让每个人都能自由决定在责任范围内他们想要什么样的自由。最后，所有问题都归结于如何达到制造出的空间和丧失的可能性两部分之间的平衡。一幢优秀的建筑物就像一个和谐的社区，它能让社区里的每个人都有机会在彼此间呈现适度紧张关系的背景中崭露头角。

特别强调的是：结构维系材料构成的构筑物。在结构主义中，结构不仅包含有人在内，还要把这些人聚集到一起。我们是否可以想到比给社会结构提供庇护性的空间设计更具体的方法还不得而知。

总之，结构主义提供了接触个体与群体辩证关系的机会。结构创造出连贯性，让从属于整体的个人特质在其中发挥出不仅仅是次一级的作用，它实际上代表了整体中一个至关重要的部分，同样结构中分离出的各条脉络不仅确保了连贯性，而且对于整体特点的形成做出了个体的贡献。结构本身无外乎是连贯性的意思，各构成部分互相依靠完成共同的任务；另一方面结构主义有它的语言学起源，在语言学里结构主义已经被确立起来，个体和群体以他们自己各自的方式共用同一种语言，像是供所有人使用的通用工具一样，让他们可以以自己的方式表达出来。

结构主义对于建筑的重要性首先也是最重要的一点在于（此处需强调）利用集体主义相互影响的可能性——是什么在被共享——以及在空间使用中利用个性的可能性，就像在语言中或更准确地说在语言学使用中做的那样。一方面，结构代表了集体主义，但是它又允许对它进行不同的解读，所以另一方面它又代表了任意分离的个体范围，并且试图去调和集体主义和个体之间的关系。

与局部利益的堡垒相比，确保大家的共同利益才是尤为重要的。建筑是要创造大家共同关切的空间；换言之，是创造让人们能够聚在一起并一直这样保持下去的空间。[《结构主义与社会空间》（*Structuralism and Social Space*），翻译自弗里茨·皮乌茨（Frits Peutz）演讲，2010年，第4~5页]

图160

位于巴黎的老法国国家图书馆（Bibliothèque Nationale，皮埃尔－弗朗索瓦－亨利·拉布鲁斯特（Pierre-François-Henri Labrouste），1858年开工，1968年竣工）的主阅览室，它像罗马万神殿（Pantheon）一样拥有罕见的房屋高度，屋顶可以进入光线的九处穹顶设计让它毫无疑问更像教堂空间。方形空间的四周墙体几乎全都被图书所占——这还会产生其他的结果吗？——书架既不遮挡视线，又节省了半圆形墙面需要安装玻璃的面积。该阅览室在它的时代是与众不同的，巨大的双层开放式玻璃成为阅览室的围屏，阅览室的气氛近乎神圣，金属部件组装的书架采取实用的功能布局方式，这在当时是独树一帜的，就像是用现代技术安装上的设施。

法国国家图书馆阅览室的配置变成了上图中的样子，或者准确地说这张20世纪70年代的图片，是法国国家图书馆所在的弗朗索瓦－莫里亚克码头（Quai François-Mauriac）现在的新房子还都没有出现之前的国家图书馆阅览室的样子。阅览室的新貌给人以一种沉浸在令人愉快氛围里的印象，让人感觉到在一定程度上的欢愉和一种不可否认的和睦共处之感。来访群体之间的翠绿色半透明台灯和桌子中央的抬升区域产生出一种个性化的影响，并在维持个体和群体的平衡上也做出了一定贡献。这里的长条桌，在图书馆和学校里经常遇到，有共同工作的含义在里面，但是一般来说来访者又都有他们自己的行程安排。虽然每个人都在不同程度上受到关注，关注他们正在做什么，但是清晰可见临近身边的其他人无疑是分散注意力的一个缘由。尽管顾名思义阅览室是由安静所支配，但是也很容易想象不可避免的眼神接触甚至会产生出情色的气氛。同样，一个人看到有这么多的来访者都在忙于自己手头的事情，这种勤奋的氛围也会对他做自己的事情发挥促进作用。你不会允许自己被别人看到游手好闲的样子，更不用说在阅览室里昏昏欲睡。实际上，现在电脑

图 161

图 160，图 161 皮埃尔－弗朗索瓦－亨利·拉布鲁斯特，法国国家图书馆，巴黎，法国，1868 年。

屏幕让集中注意力变得更容易了。在阅览室人与人之间可能没有信息上的交流，但是来访阅览室的人都具有共同的目的，共同的目的使大家志趣相投。但这也完全不同于教堂、剧院，同样不同于体育场，在这些场所里所有的个体都会同时关注一种共同的想法或共有的情绪，由此想法或情绪再产生出关联性。你不要指望阅览室会有这种关联性，在阅览室倒是有和睦相处的感觉，甚至有点大家达成一致的感觉，这似乎在这里也很盛行。

皮埃尔－弗朗索瓦－亨利·拉布鲁斯特在法国国家图书馆之前设计过圣日内维耶图书馆（Bibliothèque Sainte Geneviève，1843—1850 年）。圣日内维耶图书馆有一个长方形的大房间，入口位置在长方形其中

图 162

图 162 皮埃尔－弗朗索瓦－亨利·拉布鲁斯特，圣日内维耶图书馆，巴黎，法国，1850 年。

一条长边的中间，所以房间内部可以按左右对称布置。一幅描绘这个图书馆的老版画上面画着一张张又长又宽的大桌子，这些桌子放在房间内纵向依次排列成一条，或者也有可能这种摆放方式是曾经考虑过的。显示出此空间也是教堂样式的，但是它的组织方式和入口的位置又试图去除它与教堂之间的联系。

法国国家图书馆拥有雄伟的高度、方形的形式，也没有设置会让注意力不由自主被吸引到某个点上的轴线，可能因为这些原因，法国国家图书馆的结构更像是集中式结构，此结构让空间显得更中性也更平衡。可能最重要的一个原因是它让包容的特点变得更为突出，注意力能汇聚于此，亦即浓缩于此。从总体上来说赋予这间阅览室以特殊属性并让它成为出色的社会空间的是包容性的、向心的影响而不是外向性的、离心的影响。

第五章　可解读性 | Interpretability

图 163 马塞尔·杜尚，《泉》，1917 年。
图 164 巴勃罗·毕加索，《牛头》（*Tête de Taureau*），1942 年。

许多人都笃信马塞尔·杜尚（Marcel Duchamp）的现成物艺术品（readymades），尤其是其中的《泉》（*Fountain*，1917 年），它们是 20 世纪最伟大的艺术品。不管怎么说，它把相对这一概念引入了艺术中，因为这很可能是第一次，甚至连些许的外形改变都没有做过，一个物体就在我们的脑海中转化成了另一个物体。起初就是一个简单的男用小便池，换了个位置展示，换了个环境（博物馆）摆放，我们就把它理解成了一座雕塑，所有有关小便池原本是做什么用的念头都被抛到了一边，它原本的用途变得不那么重要了。

就像单词是什么含义，得取决于它们用在哪句话里一样，杜尚向我们展示了物体的含义与它们所在的环境有关，你也可以把物体从环境中移出，比如挪到一座博物馆里无情境背景的地方来。将近三十年后，巴勃罗·毕加索（Pablo Picasso）又向前迈进了一步。他用自行车的车把和车座组装起了一个牛头，展示出的样子以某种具有相似性的形式唤起人们联想起了毫无关系的含义。参观者心中产生的含义转化在这里就更多的是源于组成部分之间的关联性，与环境的关系就小一些。我们可能会认为甚至会有自行车手试图把这样的构造解读为他习以为常的牛头样子的装饰品。男用小便池的现成物艺术品艺术是另一回事，因为甚至在它所在的博物馆里，你安排一个专业的厕所清洁员来看，毫无疑问清洁员也只会把它当作是小便池。与艺术鉴赏家不同，他们想必是不能把物体从他们的平常生活里抽离出来的。这也就是说，艺术家在小便池上留个签名会对人们的认识有点帮助，让人们能够相信这是艺术。

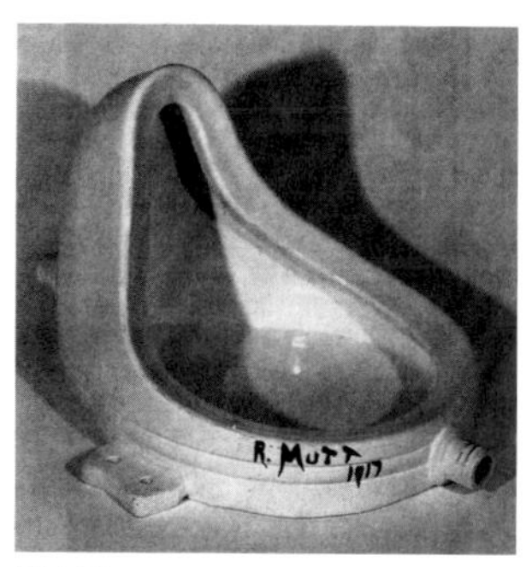

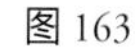
图 163

图 164

杜尚以一种更平实的方式几乎同时表达出了爱因斯坦相对论中的空间、能量以及时间的概念，而且无需多言杜尚所表达的相对性对建筑的影响更为巨大。我们已经变得习惯于万事万物都是可以解读的这个事实，不存在唯一正确，但需凭环境理解。我们不得不用我们的这些想法来应付理解不同环境下的事物。

图 165 杜乐丽花园，巴黎，法国。

观者受到他们各自理解范围大小有别的影响，看到的周边事物也是透过有色眼镜看到一个他们熟悉的世界。所以比如说，在职业范围不同的生态学家、生物学家、森林巡护员、画家和运输规划人员的眼里，同一棵树就会被赋予不同的关注和评价。

首先生物学家可能会评价它的生长情况；森林巡护员则会计算它大约有多少立方米的木材；而画家则会去鉴赏它的色彩、形态，以及投下阴影的形状；对于运输规划人员来说，可能它坐落的位置不合适。所有这些人都通过自己的眼睛看待事物并且都有自己的观点，因此最终对事物的评价也是很不一样的。我们可以把做出评价的每一个特定背景看作是一个意义体系，而每一个体系只对于熟练该领域的观察者来说是可获取的。[《建筑学教程 2：空间与建筑师》，第 39 页]

是环境，在调整着我们的关注焦点；也是环境，在决定着我们会看到什么，会忽略什么。在建筑里这就意味着不同时代、不同情况下的不同观者和使用者都将会以不同的方式感受划拨给他们的空间，与环境的联系不同，由此产生的理解也就各不相同。建筑师就像一个叙事作家，他的作品会以多种方式被解读和理解。使用者就像是叙事作家的读者，他们会从他们心之所向的角度来理解。满足这些条件的形式和空间需要尽最大可能从过于明确的含义中解放出来；它们不应被定义，那样它们就不能唤起与其他预先设定好的含义有关的联想了。它们不应该完全绝对地指定某些特定功能，也不应被赋予或表示特定功能，相反应该让它们从职责中解放出来，这样它们才能引出更多的意义。

巴黎杜乐丽花园（Tuileries Garden）的雕塑基座上应该是有雕塑的，而哪些算是基座是由我们的期望所决定。这些基座会邀请我们花上 15 分钟的时间站在上面玩假扮自己是雕塑的游戏。基座和雕塑共属一体；如果说基座和雕塑是各自分离的，雕塑或许还能独自矗立在地面，但在我们的认知里没有雕塑的基座就失去了它的意义。这二者作为指示物明显不可分离。基座赋予雕塑以张力，但基座自己却并没有试图喧宾夺主（康斯坦丁·布朗库西（Constantin Brancusi）

图 165

的雕塑作品除外，他的雕塑的基座已经与雕塑融为一体）。把基座用作对建筑的一种暗喻，你可以说基座做了你希望建筑应该承担去做的事，也就是自下而上为建筑物提供富有表现力的能量，它自身的表现力又不会导致分散注意力。就这些方面而言，你可以把建筑物的结构当作是基座，它能引起使用者表达出他们想要什么，或许还能表达出他们最想要什么。在某种意义上，结构是建筑赖以建成的客观基础，可以说其中融入了与环境相适的主观理解。就像一幅图代表了一个特定的概念，空基座就代表了根据实际环境可以做出改变的状况。既鉴于其在实际上对于人们的意义，也是依据经验体会，让我一直关切的正是这个对于建筑所充当角色的设想，它比我们在前文中探讨过的很多内容都要更重要。这一设想首先刊载于期刊《论坛》（1960—1964 年，1967 年和 1972 年），之后见于《建筑学教程 1：设计原理》（1991 年）的书中，最初是根据 1982 年、1984 年和 1988 年我在代尔夫特科技大学所做讲座总结而成。它们尽管在某些方面可能看上去已经过时了，但这些思考在本书的语境下提供了不可或缺的纽带，这也是我翔实引用如下的原因。

从形式所包含特征的可解读性出发，我们遇到这样一个问题——什么能使一个作为结构的形式可以解读。回答必然是：形式的适应能力。我们且称之为“能力”。它能够使形式被充实以联想，因而产生与使用者的互相依赖。因此，我们这里关心的是形式的空间，就好似一个乐器为它的演奏者提供的行动自由。在早期的实例中，如竞技场，我们也涉及了实际意义上的适应能力——称为对于意义的适应能力的应用——这给建筑学涉及的所有形式以不同的意义。[《建筑学教程 1：设计原理》，第 150 页]

这里我们并不关心作为目标的外壳的视觉外观，而是关心形式的适应能力和负载含义的潜力。形式可以被赋予含义，也可以被剥夺含义，取决于形式被赋予的用途、被附加的价值，或形式被剥夺的用途和价值——所有这一切在于使用者和形式之间相互作用的方式。

我们所想表述的正是这种吸收和交流含义的能力，它决定了形式对于使用者所能起的作用，而且相反地，决定了使用者对于形式所能起的作用。这里的中心问题是形式和使用者之间的相互作用，它们互相之间起什么作用，以及它们如何使自己相互适应。
设计应该是一种组织材料，并以一定的方式使它们的潜力得以充分发挥的行为。精心形成的每一因素都应该较好地发挥作用。也就是说，它应该为不同的人们、在不同的时刻和不同的情况下，更好地完成人们所期待完成的功能。
不论在我们要完成的任何项目中，我们必须试图不仅仅满足严格意义上的功能要求，而且应满足可以服务的更多目标，以使之为不同个体使用者的利益承担尽可能多的职能。每一个使用者将因此能够以他或她自己的方式做出反应，从个人的角度去解读它，使之能结合进他们熟悉的环境中去。
好比单词和句子，形式取决于它们是如何被人们“读出”（read）的，以及对于它的“读者”（reader）来说所能形成何种形象。一个形式对于不同的人们和不同的情况能唤起不同的形象，而正是这一种体验现象，对于一个形式变化的意识来说是关键问题，它使我们能够做出更好地适合于更多情况的设计。吸收含义和无须根本改变自身即能废除这种含义能力，使得一个形式具有承担意义的潜力——简言之，使之能赋予意义……[1] [《建筑学教程 1：设计原理》，第 150~151 页]

我们应该以这样的方式进行设计，使结果不是那么直接地表达一个毫不含糊的目标，而是仍然允许不同的理解，使它可以通过使用用途形成自身的特征。我们所做的设计应该构成一种奉献，它应该不时地诱发适应特定境况的特别反应；因此它绝不仅仅应该是中性的和灵活的——它必须具有我们称之为“多价性”（polyvalence）的宽广的高效性。[《建筑学教程 1：设计原理》，第 152 页]

住宅还是按照地方政府部门、投资者、社会学者和建筑师等人所认为人们需要的那样进行设计。他们的想法只可能是陈规老套。这种结果可能是大致合适的，但绝不可能达到完全的满意程度。
它们只是少数人想象的大众意志。我们怎么才能真正知道每个人的愿望呢？而我们又应该如何去发现人们的这些愿望呢？对于人类行为的研究，无论如何地煞费苦心和完全彻底，也不可能穿透形成这些行为的人类外表，人类外表的禁锢抑制了真正个人意志的发挥。因为我们绝不可能知道每一个人自己真正想要的东西，所以绝不会有人能为他人创造完美无缺的居所。
在过去人们仍然为自己建造房屋的日子里，他们也并不是自由的，因为任何一个社会从根本上来说，只是一个让它的成员从属于自己的基本结构，每一个人注定是像他希望别人看待他的那个样子——这就是每一个人必须向社会付出的代价。这样他才能从属于这个社会，因此他既是占有者，又是集体行为方式的被占有者。即使人们为自己建造房子，他们也不可能逃避这一点。但是，每一个人至少有对集体行为方式做出个人理解和表达的自由。[2] [《建筑学教程 1：设计原理》，第 158~159 页]

1，2，3 首次刊载于：《为更加适宜的形式所做的准备工作》（*Huiswerk voor meer herbergzame vorm/Homework for more hospitable form*，《论坛》，1972 年，第 3 期，第 12~13 页）。

从所有上面的论述，人们可能得出这样的结论，即我们所要做的一切就是尽可能不加强调地、尽可能不偏不倚地设计一个空壳，允许用户有理想的自由来实现他们的愿望。然而，这似乎是一个悖论，因为虽然有如此之多的可能性供选择，要做出最适合自己的选择仍然是极端困难的。就好像面对有无限多美味佳肴的菜单，人们可能索然无味而不是食欲大增。当有着过多的可能性以供选择的时候，人们实际上可能根本无法做出决定，更不用说做出最佳的抉择了——太多与太少可能同样糟糕。

做出选择的先决条件不仅在于可能性的范围必须能被控制（因而应该是有限的），而且还在于选择者用他自己的思维方式，使这些供选择的可能性看得见，他必须能用自己的经验来构想它们。换句话说，它们必须能够引发联想，使选择者能将它们与自己意识到的或从自己下意识的经验中产生的主张相比较。

……

这些"激发因素"（stimuli）的设计必须能在每个人的思想上唤起想象，这些想象通过介入人们的经验世界，将产生鼓励个人使用的联想，也就是说，那种最适合于他们特定时刻的特殊状况下的使用。

所有这些讨论焦点，以及这里所引用的实例是要强调，依靠自己或互相依靠的人们，以及这些所施加的基本限制，在没有外界帮助的情况下，无法把他们自己从意义体系、作为基础的价值体系和界定他们的价值观中解放出来。自由可能具有许多方面的巨大潜力，但是必须要有一点火花使发动机运转起来。例如，一个黑暗的空间或壁龛——对于多数人来说，它意味着一个僻静而安全的角落，但是对于每一个人来说，它具有与他特定的状况相关联的不同意义，它可以是一个在其中让人放松的僻静角落，用于安静地学习、睡觉，用作暗室，或用来贮藏食品或其他个人用品。如果一座房屋要具有唤醒所有这些不同联想的能力并能适应这些功能，它必须要有这种僻静的角落——同样地，小的房间、塔楼、亭子、地下室，以及老虎窗等等引起其他种类的联想。

……

大多数刻板和贫乏的新住宅，在这方面的表现很令人遗憾地与旧住宅所提供的形成了对比——或许不符合建筑法规，但旧住宅可以给人无限的改造和装修的可能性。即使这些老房子就像在新住宅中一样以陈规老套为基础，因为具有产生新联想的丰富的激发因素，它们仍可以提供更多的用途，并有可能让它的用户使空间更为适用。[3]

[《建筑学教程 1：设计原理》，第 162 页]

肯定地说，在这些案例中我们有意识地留下一些未完成的东西，因为我们期待使用者能够比我们更好地做好收尾工作，因此，所采用的形式必须从技术和实践层面上能满足这一目的。从结构上来说，所有未完成部分必须不仅适宜改造和扩建，还在某种程度上被设计成能提供各种各样可能的结果，而且更应该能激发使用者去完成。构成部分并不是完全独立的，但是的确应与其他构成部分有相应的关系，它们从形式上必须能结合成一体。换句话说，它们诱发使用者采取这样的行动。从最为实际的意义上来说，这些半完成的产品必须包含有诱发因素——而这只有当设计者从一开始时就加以构思才能取得这种结果。

在这里，最基本的原则起着主要作用，比如，在平直的面上要比在斜面和曲面上更容易增建一些东西，因为完全有理由假设，当人们需要做出实际的决定时是无法找到建筑师来帮忙的。[《建筑学教程 1：设计原理》，第 164 页]

不仅各个组成部分的形式，而且它们的尺寸，当然还包括不同组成部分之间的空间尺寸，决定着它们的适应能力。它们又明显地影响家具布置可能性的范围，通常最好是让柱子比结构所要求的必要尺寸稍大一些，以便它们能形成更多的“附加表面”（attachment surface），并因此增加使用的可能性。[《建筑学教程 1：设计原理》，第 165 页]

通过将形式和用途的互易性作为出发点的原则，人们往往把重点转向可以被描述为使用者和居住者的更大自由这一方面。但是，这并不意味着建筑师应该相应地把使用者的要求视为他必须做的或绝对不能做的。当我们非直接地提倡让使用者，在形成他们自身环境方面发挥更大作用时，目的不是从根本上鼓励更多的个性，而是重申我们应该保持为他们做的和我们应该留给他们做的之间的平衡。提供“激励”（incentives）以唤起使用联想，进而导致适用于特定情况的特别调整，实际上是基于更为详细而微妙的计划之上，以更为全面思考的设计为先决条件——而不仅仅是重点的转移。创造激励的要点在于尽可能提高内涵的潜力。换言之，即把多蕴含在少之中，或从可能获取多的东西中创造少。对每一情况，下面的结论都是适用的：

激励 + 联想 = 理解和表达。

在这一问题中，“激励”本身是某种常数，它通过各种各样的联想产生丰富多彩的理解和表达。而如果我们以“激励”替代“能力”，以“解读”替代“运用”，我们会发现我们又一次回到了语言学的比拟。正如建筑师相对一个集体结构的立场是可以被使用者理解和表达的一样，他相对于他设计建筑的使用者来说，同样要使他的设计能为

4 首次刊载于：《为更加适宜的形式所做的准备工作》(《论坛》, 1972 年，第 3 期，第 12~13 页）。

使用者所理解。作为一个建筑师，他应该十分清楚他应该做到什么程度，以及在哪里他不应该实施强加的手段。他必须创造空间并留出余地，在适当的比例上保持适当的平衡。[《建筑学教程 1：设计原理》，第 169 页]

你对于周围的事物能够施加的个人影响越多，你就会感觉到自己感情上的参与越多，而你就会对它们更加注意，同时，你就会对周围的事物倾注更多的爱和关心。你只会对与你有关联的事物产生钟爱之情——那些你能够打上你自己印记的事物，以及那些你能够向它们倾注关心和奉献的事物，它们甚至被吸收进你的个人世界，成为你的一个部分。所有这些关心和奉献使人觉得仿佛这件事物需要你，你不仅仅能在很大程度上决定对它采取什么行动，而且事物本身在你的生活中也有发言权。这种关系也可以明显地被视为一种互相适应的过程。一个人与他的环境形式和内容的关系越密切，他就越能适应这些环境，而且正如他占有环境一样，环境也占有他。

用这种人与事物互相适应的观点来看待问题，我们建筑师提供的激励，应表现为欢迎生活在环境中的人们，对他们所处的环境加以完善，并为之“增添色彩”（colouring）。同时，在另一方面，人们也欢迎事物自我完善，增添色彩并充实它们自身的存在。这样，使用者和形式相互加强和互相作用——而这种关系类似于个人与社会的关系。使用者对形式施加影响，正如个人在与其他人的关系中，所显示的个人本色，他们可以是主动的，也可能是被动的，并因此成为他们现在的样子。直接用于一个指定功能的形式的作用犹如一个装置，而在形式和计划互相促进的地方，这个装置本身就成了一件工具。一个正常运转的装置按照计划进行工作，正如同所期待的，不多也不少。只要按正确的指令键就可以获得期待的结果，对任何人都一样，而且在任何时候都一样。

一件乐器本质上包括在它的应用范围内有尽可能多的用途——一件乐器必须要演奏才能发挥作用。在乐器的限制下，取决于演奏者在他自身能力范围内想用它获取什么效果。这样，乐器和演奏者互相展示它们相应的能力，以达到互相完善和实现的目的。形式作为一件工具提供一个范围，让每个人做他自己心中最想做的，而最重要的是按自己的方式去做。[4][《建筑学教程 1：设计原理》，第 170 页]

在每一幢建筑的设计中，建筑师必须时刻牢记，使用者必须有权自行决定，他们想如何使用每一个部分、每一个空间的自由。他们个人的理解和表达，绝对比建筑师严格按照他传统的建筑设计方式更为重要。构成设计规划功能的组合产生一个标准的生活模式——这种标准的生活模式是一种最高的共同因素，或多或少适合于每一个人——同时又不可避免地导致每一个人被强迫纳入要求我们的规范：行动、吃饭、睡觉、进门。简而言之，一种我们每一个微微相似的规范，而这种规范总体说是不适合的。

换句话说，如果所要满足的要求能达到足够模糊程度的话，要创造出明晰的建筑并不困难。

正是由于每个人需要依据不同的情况和不同的地点，用他或她自己的方式来理解某一特定功能，因而产生的差异，最终使我们每个人形成自己的独特性，而且因为不可能（并且一直是不可能）完全适应每个人的情况进行设计，所以我们必须通过事物的设计方式，创造个人理解和表达的潜力，以保证它们确实能被理解。

仅仅为个人的理解和表达留出余地是不够的，换句话说，就是要在早期阶段中止设计。这将明显导致更大的灵活性，但是灵活性并不一定有利于事物更好地发挥功能（因为灵活性不可能在任何特定情况下产生最富有想象力的结果）。只要人们对选择没有真正的自由，陈规老套的模式就永远不会消失。而只有当我们开始让周围的事物有可能产生多种不同的作用时，既在保持它们自身真谛的同时又表现出不同的特色，这种选择性的自由才可能得以实现。

只有在设计阶段给它们以优先权，充分考虑所有这些不同的作用时，即把它们作为重要课题包括在要求的计划书之内时，我们才能指望每一个体能被引导去形成他们对所涉及问题的自己的理解和表达。这些不同的作用可以通过激励给予优先考虑，而不用非常明确地表达出来。

在对形式具有限制作用的构架范围内，使用者获得了为他自己选择最适合于他的模式的自由；他从而获得更为真实的自我，他个人的特性因而得以增加。每一场所、每一构成部分将不得不适合于自身作为整体的计划，就是说适合于所有所期待的计划。如果我们调节形式去适应最令人满意的用途和变化，就能从整体性中获取更多的可能性，而不会对设计的基本目标有任何减损。由于在设计表面之下隐含着多种用途的可能性，因此，“回报”将会增加。[5]［《建筑学教程 1：设计原理》，第 170~171 页］

5 出自文章《认同》（“*Identity*”），《论坛》，1967 年，第 7 期（最初写成于 1966 年）。

前面的这些内容都援引自之前出版的著述，它们都在强调，理解是由人们的联想唤起的，人的联想凭借其扮演指示物（从能指到所指）的能力唤起了理解。在此需要澄清几点。实际上形式最终全部都是与空间相关的，那我们又为什么要一直在强调形式呢？这是因为，总体来说空间是由实体形式描绘出来的，一个特定的空间或全部或部分都会由物质所围合，当然抑或是被里面的物体所填充，不要忘记里面的人们，更不要忘记他们一直在追寻什么。另外光线在这里扮演了一个至关重要的角色，但由于物体阻挡的缘故，光线总是以反射光影的形式存在。形式决定了空间，空间并不能独立于形式——形式和空间，正如我们所知道的那样，二者是互补关系，由此才能唤起各种联想，助长产生特定的理解。所以我们很容易想象，与相对阴暗低矮、尺寸较小的空间相比，那些顶部采用自然采光的高大空间确实更有可能被理解为像是街道一样。这在19世纪的拱廊，特别是当时巴黎的拱廊上体现得很明显（见本书第52页图89），当然尽管它们的材料也还是会主动与户外的部分产生联系。

至于之前叙述中的其他内容就都是关于集体的结构是如何被个人所理解的——以住所为例，每个住所在严格意义上讲都是一个私密领域，居住其中的居民可以在里面施加个人影响。那些对空间负有责任的人决定着他们对它有什么样的期望。他们可以根据自己的需求和本性自由利用现有的情境条件，换言之，他们可以按照自己喜欢的方式解读潜在的可能性。

但是，情况通常会更为复杂，这是因为有关管控和责任的事项并不清晰或是要由大家共担，这样一来，严格意义上的私密领域就不可能存在了。当然，公共和私人是两个相对的概念。一片区域的公共性同与其相邻的区域比较，公共性程度可能会更高，也可能会更低。另外，公共区域经常最后作私人用途，共担责任的时间或短或长抑或几经易手，导致出现中间区域或先导区域。

中间区域在之前的章节中出现过。思考一下学校的教室对紧邻的公共走廊区域开放是什么样子的。人们只用折叠屏风或其他可以移除的形式做出分隔就创造出了一条“学习街道”。所以我们看到产生了移位和重叠，责任上不可避免的冲突和相伴而来对空间缺乏清晰的解读也一道出现了。总之，直截了当的叙述清楚是不可能的。

再者说，空间由组织机构和其他实体来管控，个人能产生的影响微乎其微。实际上所有的空间都是如此，除了像住所和“个人房间”（personal rooms）这样的私密场所。所有地方几乎都是官僚力量在发挥作用并代表不同个体在运行，他们的客观存在合在一起成为共同的身份象征。他们组织机构内的一个组成部分就像是他们在一个结构中所充当结构的组成部分。

从黑白分明简单明了的角度来看，与公共区域（持久的和普遍的）相对，私人区域是可以解读的和具体的，尽管一想起这些就觉得很诱人，但在实践过程中事物要比我们想的更为复杂，就像我们所看到的那样。人们是社会关系中的一部分，人们使用的语言也必须去应对与社会关系相适应的习俗，地方方言就不必说了，以各自的习俗展示他们各自的语言。在建筑上，连续的和即将改变的事物会构成一幅前后一致的图画，阻碍其发生会产生一系列复杂的影响。对于可变能力的需求，人们对其的强调力度变得更大，我们也将要解决它对建筑所产生影响的深远后果。
如果我们打算把空间从固定的含义和作为结果的固定职责中解放出来，那么我们必须采取的设计方式是使每件事物的有用性不能明确地在各种情形下都获得最宽泛的解读。这意味着我们不再是从单一具体的结果角度来思考问题。按照人们的各种意愿，他们可以被各种可能性所吸引，空间也倾向于允许像这样的各种可能性的存在与发生。所以我们不再从功能角度来思考问题，而是完全根据不同情况——也就是空间从实现不止一种职能的能力角度出发，为了多样性的解读，让它得以保持自由。

针对为了满足特定目的的适配所赋予的形式，它往往就会产生特定的反应，也就是这种指派具有恰如其分适当性的意思。这种现象只会在涉及日常物品的例子里出现，像餐具、陶器、锅碗瓢盆、桌布以及必需的椅子这类日常物品经年累月也差不多还是原先的样子，只可能在这里或那里有轻微的改动。不同的文化下目的可能会不同，但目的的本质不会发生改变，为这些目的提供服务的正是与人体直接相关的近距离使用的基本手工制品。
功能改变得越快，越有可能出现过于具体的反应引发缺乏与目的相匹配的适应性情况，并带来影响效率的结果。就像多层停车库经常采用的那样，倾斜坡道就其自身而言是一种极为睿智和廉价的解决办法，但是当你尝试想让诸如此类的建筑物履行其他职能时，你就会陷入困境。你可能会认为设计的目标性越强，经验证的结果越是没有效率。

设计的目标性越强，可以随心所欲挤压出来的自由空间就越多，结果不受外界影响、胆怯内向的特点就越发突出，而为适应不同见解铺平道路的、为让各种解读得以产生的，正是被挤压出去的自由空间。单一目的的解决办法可以精准匹配，但该法只适用于一种情况，我们用灵活性取而代之。灵活性提供了一种可以应对多样情况（尽管对其中任何一种情况都做不到精准匹配）的解决办法。尽可能把固定部分降到最小，你减少了限制，获得了更大的自由。尽管从消极的角度来看，它没有提供任何正面的激励，但可能性确实是增加了。大量的可能性实际上已经在设计方案中得到落实，让方案事先就能适应不同的情况则是另一回事了。之后再使用“多目标”（multi-purpose）这个词，人们会掌握得更加准确，这是一种综合的解决方法，对任何一种安排好的情况都没有偏向。

比如，著名的赫里特·托马斯·里特维尔德（Gerrit Thomas Rietveld）设计的施罗德住宅（Schröder House）的滑动隔墙就能临时把大面积的居住层分隔成一个个的小房间；还有位于法国叙雷讷的由尤金·博杜安和马赛尔·洛德设计的学校中大型玻璃手风琴式隔断，隔断在打开时会试图给孩子们一种坐在门外的感觉（见第51页）。由基本技术设施所辅助，然后人就可以从容纳不同情况的不同的位置（包括处于中间过渡的位置）中进行选择。

为了完成这幅图画，当然需要能暂时安置其他职能的空间，比如屋顶停车场，人们就可以将其转变为市场和剧院的观众席，如有需要，剧院的观众席还可以再转变为额外配备音响设施的音乐厅，就其容纳能力而言，运转起来的效果经常是非常好的。

你可能想知道它是否或许会诞生出一个综合体，这个综合体对于任何一种情况来说都是完全不足以胜任的。也就是说，受经济因素影响，当两种职能作为两个截然不同的实体无法共存时，合乎情理的妥协此时就变得有意义了。

你可能会想，这是因为随机选中的任意一种形式都会以这样或那样的方式被适用，就像老旧的形式会做的那样。比如，动物园的设计师们并没有真正理解动物的喜恶，但却提出了“猴山”（monkey rock）的设计。“猴山”似乎能让动物们感到无拘无束，也可能是动物们通过适应后才变得习惯——这是它们唯一拥有的东西。形式的适合性是否是由设计师有意引入的，还是设计师不得不等待和观察是否这种适合性会碰巧被空间的使用者们提取出来，有意引入和等待观察，这两者之间还是有区别的。这里的第二种情况就不是为发生的具体情况而量身定制的。

阿尔勒和卢卡的圆形露天剧场（见第36页）以及位于纽约的哥伦比亚大学（Columbia University）的图书馆台阶（见第113页）都是为了单一特定目的而设计的，从原则上来说，是只为其专门设计的。尽管如此，依然证明了面对截然不同的应用场景，它们都具有适合性。这要归功于它们可以承担其他的含义并扮演好其他角色的内生能力。如果给我们的设计加上类似的能力，我们应该就不会再因有限的适用性、有限的保存寿命等方案的细节内容而分心，并能把主要的精力放在从基本的和更加普适的原则中获得启示上来。

现在孩子们的玩具大多数都由冷冰冰的、外表看似自然的微缩复制品构成，像这样的可供成年人购买的玩具种类多到令人震惊。曾经有段时间，在1960—1980年间，那时我们更希望孩子玩一些具有单一形式和颜色的积木块，这样的积木块代表了“原则”（principle），

图 166

图 167

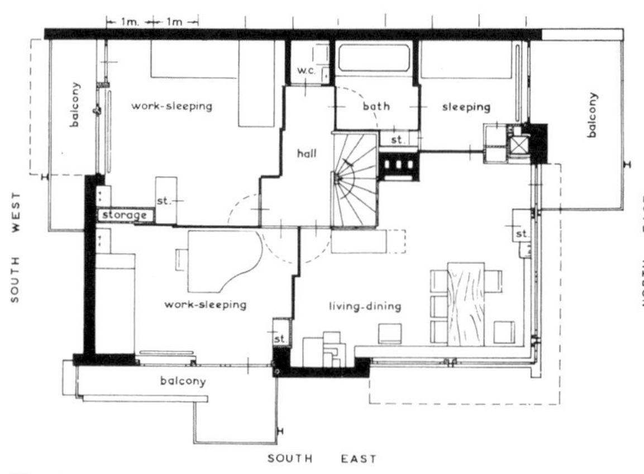

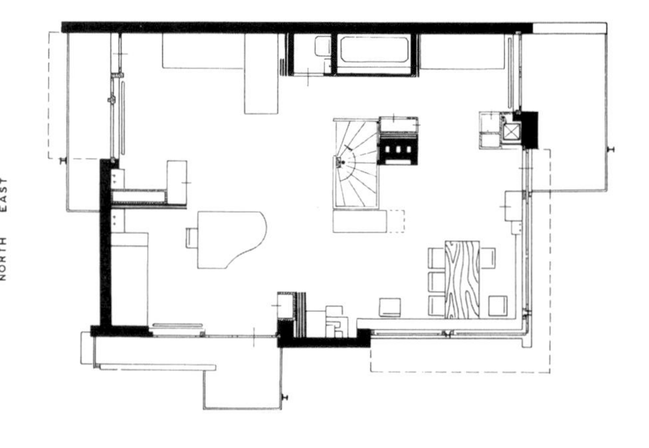

图 168

或者更准确地说代表了有关一间房子、一艘船、一辆汽车的想法。人们当时认为孩子的想象力（或是幻想）会填充进其所需要的内容，他们的想象力会因此得到激励而不是直接借助更为直观的表述而获得满足。现在的孩子从小就被困在消费主义的织网中，沿着席卷一切的现实商品浪潮一路走过，这很可能是在为他们之后人生中的消费行为习惯做准备。

尽管完全加工成形的（完全定义的）产品是现今的常态，但是它们的满足能力通常来说是短暂的。甚至完成某种使命不是源自已经抵达某个阶段，而是源自期望如此的心愿。所以把最新刚推出的家用电器的大包装盒子拿给小孩子玩：包装盒子会出现窗户，它将会成为一个符合孩子尺寸的房屋，屋子里满是他们需要的一切东西。
对于一件事物的“想法”（idea）可以作为这个事物明确形式的替代物。它代表了你脑海里现实中不存在的图像。我们在设计过程中，与字面含义上的物质化形式相比，会更多地关注有关事物的“想法”，

图 166~图 168 里特维尔德的施罗德住宅，乌得勒支（Utrecht），1924 年。

6 见第 7 章。

这就是我们在多样性[6]之后的想法。它提供了最基础的形式（称其为“主要形式”）和空间原则，拥有在所有情况下开启一个为每个人创造最适合他们的空间情境过程的能力。它所做的实际上是对结构基础的回顾，是为每一种新情况都赋予与之相当的解读能力。

为了让适用性和期望使用寿命尽可能普遍地得到保持，我们必须把我们偏爱的正式用语从集体记忆中分离出来：集体记忆是人们有意识地持有记忆，或是每一个人以这样或那样的方式所形成的记忆，人们通过联想，可以检索出所需要的记忆。为此我们必须说是对我们的主题提出建议，而不是做出阐述，要鼓励“读者们”（readers）形成自己的理解，让它能以每个人自己的方式并按照他们自己的话与所有人相适合。建筑师和建筑相应提供的是语言而不是叙述性话语，根据提供的语言“结构”可以生成以地点和时间为转移的新的叙述性话语。

不受情况改变或职能变动所影响依旧保有效力，只有寻求依托于像这样的情境，我们才能做到不仅制造空间，而且让整个建筑物不受过快老化的影响，具有可持续性。一方面是原则上客观永恒的结构，另一方面是随时间变化主观环境中对永恒组成部分的不同解读方式，存在于语言学上的以及人类社会模式秩序中的原始结构主义对这二者进行了区分，把这一区分转化进建筑里也同样是可能的。借由“能力”和“运用”的概念，人们可以阐述清楚不仅是语言上的而且同样是建筑上的总体能力和其暂时的和/或局部的应用这两者之间的区别。

在一个本质上乐于接受接二连三的想法、观点以及接受致力于增加可持续的各种可能性的世界，很难想象建筑会是如何在不对永久的和可改变的（可解读的）组成部分做出有意识区分的前提下做到稳如磐石的。可持续性要求建筑师首先要关注永久的部分和容易分散注意力的部分。分散注意力的部分来自人们可以把或多或少的特定情况看作是一种理解，一种基于时间或是受地域限制的对于潜在的人们普适动机的表达。
可以说它提供了一种形式的建筑，与它们强加给情境时所做的相比，形式的建筑对于一个已经定义的最终阶段来说其代表性弱了些。这些形式和空间在特定背景下是缺少含义的，同时它们又拥有甩掉这一不足的能力，变成正是背景所需的事物，在另一个背景下再一次能够被利用。我们可能会称它们为未用符号表示的与可用符号表示的事物，换言之就是可以用来承担重要性的事物。这种变化产生出一种永恒可用性的持续状态，其对结构主义是至关重要的，将其简述就是可用符号表示的（能指）和已用符合表示的（所指）这两者间的对比。

图 169 查理斯·弗伦·马吉姆，通向洛氏纪念图书馆的台阶，哥伦比亚大学，纽约，美国，1894 年。

建筑师往往会陷入被规定的任务指示中不能自拔。当然，建筑师要受这些任务指示所评判，但是这样做真的往往会产生封闭的解决方式，所有的事物坚持同一个观点，这个观点就是在不经意间可能就会找到它的解决方法并落到纸面上。毫无疑问它的本意是好的，但是由谁来做，而且经常只具有暂时的效力——甚至，是对于谁具有效力？愚蠢的建筑物是改变组织结构或改变社会关系的障碍物，而不是促进因素。我们需要固定下事物的形式，但与此同时为了不限制自由又要保持它们的开放性，让它们无需丧失其永久的效力就能接受临时的含义。

建筑师查理斯·弗伦·马吉姆（Charles Follen McKim）把哥伦比亚大学的洛氏纪念图书馆（Low Memorial Library）（1894 年）放在了一个拥有一段指向图书馆的宏伟台阶基座上面，你可能想知道他是否想象过，在空间加倍，许多使用者可以在台阶上晒太阳的场所里，加倍的空间会阻止他们忽略掉借出的图书。这些台阶可以被理解为座次的等级，在这里你会听到有些人为达到革命性的目的而发布一些非常有吸引力的公告。尽管这些台阶属于图书馆建筑，但是说它们属于街道也很容易讲通。这是一个邀请你进入的中间区域，但是在前往的过程中也会创造出一种距离，需要来访者克服这些障碍。就好像是潜在的意图驱使你这样做一样，你不得不竭尽全力才能进入存储知识的神殿。对于视台阶为身体机能不可逾越障碍的人来说，这根本就不是一个议题。客户们和设计师们还得再过一个世纪才能认清现实。无论如何，知识被提升至了一个高于街道的平面，这是再清楚不过的了。那个时候的建筑师，许多人的认识其实还停留在那个时代，只看到——一些开明的灵魂除外——他们的帕特农神庙（Parthenon）就裹足不前了。必须承认，帕特农神庙更大的尺度让它看上去似乎只有很少的一些地平面以上的可供站立的台阶，并且给人留下可接近性更强的印象。作为权力和 / 或等级制度的象征，在那里的建筑以提升高度为目的；以作为特权阶层、精英阶层的堡垒为目的——而且这些建筑总是会成为经典。

如果建筑师凭借那段台阶成功地让建筑物变得冷漠与不可靠近，那么把道路以外的世界带给建筑物的正是同样的那段台阶，所实现的成就也与设想的纪念性背道而驰。这里的模糊性源自于能够供人们理解的限度，从另一个角度来审视，就可以把某一事物当作它的对

图 169

立面来重新解读，而它可以一直延伸至它的对立面。不论一个含义被固定得多么牢靠，人们的解读能力都会想办法除掉它。因此当我们看待诸如像这些台阶的事物时，在我们眼里它们就变成了另一回事，尽管从物质角度来说它的空间和形式并没有发生变化。所以塑造出围绕在我们身边的事物是什么样子，靠的是双眼和眼睛之后的联想和期望。

同时图书馆其自身也在发生改变。曾有某个地方的手写本和珍本——它们被称为“我们文化的天然贵金属”——被存储起来并且只有有限的精英阶层才能接触它们，但现在它的可接近性变得稳步提升了。图书馆传播知识，把它送到每一个抵达这里的人手中，并逐步成为道路的一部分。你可以认为街道使其通路成为室内道路，让台阶成为接近它过程中的一部分。抛开这一切不提，既然我们可以完全自由地获取我们需要的所有知识，那么今天谁愿意待在这幢阴暗的建筑物里呢，我们在哪里会需要它，有会需要它的地方吗？图书馆关上大门，并恢复其作为岌岌可危需要保护的文化遗产的堡垒身份的时间将近，不是作为权力的代表加以保护，而是作为一块保留地、一块在兴趣广泛的世界中才智飞地的代表加以保护。

试想一下，如果建筑师被要求满足哥伦比亚大学图书馆想要获得的严格安全性，那么他将会设计出最壮观的围栏让公众远离这些台阶！

勒·柯布西耶在他的马赛公寓的阳台侧墙内和后来他在拉图雷特修道院（作为增加的组成部分甚至更意味深长）里设计的僻静角落看起来似乎并不值得拥有建筑获得的那种关注。居于主导地位要表现的是以最大型的船只尺寸设计出来的大型建筑物，对于僻静角落，我们往往称其为“细部”。建筑师都是充满雄心壮志为人类做出有意义事情的人，那么又是什么样的建筑师会关心像这样细枝末节的问题呢？

勒·柯布西耶对于他自己经常是夸大狂妄的提议一直不遗余力地去践行。在他的提议里人仅仅是一个个的小点儿。在许多涉及他对于完美城市（毕竟从未实际出现过，所以我们也无需责怪他）不切实际想法的场合，他都做出了错误的决定。但他仍然沿袭这一招摇的观点，并显然抓住了机会，设想人们在他的一个居住单元里会怎么做来让他们自己感到自在舒适以及人们为了让空间与他们的私人财产相适应会试图采取哪些做法。我们习惯于把我们所珍视的或是我们喜欢被其所提醒的东西填充进我们的居住环境里。这使围绕在我们身边的空间成为加在我们躯体上的一个区域，成为我们的一部分。每个人都需要有地方保存他们的私人物品，而建筑师应该给他们创造像这样的机会。

马赛公寓阳台的僻静处是一个相对而言精辟的例子，场地虽小却又无法抗拒嚷着要用上它。你会期望看到大量的圣母像以及大量的植被，而由人们的纪念品以及他们购买或继承的小饰品聚集在一起堆积的垃圾就不用提了。

在更广泛的背景下像这样的“细部”（detail）似乎看起来微不足道，一点都不重要，它与我们的相关性在于曾经有一位建筑师想过这样一件事。它展示给我们，这名建筑师不仅详细阐述了他的主要策略，而且同时还和每天都要使用的东西产生了共鸣，这些每天都要用的东西可能并不会准确地决定历史进程，但是作为我们日常生活的一个常量却又独立于历史。建筑师大体上是富有远见的，能够最为清楚地看清远方的物体。特别是对于明星建筑师，他们得从天文学上的遥远距离来看他们正在工作的世界，地球上的人只是数光年以外微不足道的一个个小点儿，如果还有人的话。设计如此宏大东西的建筑师是一个缩影，从近处看他们很难被找到。

图 170 勒·柯布西耶，拉图雷特圣玛丽修道院（Sainte Marie de la Tourette），艾布（Eveux），法国，1960 年。凉廊。
图 171 勒·柯布西耶，马赛公寓，马赛，法国，1946 年。凉廊。

图 170

图 171

第六章　建筑的无意识规划 | Architecture's Unconscious Programme

一名设计师的从业经历决不会像是一块光洁的石板那样空白而单调，因为每遇到一种新状况，设计师就需要做出一个与之相对的回应，这些遇到的新状况与做出的回应都填充进了设计师的经历里，使其变得丰富起来。尽管很多时候人们觉得创造性就是一种像魔术般无中生有的能力，但其实不然。人脑的无意识活动总是具有一种引导作用，它基于我们不同的背景能够获悉到我们的决心有多大，每阶段都管控着我们的意识，引导我们像提前编写好的程序一样，朝着其实已经编写好的方向前进。

正如之前提到的那样，当解读是基于联想而产生时，我们就可以在此之后认定，解读会在人们的头脑里产生一定程度的认知，把那些植根于人们早先经历和无意识之中的各种图像重新调取出来。

从本质上来说，产生理解的各种联想大多都具有共同性的特点。也就是说，这些联想都是人们集体性无意识想法的不同个体变化。所以这不仅是一个人或一些人的联想，从原则上来说，这也是所有人的联想，这也是由文化所决定的。

有一股力量在引导着建筑。这股力量在无意中主宰着所有人，也基于不同的情形和文化背景将自己呈现出多种样貌。人们可以把建筑提炼为一种具有“原型性的”（archetypical）叙事特征，以及人脑如何去拥有与发挥它。

所以对于一方面所看见的和另一方面所“遮掩”（cover）的，每个人都在无意识中寻找着它们二者之间的某种平衡。尽管我们所感知到的称作空间的事物是我们作为一个个个体所确立起来的，但是这种空间又是从属于具有普适性经历的网格之中的，也正是因为有诸如这些集体性无意识的情况存在，我们才必须设法发掘出和利用好这些无意识来作为我们思考问题的出发点。[《建筑学教程 2：空间与建筑师》，第 178 页]

作为一名建筑师，如果你想做出吸引人的设计，就必须具备正确的感觉，若是无意识下的感觉则更好：你得能感觉到是什么让人变得活跃，是什么占据了他们的内心，又是什么样的形式和空间才是他们所期望的。一栋建筑要能做到刺激它的使用者们产生种种个人的解读，这是很重要的。一个建筑师除了是设计师，还应该是一个心理学家和社会学家，然而建筑学课程对此却并不关注。

在建筑中可解读性是一种空间实体——这不仅是它自身的建筑归宿，更多的还是通过为使用者留有空间来兑现自身的承诺，达成与他们相适宜的最终结果。我们可以把它描述成一个动态的过程（尽管并没有选取多种公众参与的过程作为参照，在这些公众参与的过程中往往建筑师独自一人就定下了最终结果）。所提供的最终结果必须对人们开放，使人们认识，让人们熟悉，也必须在心理层面上相适宜，就好像使用者产生的某种“想法”（the idea）表现了他们自己一样。尽管它完完全全源自建筑师独特的视角，但它所呈现的视觉所见仍然是开放的，而不是一幅具有自主性的艺术作品。有可能在它之上再加上一些，也有可能在它之中再减去一些。换句话说，它经过调试更像是一件乐器而非一件仪器。在它自身中就包含着一种可能性（或者更准确地说是一种潜力），只有当弹奏声响起，它才会进入属于自己的自主世界。

我们作为建筑师在设计过程中应该对于人的那些特定空间情况有所了解。我们应该尽可能多地熟悉各种情况，也可以说是获得一种预示，让你得到一些影像信息，至少能对它们有最低限度的理解。建筑师需要具有大量有关空间情况的经验，为了积累这些经验，他们要经过大量的感知、观察、聆听、旅行，要通过阅读大量有关空间情况的资料来学习，总之他们要历经生活来获得经验。但是排在这些清单内容前列的却是一种对于全球各地各时的人们如何达成协议、人们如何处理空间的热情。只有景色具有多样性，才能展示出不同背景的人是如何殊途同归接近实际上一模一样的情况，才能展示出大不相同的情况如何常常通过相似的方法就能获得解决。
总的来说，人们是怎样被他们面对的空间条件所直接影响和长期影响的，而建筑又是怎样打动他们的，只有这两者产生共鸣，才能促使对直面那些条件而言大有必要的根本态度萌生出来，才能产生出一栋真正能够被解读的建筑。
我们把设计师需要装进头脑里的东西称作是一个巨型图像收集册，也有点像是汇集了各时各地图像的图书馆。不仅仅是空间以及它们是如何形成的这么简单，这也与人们是如何与之相互作用有关，与人们在里面做什么有关，与它们有什么用途有关，与其意味着什么以及它们会产生什么影响有关。

1 首次刊于1973年第3期《论坛》，赫曼·赫茨伯格所写《为更加适宜的形式所做的准备工作》。

你需要了解的历史，不仅是去看何时何地发生了什么，看它是有多么的不同或是独特，看在思考过程中是否有间断，而且是要建立起一种永恒不变的事物，是要认识到我们只不过是能把具有相似性的潜在结构拼接在一起，就像一片碎片一片碎片地挖掘埋藏的陶罐一样。历史就是要在不停改变的环境中一直挖掘永恒不变结构的不同方面。

“引导我们把更多的注意力放在我们的共同经历、共同记忆上，有一些是与生俱来就有的！有一些是通过传播和学习获得的，但不管通过何种途径，它都必须是基于我们共同认知的经验世界，这也是我们仅有的可以突破我们想象机能的最根本限制方法。……我们把与形式有关的潜在‘客观’（objective）结构看作是在某种特定情况下我们所感知后的衍生物，我们也会把这样的形式称为‘主要形式’（arch-forms）。”

“对于整个形式的‘想象博物馆’（musée imaginaire），不管在何时何地遇到情况，我们都可以把它想象成为一种没有穷尽的变化，人们在不断的变化中帮助自己认识那些最终又会归到从根本上来说无法改变和潜在就存在的主要形式。……鉴于它们都要归于从根本上说无法改变的部分，我们就可以接着尝试去找出人脑中的哪些图像是我们所共有的，由此找出‘这些图像中的典型代表’（cross section of the collection），也就是所有例子中不能改变的潜在因素，在多样变化中能够重新唤起对形式起点的记忆。”

“我们收集到的图像内容越是丰富，我们就越能准确地找到最多样、最能唤起记忆的解决方法，解决方法也会变得愈发客观。从此方面来说，它赋予各类人群以意义，各类人群也赋予它以意义。”[《建筑学教程2：空间与建筑师》，第46页[1]]

虽然就个人而言，联想在阅读过程中可以表达出它们的多样性，但是联想也一定是有一个共同起源的。这就把我们带到了人类学的领域，不过我们还是可以做出稳妥的推测，所有建成的空间形式基本上都必须能够简化成一个个建立的场所，把它们提供给从个体到社群或小或大的居住单元。它的内容都是关于如何明确和巩固成员之间的关系来创造出一种秩序：就像哪间房间我们要留给大家共用，哪一部分空间又要由这个或那个群体独享。空间让人们的相对位置和彼此关系可视化，也让相对位置和彼此关系得到确认。

我们可以把无穷无尽的建筑表达方式看作是通过把对空间的经验正式化，来满足个人的心理需求以及与他人所处状态相互依存的心理需求。它都是以达成能阐述清楚个人情况和社会情况的领地协议为开端的。

首先要提到的地方是那些为了隐秘，或从更普遍层面来说那些为了控制而生的场所。但是它们也总是有视域可见的（可能是因为需要看清远方的敌人和肉食动物发展而来）。你可以独自一人或大家共同从这样的场所撤离出来，隐秘性和视域的范围和程度会让人一下子产生出一种围合感、亲密感和安全感，而这些正是我们人类所需要的。此外，空间也在为人们创造机会，鼓励自发的或是有组织的聚集，通过他们包罗万象的能力来帮助把像它这样的空间连接到一起，营造出一种社区感。

这些关于空间的想法虽然看上去好像都是一些显而易见的道理，但是考虑到要摒除空间对所在地的负面影响，想要把这些想法加以实现可能还不是那么容易。幽闭恐惧症和旷野恐惧症都在摒除之列。加斯东·巴什拉（Gaston Bachelard）在《空间的诗学》（*The Poetics of Space*，1958 年）一书中把房子描绘成了我们在世界上的角落，像是阁楼、地窖、楼梯下方空间、衣橱、抽屉，它的空间品质可以唤起并留住不同的感觉。一名现象学家，他会把重点放在空间对幻想的容纳能力上面，现象学家称之为“幻想”（daydreaming），而我们则将其总结为联想和空间的关联能力。空间和物体对于想法和记忆的获取、存留和再生扮演着决定性角色。通过联想，它们可以唤起对人或事的记忆，同时也可以说还代表着他们。
你看待空间的方法是由你已经记忆的空间图像所决定的。以前你是在固定安全的地方抚养长大的，还是四处流浪从来不知道下一站在哪里停留？最后很大程度上正是你对生活的见解和你所在社会群体对你成长的影响塑造了你了解世界的窗口是什么样的。鉴于打破常规后增加的可能性，抑或是危险，空间对你来说意味着什么这个问题也要预先做出考虑，对设计空间的人来说是如此，对置身他们设计的空间之中的人来说亦是如此。

是什么在驱动着设计师们前行，又是什么在最终决定着设计师们的成果，这不仅是指在训练中的设计成果，还有怀有各自人生态度的他们在人生历程中的成果。他们的经历有多少，他们在世界上的地位又如何，这些问题我们都必须找到答案。他们的需求可能会包罗万象，在无意识的状态下希望能够有一个安全的场所让他们与世界产生关联，或是催促敞开拥抱世界而不是与之对抗。所以建筑师们更有可能“帮助人们回归家园”（to assist men's homecoming）[2]，或是鼓励他们探索充满各种风险的未知事物。
两种相互对立的类型在这里都发挥着作用，用最简单的术语来描述的话就是保守派和改革派，二者持有的对于空间和建筑的概念从根

2 引自阿尔多·范·艾克。

本上来说就截然不同。

人类学已经告诉了我们同族通婚和异族通婚的区别。同族通婚就是禁止与本社会族群以外的人联姻，异族通婚就是禁止与本社会族群之内的人联姻。在第一种同族通婚的情况下，既有技能、价值观念和使用方法在从上一代人传承到下一代人的过程中更有可能得到确认；而在第二种异族通婚的情况下则会有新的价值观念和使用方法引入，与新的可能性相交织，并由此改变，带来相对的进步。从空间角度来看，一方面我们从这两种完全相反的态度中看出一种空间愈发具有包容性的趋势，这会让建筑产生闭合，与外部世界相分离；而另一方面我们也看出人们对视域所见的重视产生了引入外部世界的需求，甚至试图通过怀疑不同并用足够光滑的外墙抹去不同来完全消除内部空间和外部空间的区别。人们竭尽全力努力把建筑物解构为具有自主性的一个个平面，这些平面虽然对内部空间仍具有一定的影响，但是不再对整体发挥决定性作用。

诸如这些无意识的原动力最终为建筑指出了方向，又被适用于所有地方、所有人的心理因素所强化。像气候状况这样的外部情况所强调的一些品质，与设计师获得的大部分专业技能相比都有区别。这些品质由他们的性格成长路径所决定，他们的性格特点大多形成在已经为他们做出选择的青年时代，也确实是这样。

存在关于空间的一个初级基本概念，做出这样的假设并不是不着边际的，因为我们体验过它，感受过针对语言问题我们所做的一切。毕竟我们在谈论的是感官经验。至于建筑物、鸟类筑巢、狐狸打洞、白蚁堆塔……人们为自己提供的建成结构的例子很多，这些建成结构来自人的心理需求，现在的人脑愿意而且也有能力产生："空间是由人的精神构建而成的"这种想法的趋势。克劳德·李维－斯特劳斯发现那些发生在互相没有一点联系的部落里的神话故事，从本质上来说只是在用不同的改变手法讲述着同一个故事。艾弗拉姆·诺姆·乔姆斯基假设或认为所有的语言从原则上来说都源于人们对语言的一种普适性能力，完全不同的语言也可以追溯到同一种语言和相同的"深层结构"（deep structure），根据这些我们可以提出理由说明，我们不同时代、不同情况下的空间概念是可以追溯到像毋庸置疑的自然规律那样的共同模式的，尽管各地在物质环境、气候条件上存在差异，属于建造世界的文化背景也存有不同，但至少在理论上这是有可能的。

所以我们看到结构主义者认为深层结构虽然能够表现出多样的外形，但是从根本上来说还是要归结于特定的人类能力。每个人的心灵行囊里应该潜在都含有空间意识，这在起初不可避免地意味着人们有着两种相互对立的感知：认为空间感知是具有包容性、庇护性的现象，以及与之相对的借由空间释放出所思所见的感知。

我们认为空间无意识之中最基础组成部分的目标是让某个个体或是家族群体获得居所所提供的安全感和保护感，而且让空间产生聚集，这样才能让这些相互依存的个体和家族群体的社会凝聚力得到联系和确认。这一特性也与内向指向型的个人领地和外向指向型的公共领地的对应关系相符合。

空间性是我们通过运用语言所展现感知的核心，它通过利用空间参照几乎可以表达出发生在我们身外的所有现象并且对我们产生影响，其内容很多，像高级别和低级别的表达、高频次和低频次的表达、高通胀和低通胀的表达、对某个问题的明确看法、一次深入的谈话、一段让人振奋的经历、心不在焉、茫然迷惑、处于危险之中的、心灵之外的、退出舞台、入场、“遮掩”（cover）、庇护、期望……

就其他方面而言，空间是我们要洞悉自身并领会我们周边的中心概念。最终在我们建筑师组织空间的时候，很大程度上必须要从这些心理因素出发，也正是这些心理因素一定在产生物质的和可量化的“需求”（requirements）。

认识空间并认识人们对其定义的方式与认识和使用语言同样都很重要。我们往往也会认为空间意识是与生俱来的，因此毫无疑问它会决定我们的发展进程。在此之后人们需要对其进行科学研究弄清我们是否可以推断出空间的种类有多少，就像语言一样，不同的空间形式源自不同类型的生成语法，这也就是建筑的基本要素。纵观建筑史，我们看到了建筑师们努力记录下有可能作为一种建筑秩序存在的空间结构（维特鲁威（Vitruvius）、莱昂·巴蒂斯塔·阿尔伯蒂（Leon Battista Alberti）、让－尼古拉－路易·迪朗（Jean-Nicolas-Louis Durand）、马克－安托万·洛吉耶（Marc-Antoine Laugier）、克劳德·佩罗（Claude Perrault）、奥古斯特·舒瓦齐（Auguste Choisy）、维奥莱－勒－杜克（Viollet-le-Duc）、奥古斯都·普金（Augustus Pugin）、戈特弗里德·森佩尔（Gottfried Semper）、卡尔·弗里德里希·申克尔（Karl Friedrich Schinkel）、勒·柯布西耶以及其他许多建筑师），但是不管有趣与否，这些提出的原则都是“西方式的”（Western）代表，不能从它们中提炼出一种作为“建筑空间结构”（structure of architectural space）的普适性的根本原则。

空间甚至已经超过了语言，将我们紧紧围绕在其中，让我们就像水中的鱼一样无法退到离它足够远的地方以看清它的本质。这里有一个主要困难，就是如何找到哪些是基础性的，哪些又是人们的解读，是否有单一的根本结构存在，或是否我们应该把各种解读聚集在一起来当作结构。换句话说，就像层层剥洋葱皮一样你把现有的对于空间实体的解读全部剥离出去，在这之后你还剩下些什么呢？是否有可能获得一些基本的形式，都是未被受时间局限的想法所沾染的，而其他的形式则作为解读衍生而来的？

如果最基本的假设事实为真，各种空间情况从来都不存在，反倒是有应对那些情况的能力存在。正如作为普遍出发点的“能力”这一概念所说明的那样，又进一步被提供的各种可能性所助推，换句话说这就是“运用”。
能力的特点由能力的范围与可能性的总和来决定。所以我们如果打算抓住它，就可能需要所有可能的解读。能力和解读（运用）之间的辩证相关，就像罐子的碎片既构成了罐子，又被罐子所构成。
能力有一些神奇的地方，它到处都是，但就是不在你能得到的地方，所以只能默默希望它能简化成一个简单的密钥，一把可以一间间打开建筑历史宝库的钥匙。

在之前几页的论述里我们已经做出了大胆的假设，我们对于建筑的感知实际上像程序一样已经由我们遇到的基本情况提前编写好了，无论在什么时间、什么地点，还是关于空间总体认识的什么话题，空间在每时每刻、各处各地都在以被人们理解的适宜方式将自己展现在我们面前。除了依靠可以利用的特定材料和资源外，对于典型模式的不同理解（导致建筑的设计方法和风格不同）可以首先追溯到在空间特征中得到显著表达的社会文化因素。但是应对空间调整的解决办法总是涉及广泛，又充满惊奇，从本质上来说它们都是可归结于基础模式的相同情况下的不同版本，而我们可以用这样或那样的方式运用这种基础模式。

我们认为结构的事物可以归于更深的层级。根据思维训练的情况，在更深的层级里，人们的根本动机和他们的空间结果应该是以一种“裸露的”（naked）状态被发现，而“裸露的”被理解为是“没穿衣服”（unclad），动机和空间结果被理解为受时间和地域限制的建筑风格和手迹。结构必须满足人们对于初级语法的基本需求，语法可以基于文化背景而改变，并由此转化为作为流行典范的正式风格。建筑历史以这样的方式向我们展示了在其各类建筑模式之中，人们是如何发现作为社会关系、文化价值和技术可能性结果的类似原则及其新关注重点，以及如何运用新的方式使用这些原则。

对于不同风格的假设已经写入了建筑史中，人们把这看作是一种对于共有永恒的人类能力的文化解读（乔姆斯基的深层结构），每一种建筑风格都可以反过来视为每一位建筑师以他自己的方式所解读的结构，结构的使用者们接着依照他们的急需做出调整与之相适应。

如果我们在设计过程中想要找到机会，聚焦于对“结构”有塑造作用的基本条件，那么在总体来说独立于一种情况或其他情况之外但又可以在各种情况下得到进一步解读的条件下，就会造就一个建筑。该建筑也会受到影响，但影响不会波及它的本质，它依然是一个对改变持开放态度的建筑。随着时间的推移，这个建筑会不断进化，用进化作为对抗过时的良药。
为此我们要挖掘出潜藏在人们空间意识深处的动机，为最后建筑的多样表达找到作为原材料的原型。不找原型还能找其他的什么呢？像安全感、温暖感这些无意识因素都必然会引发原型的出现，我们也都知道它来自发源之地的闭合和包容的环境。还有另一种观点与这种观点相对立，它认为除安全性会引发互相的联系和差异性外，它也会产生必要的联系来满足对食物、燃料和人际关系的基本需求。这些初始的出发点清楚地展示出一种领地意识：人们的需求和要求是社会和个体的观点和动机的表现形式，聚集的过程受文化作用，演变为对需求和要求的表达愈发增多和细化，创造空间就是为了聚集。

我们所有人每天都要用到锅罐碗碟来准备、储存、享用我们的美食和饮料。所有这些向内凹陷形状的人工制品，不论产自什么年代，也不论在哪里被发现，都是用当地可以找到的材料制作并装饰。依各地技艺和传统不同，这些人工制品形式的种类可以说是无穷无尽。但对于这些种类的人工制品来说，它们也构成了一种具有包容性的形式，一种在一起共同保持，保护不受分崩离析破碎之苦的方法。人类的基本需求产生了共同的原则，从更大的范围来说也在掌控着建筑。这些不同的表达行为可以看作是一种对共同原则的解读。
有些空间能让人们为了共同的目标一直聚在一起，所以我们会认识到我们不可避免地要对建成结构塑造这些空间的方式进行类比。就环形广场的例子来说（见第 36 页），它甚至延伸成碗状，它们的弧线形式与我们每天使用的物品都有关系。不论这些广场作何使用，是作为露天广场、堡垒，还是依照初始设计用来举办活动，它们对于保护或是容纳的表现仍然是相同的。同样，由吉安·洛伦佐·贝

图 172，图 173 吉安·洛伦佐·贝尼尼，圣彼得广场，罗马，意大利，广场建设期是 1656—1667 年。
图 174 非洲马里（Mali）。
图 175 约翰内斯·维米尔，《倒牛奶的女仆》（*The Milkmaid*），约 1660 年，局部。

图 174

图 172

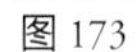

图 173

图 175

尼尼（Gian Lorenzo Bernini）设计的围绕圣彼得广场（St. Peter's Square）的柱廊控制着在那里会聚大量人群的包容性活动。

鉴于关于文化的流行思潮以及材料的无限潜力，我们可以把包容性和控制性的原则看作是一种普遍的初始空间条件，一种对于建筑可接受的所有外形的说明。

第七章　普通的、特定的及多样的 | Generic, Specific and Polyvalent

对于你的规划项目，你执行得越是严格，你能帮到你的客户以及最终帮到整个社区的地方就越少，特别是对于经过仔细测算的空间尺度大小，此条尤为适用。空间的尺度现在就好像已经是一个稳定的固定设施了，你觉得里面的每一个平方米都在掌控之中，小处体现的智慧也都不可磨灭，你认为一切都已经做得很好，而且还占据了优势。但甚至是在建筑还没有投入使用的时候，你的梦想就会因为情况与需求不符，需要同时进行调整而化为泡影。

设计专业的厨房时，我们需要请教将在这里工作的厨师，然后以最大的准确性努力确定各种器物和它们彼此间相对位置的距离，还有废弃物往哪里排放，水蒸气从哪里收集，以及其他对于厨房常规运作至关重要的功能性要求，都要为它们找到合适的地方。当厨房投入使用后，我们找来了一个之前从未见过面的新厨师，新厨师面对这个厨房满是惊讶与茫然，他想的肯定是这里对他来说完全不具备工作条件。

于是这就需要让处于控制中的事物培育起为组成部分持续寻找解决方法的冲动，反过来这也会产生出一个与缺乏自由与变化的闭合世界，狭义定义了与所有事物虚构静止的最终状态相适合的完全固定的结果。只要这一幻想持续存在，更多的建筑物也将很快被证明为是无法使用的建筑，匆匆便度过了它们最佳的使用期限，然后被人们谴责建筑的使用寿命变得越来越短。

世界的活力变得越强，不确定性就变得越大，我们就越是要给其他的想法、给其他的结果、也给时间留出更多的空间。

本书中我试图证实对独特性、含义和目标性的否定，突出不确定性、灵活性、移动变化以及追求自由的思想倾向，这都源于建筑师对空间过于狭隘的解读，或者是在他的大脑中缺乏空间意识；以此我意指对已被决定或已清楚明确的自由的适应程度。

所以就资料载体而言我们应该把自己限制在控制范围内并有意忽略软件的存在……我们制造、构筑或是保持开敞的所有东西，从广义

图 176~ 图 180　潘其玛哈宫，法塔赫布尔·西格里城，印度，1585 年。

1 “普通的”（generic）一词，不仅指诸如同一属类、同一阶层中的各个成员，也指缺少注册商标。这个词在建筑语言里似乎第一次是出现在雷姆·库哈斯（Rem Koolhaas）的《普通城市》（*The Generic City*）一文里。文中他把城市的发展描述为“缺乏特质”（without qualities）（罗伯特·穆齐尔（Robert Musil）），并且基于机遇或至少是任意性，城市的发展出现了未经人工检测的“自然”进程，这一进程“摒弃掉了那些无效的部分”（《小，中，大，特大》（*S*，*M*，*L*，*XL*），纽约，1995，第 1252 页）。库哈斯表达了他对语言的看法，他认为语言之丰富是不可抑制的。2012 年在伦敦巴比肯（Barbican）的大都会建筑事务所（OMA，Office For Metropolitan Architecture）作品展览上，“普通的”被描述成是“关注实质的设计，可能具有可重复性，甚至是预先装置好的？列举的项目得体现出最低限度的法律规定，要为外国务工者提供住宿，是现代主义者倡导的最低生存标准（existenzminimum，每一个有尊严的存在个体所必需的最低限度的食宿）的一次复兴，是对本可能具有政治潜力的非必需品的一次自愿放弃……”。

图 176

图 177

图 178

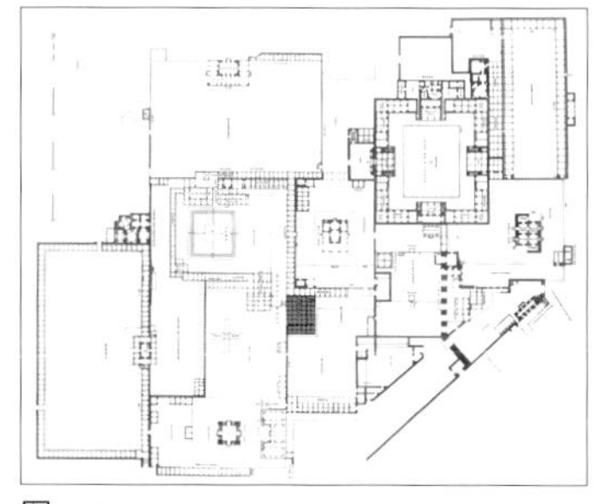

图 179

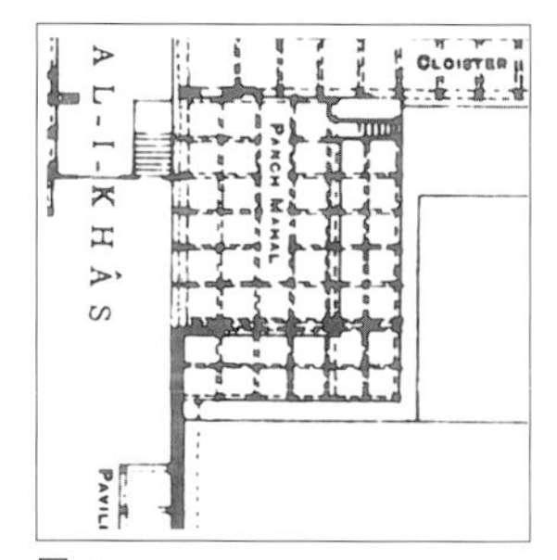

图 180

而言都应该对它们的服务目标保持积极的态度，还应欢迎变化和意料之外的东西。这种空间是建筑师传递给由他设计和制造的所有东西的潜能。[《建筑学教程 2：空间与建筑师》，第 179~180 页]

所以我们不得不去做的是避免提出过于具体的解决方法，转而把注意力集中到具有适应性的事物上来，让它们有能力接受改变。

身份源自重要性、委托以及其他特征，而一些事物又从身份里剥离出来，不确定性的程度里还包含着这些事物，由此被认为是缺乏特质，被称作“普通的”（generic）。[1] 也确实是如此，一个缺乏特质的建筑仅在理论上是可以想象的。不为建筑注入某些特质是不可能建造起房屋的，哪怕是中性的特质，也会赋予建筑以特别的“味道”（taste）。只有真正聪明的演员才能解释清楚一个角色是如何在观众浑然不觉间穿过舞台的。

杰出的建筑案例都拥有看似缺乏规划的大型空间，你所愿意想象的它们应该承担的责任，它们都是来者不拒的，但它们同时又具有属于自己的极其特别的身份。这样的建筑案例可以在有钱有势的人修建起巨大建筑群的地方找到，比如印度距离阿格拉（Agra）不远的法塔赫布尔·西格里城（Fatehpur Sikri）。16世纪莫卧儿帝国（Mughal）皇帝阿克巴（Akbar）在此地兴建起城市，他把整个城市当作一个单体建筑来建造，使用的材料也全部是红砂岩。仅仅20年后，这座城市就因缺水被废弃。这一形式结构[2]没有参考任何使用形式，也是因为这个原因它才容许解读的能力变得极度富裕。特别是潘其玛哈宫（Panch Mahal）的中央，完全是“中空”（empty）的石柱结构，石柱逐层从三面向内围合，至最顶层只有一个向上突出的结构。这一结构源自它特有的形式，既减少占地面积的尺寸，又吸取了木质建筑构造中与其有相似地方的要素。阿克巴那时在这里常常召集信奉不同宗教信仰的思想者们，努力把他们的不同思想整合成他自己的一套教义（我们后来称其为“普世教会合一运动”（ecumenism））。

这一案例令人信服地说明了没有被指定的空间不一定就要包括尺寸相同的层层叠起的地面。确实，它交错的层次俨然就是一个开放式的邀请，可以继续扩充，并由此进一步解读。（很容易想象添加上阳台和玻璃——从理论上来说是如此，但当然谁愿意在现实里破坏这样华美宏伟的建筑呢？）因此这一挑战全部源自普遍情况，从城市规划的角度来说，人们可以把潘其玛哈宫当作是有关多样性的一个基础案例。[3]另一方面，极尽经济上的手段，把相同的结构汇聚在一起，这一奇异的结构同样也是一个有关“建筑秩序”的基础案例。[4]没有被特别指定，没有被特别命名，所以也不会被定义，对任何表达都保持开放态度，从这个角度来说，“普通的”遍布所有不偏不倚的中性事物之中（由此来看，它就是我们称之为“灵活性的”（flexible）另一种表达）。给一个事物贴上普通的标签就意味着它对进一步的有意义的输入持开放态度，换句话说就是对解读持开放态度，尽管并没有在它上面附加任何的连续性。你可能会说这就是实实在在的有关它的全部了。受“普通的”一词词源学来源的驱使，我们总是会不由自主地强化这一观点。“普通的”一词源自“属类”（genus），在有关解读的例子里，它与聚集在一起的种类（species）属于同源或是同一级别。所有语言源自属类，所以按道理说在遗传上也具有固定性，把它与语言学上的生成语法（乔姆斯基）放在一起比较具有完美的意义。
在这里，可以把普通的与特定的区别转化为“能力”和“运用”的区别，或者是结构与解读的区别，以及语言和使用语言方式的区别。
建筑师必须习惯利用好这一区别，把它们二者的区别当作是补充设计组成部分的其中一个来看待。[5]之后建筑师就可以把结构看作是各类更倾向于物质上应用的“框架”（framework）。从这个意义上说，

2 在1967年“印度建筑的形式结构”展览（Formal Structural in India Architecture）中，克劳斯·海尔德格（Klaus Herdeg）重点关注了这一建筑群。
3 多样性即为形式以不同方式被解读的能力。我们使用此词时不应与意为“多重用途”的法语词汇“polyvalence”混淆。
4 见第九章。
5 这一原则由N. 约翰·哈布拉肯提出。在他的著作《支持：对集体住宅的一种替代》（*Supports: an Alternative to Mass Housing*, 1972；荷兰1961年初版，题为《载体和人民：集体住宅的结束》（*De dragers en de mensen: Het einde van de massawoningbouw*））中有意对集体的“支持”（supports）和个体的“填充”（infills）进行了区分，让居民可以作为个体表达出他们的身份特征。他还估测了建筑师与城市规划师彼此间的位置关系。但遗憾的是，哈布拉肯没有将他的原则以任何有意义的形式将住房作为唯一目标加以应用。

特定要次于普通，毕竟人们都是偏爱更具包容性的能力，一种能力如果不具备应用条件那么就仍是抽象的概念。能力的价值是依靠业已完成的物质上的应用品质来证明的。

至于作为解读框架基础部分的原则，可以进行类比的案例随处可见。比如拿流行时尚来说，除去有细微的“修正调整”（modifications）一直在支持着某一种时尚的因素，人们可以将其视作是人对自己身体的解读在不断发生变化。再想想音乐，它可能更贴近家庭生活，基于一个普遍的假定事实，12小节的布鲁斯音乐是主观解读出众多不同演绎版本的原因和动力，而通奏低音为共同和声提供基础直至18世纪渐趋完善，这些都给它们的表演者提供了极大程度上的自由。另一个音乐的例子是关于主题与变奏的现象，在同一主题下有多种和声模式和/或某种旋律形状，但尽管会渲染修饰，在变奏中也可以识别出主题来。变奏经常会从深度和广度上完全掩盖住主题的光芒，就像被和声方式弄得无法自拔的二流作曲家毫无特色的小调，在贝多芬的手里就变成了成就他最伟大曲目之一的一个跳板（并且还让安东·迪亚贝利（Anton Diabelli）的名字不再无人知晓）。提供给主题作为初始结构的材料，被人们后来对它的各种解读所彻底掩盖住了，这就是我们看到的这里发生的一切。
从这些不同解读的碎片里，就算会缺失一些碎片，我们可能还是能够恢复搭建起最初的容器。而不太容易做到的是从音乐的变奏中找到曾经衍生出这些变奏的主题，它的和声模式会在这些变奏中对听众予以引导。
就建筑而言，所有建筑物和结构应该寻根问源的最基本主题却无法被看到，也不能帮助我们找到一个剥离于特定的具有地方和时限特色（运用（performances））的潜在结构。作为纯粹的能力，这样的潜在结构要对解读持开放态度。

除了普通—特定的区别和语言学—结构主义理论是否具有可比性的问题，作为设计的前提条件，认识到这两大类之间的区别也是很有意义的，对我们也很重要。

某个特定的空间方案越是准确和具体，最后得出的结果被掌控和处于控制之中的严谨程度也就越高。尽管一般来说人们只会短时间使用这样的产品，但这仍然造就了通向抵达可能的最完美产品并控制住成本方法的彼岸。为了避免用到资产负债表并把由此带来的更大自由度用好，在我们构想普通空间的时候，一定程度上自由空间需要以不可或缺的主要工具方式出现。对空间的多重利用和随之而来的不确定性让空间需要运动起来，在运动的过程中相互依存的各个组成部分需要互相包容忍让。在一个与唯一目标相匹配的封闭系统里是极其缺乏互相迁就妥协的自由的，只有一定程度上的过高预估，才能提供这种自由。
令人遗憾的是大部分建筑项目都被困在固定不变的最低限度的需求里，这就要为最微不足道的费用提供最大限度的确定性。在这样的标准之下，一切都被框死，只有空间可以运动。可能这就是工业建筑的尺度都更加宏大的原因，它们要为生产过程中可能的改变留有更大的余地。我们被训练去满足转瞬即逝的需求，这就意味着从本质上来说应该是机会主义的其中一种形式挤占了我们的思考空间，这对建筑来说是致命的，披着高效的外衣却在根本上仅仅是目光短浅而已。建筑师想要克服这一矛盾之处，就必须想出新的策略，以更大的容纳能力来适应随时间推移出现的变化。在此方面，法国建筑师夫妇让·菲利浦·瓦萨尔（Jean Philippe Vassal）和安妮·莱卡顿（Anne Lacaton）的作品意义显著，其意义在于他们在可以负担起费用的前提下努力创造出了多得令人吃惊的额外空间，这在他们的作品南特建筑学院（School of Architecture in Nantes）体现得尤为突出。[6]肯定不能适应日常的气候需求但仍然可以在全年大部分时间段使用，添加像这样的空间是他们的一个基本前提。总之，几乎全部都在强调的是在整体相对受规章约束下还表现出其不可改变的事实，尽管一般来说这只在短期内有效。而我们所关心的是从包罗万象的特点中有所提炼。这就应该采用最大程度的可解读性，换言之就是从它的出发点起步，制定出更进一步规章制度的能力。为可解读性设计情境需要的是情境熏陶而非规划编选。

普通并不等同于中性，尽管二者含义相差不远。一栋建筑物或结构，它的特征源自其特有的使命，而当使命发生变化时就会出现困惑。只有在正面出现另一款标识时才能帮助建筑物或结构辨认清楚新的使命。

近来一栋办公建筑轻易就能转化成居住建筑，反过来也是一样容易。位于海牙的社会福利与就业部（Ministry of Social Welfare and Employment）的用房是以居住街区开始它的建筑生涯的。在社会福利与就业部迁址至一栋新建筑之后，这里还维持了数年之久的办公用房的职能，但是现在它又再次恢复到居住建筑的功能。同时社会福利与就业部还决定会在24年后重新搬回到这里。虽然难以置信，但可能也是不可避免，我们设计建筑时需要考虑进一个新的职责，那就是提供用房。

6 见第 11 章，第 200~201 页。

“普通的”一词似乎具有魔力，它让建筑物不受功能变化的影响而独立存在，它意味着不含特质，因此也就具有不确定性与开放性。除掉全部有无均可的东西，这样你至少知道哪些才是不可或缺的。你可以剥离剖析一项设计到什么程度，最后剩下留给你的又是什么？特别是工程师这一群体，一次又一次地在设计所谓实用主义建筑过程中超越职责的要求，也经证明是这一群体善于除去建筑师一般会认为的对设计至关重要的所有因素。位于意大利都灵的老菲亚特（Fiat）汽车制造车间——林格多工厂（Lingotto）就是一个很好的例子。

这一工业建筑设计于 1916 年，完全按照工程经理贾科莫·马蒂-特鲁科（Giacomo Matté-Trucco）的理性标准来设计，里面似乎没有体现任何建筑意图，更不要说有前瞻性了。但是正因为没有附加价值这一点赋予了这一建筑以特性，就像是某种足够大的半成品能够容纳下一整座城市，在 30 年代其功能逐渐落伍之后又被用于其他用途。
500×80 米的混凝土结构里每个模块的大小是 6×6 米，望不到头的一扇扇相似的窗户，内部是 4 个带有屋顶的大型庭院，林格多工厂证明了在提供用房的新使用形式方面的一个具有挑战性的开端。
1984 年，在 20 名建筑师陈述完他们的观点后，伦佐·皮亚诺（Renzo Piano）被选中重新打造这一建筑，项目周期长，一直持续至今。
现在这一建筑包含办公、商用、购物中心、旅馆、会议中心、餐厅、影院、音乐厅、大学校舍、学生宿舍、日间护理设施、银行分行以及从 2002 年开馆的翁贝托·阿涅利（Umberto Agnelli）收藏博物馆。博物馆位于屋顶，汽车沿着以前通往屋顶测试跑道的富有张力的斜坡就能到达博物馆，最熟悉不过的就是 1934 年勒·柯布西耶的照片。庭院要么包含花园，要么就是罩在玻璃屋顶下面。
为了让建筑结构能够完好地保留下来，伦佐·皮亚诺只从中做了极其微小的干预，他在屋顶上加上了一些具有独立性的特色，实际上只需设计一个符合现在标准的新的窗户结构就可以；其余都是室内填充的工作。
所以最初认为在建筑方面存在的质的欠缺反倒成为它最大的优势。如果说少即是多，这个建筑就是如此！［《表述》（*Articulations*），参见第 50 页］

不合常规只会成为不停变化的生产线的阻碍，工厂建筑的最简单需求就是把不合常规减少到最少，把常规楼层面积扩展到最大，这就是让像林格多工厂这样的厂房建筑显得普通的原因。由工程师们设

图 181

图 182

图 183

图 184

图 181，图 182 贾科莫·马蒂—特鲁科，菲亚特，林格多工厂，都灵，意大利，1916 年。

图 183，图 184 站在林格多工厂屋顶测试跑道上的勒·柯布西耶。

图 185

图 186

图 187

图 188

图 189

图 190

计的工业建筑给现代主义运动中的功能主义者们留下了深刻印象，这更多的是因为功能主义者们在这些工业建筑中看到了一个“建筑”从修饰和其他与建筑物目的无关的事物中剥离出来。比如说勒·柯布西耶在他的《走向新建筑》（*Vers une architecture*，1923 年）中用抒情的语汇表达了他对工程师们建造建筑的热情。柯布西耶费尽心思把北美谷仓的照片当作例子，从他自己已经移除的修饰性元素中重新进行设计；显然工程师们已经感觉到他们的建筑太过单薄并且动手做了建筑师可能会做的事。[7]

我们会发现汉斯·赫特林为柏林西门子工厂设计的建筑的楼层平面图是有意甚至是充满对抗性地让空间保持自由。[8] 由于建筑师已经把他们专业上的雄心壮志全部聚焦在了建筑外观上，这就显得更为不同寻常。话虽如此，你也不得不承认尽管建筑内部简单，但这也赋予了建筑以特质。实际上至少从意图上来说，它像是理查德·罗杰斯位于伦敦的建筑洛伊银行（1986 年），它的各楼层区域完全是自由的，处处是开放式的，如果需要，靠近中心完全通高的封闭办公室也可以配有开放式楼梯。按路易斯·康的说法，所有次一级的“主动服务空间”（servant spaces）都分布在外面，这样一来就不会侵占办公楼层的大片开放空间。看似杂乱无章的设计却由形式的纯功能性造就，这些附加物的格调都像极了雕塑和机器，赋予了建筑独特的标识。一栋普通建筑并不一定就是要缺少特质，而是要有清晰的身份，洛伊银行就是一个确凿的案例，它现在作为保险公司使用，很容易承担起其他使命。（据说当地人无法想象他们当初认为是和“技术性相关的东西”（technical stuff）仍然没有被增添上。他们最初设想把它包裹上，但资金已经耗尽了。）

图 185 伦佐·皮亚诺对林格多工厂扩建部分的重建工程，1984 年。
图 186，图 187 谷仓，加拿大，左侧是勒·柯布西耶裁剪后的版本。
图 188~ 图 190 理查德·罗杰斯，洛伊银行，伦敦，英国，1986 年。

7 参见保罗·维纳布尔·特纳（Paul Venable Turner），《勒·柯布西耶接受的教育》（*The Education of Le Corbusier*），纽约，1977 年，第 30 页和第 187 页初次发表于《德国工艺联盟年鉴 2》（*Jahrbuch des deutschen Werkbundes 2*，1913），见于《走向新建筑》（*Towards a New Architecture*）第 186 页的插图，第 19 页（初版为法语版 *Vers une architecture*，1923）。

8 见第一章，第 4、5 幅插图。

图 191

图 192

由约翰内斯·布林克曼（Johannes Brinkman）和伦德特·范·德·弗鲁特（Leendert van der Vlugt）设计的位于鹿特丹的范内尔工厂（Van Nelle Factory，1928 年）就是这样一座在多次发展更新后依旧保持着它固有特征的建筑。多亏了在现场执行协调工作的建筑师威塞尔·德·荣格（Wessel de Jonge）主持的严谨的修复项目，这座建筑虽然已经完全改变了功能，但它几乎一点儿以前的光彩都没有失去。如果范内尔工厂是新时期新范式的最好案例，那么它现在则成为了指引现有建筑在相当普通的情况下如何毫不费力地就能列入现代世界里的典范。这里也一样，最初设计成工厂的区域意味着尺度巨大的不间断空间，这也使把空间分成一个个部分来容纳大量规模有限的公司变得相对容易。它没有牺牲任何建筑原有的独特特质，尽管新的使用者们对适应过去时代的遗留事物的需求很小或者说根本没有。就像装卸货物的滑槽一样，以一定角度沿主要入口通道从主要街区滑向低层建筑，没有一点服务新建成物的目的，仍然在提醒着人们完整保留原有工厂的使命。VAN NELLE 的字母——最初使用者的视觉标识，仍然在大量的设计实践中为建筑物赋予新的角色。只有当建筑的特质很大程度上由某种功能决定时，它才会变得具体，赋予其合情合理的新功能使命是一项艰巨的任务。
现有建筑基本组成部分的一个优秀案例就是保罗·施耐德－艾斯雷本（Paul Schneider-Esleben）设计的位于杜塞尔多夫的停车库（1951—1953 年）。它主要包括有水平的楼层，用简单的玻璃层覆盖住。如果没有沿突出的屋顶两侧向中轴下降的精致斜坡，它真是不能再普通了。明确的功能性附加物和它们表现出的显著优雅，正是这些让一个没有修饰的玻璃盒子呈现出它作为停车库的独特身份特征，尽管在停车库的新使命里它们可能并没有实际的作用。

图 193

图 194

图 191，图 192 约翰内斯 · 布林克曼和伦德特 · 范 · 德 · 弗鲁特，范内尔工厂，鹿特丹，1928 年。
图 193，图 194 保罗 · 施耐德 – 艾斯雷本，多层停车库，杜塞尔多夫，德国，1951—1953 年。

普通和特定相互对立，但它们又不是完全不相关的概念。某种意义上它们相关，在程度上可轻可重，你可以描述某些事物是特定的或是普通的。

路德维希 · 密斯 · 凡 · 德 · 罗的建筑，其设计选用的材料都是价格高昂珍贵的材料，像玛瑙和铬合金，之后在他前往美国的时期设计选材趋于缓和。他的建筑都是完美的贵族式的建筑，特别能够吸引建筑师，从某种程度上来说也算作是对它们缺少装饰的补偿，赋予它们更大的特质。人们经常把他们称为“极简主义者”（minimalist），但是极简主义者并不是因为极简主义为他们定下的条条框框才由此去关注知识并明确归于艺术领域。应该说没有一个人能够在完全摆脱功能或设计委托的条件下成功设计好一栋建筑。他的建筑像一个个精致的盒子，你可以在这些盒子里面安置所有的内容。换言之，你很容易就能给路德维希 · 密斯 · 凡 · 德 · 罗的建筑赋予一个新的使命，而且还不会丝毫伤害建筑。你可以称它为“绝对建筑”（absolute architecture），就像音乐只表达出其自身是绝对一样的。除此之外，密斯告诉我们准确和普通并不是对立关系。他在美国时期的巅峰之作毫无疑问是位于芝加哥的皇冠厅（Crown Hall，1956 年），皇冠厅的空间巨大，未做分隔而且垂直高度很大，不用添加隔板就可以划分出各个房间，这也让空间的整体性没有受到影响。这其中的薄弱环节是密斯的空间设计资源范围有限。
现在拿勒 · 柯布西耶举例，他对于人性层面最为微小细部的把控感非常好，闭合的感觉有时近乎是压迫性的，这与密斯所用的超然事外的疏远感截然相反。很难想象还有比这更强烈的对比。勒 · 柯布西耶运用了所有可以想象的空间主题以及他倾注进它们之中的形式，

图 195

图 196

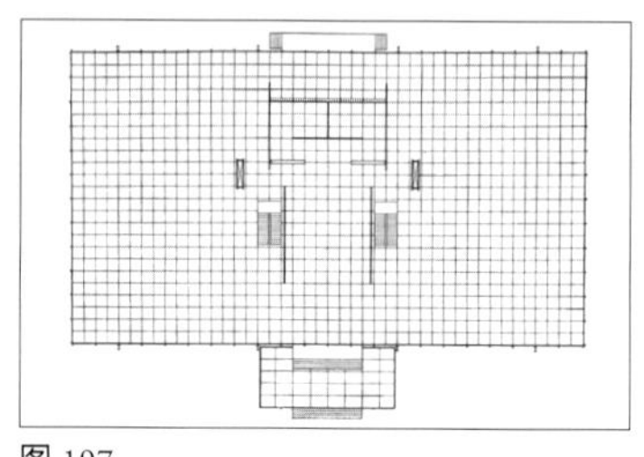
图 197

图 198

特别是他在后来更为世俗的作品里都充斥着一种鞭辟入里、四处弥漫的表现力。并不总是很容易就能把这种表现力聚焦在它潜在的客观价值上，也不会因为他提到的纯粹品质而变得迟钝。他们无一例外都归属于艺术领域，一个只为少数杰出建筑设计保留的场所。这意味着他们承认除艺术家赋予的主观含义，对它们便再无其他解读。所以他们的持久性并不源于他们拥有再次解读的潜力，就像密斯的建筑，是源于作为艺术作品的特有不可侵犯性。假设这些建筑物都失去了它们初始的功能，它们也会以自身成比例模型的身份延续它们的建筑生命。

但是像勒·柯布西耶这样投入人们的每日生活，设计出受人尊敬建筑的建筑师，我们还能再找出一位来吗？这里很难把普通和特定区分开。

勒·柯布西耶当时的目标是设计出一种复合建筑。他为了这个目标甚至试图招募密斯·凡·德·罗的主要支持者加入进来。在整个过程最后，柯布西耶的复合建筑为每一种应用都创造出了与其相关性最强的配置，并做出了清晰的表达：建筑是实在的，也是特定的，所以也是适合相关客体和相关人员的。但是想要在一个无休无息的世界里把一个地块变成柯布西耶所设想的目标，只有不断地从解读建筑的能力出发才能够实现。

最初，不论对于建筑不停改变自身功能和身份的方式，还是对于由

图 199

图 195~图 198 路德维希·密斯·凡·德·罗，皇冠厅，芝加哥，美国，1956 年。
图 199 赫曼·赫茨伯格，老年之家，阿姆斯特丹，1965—1974 年。

此引向可持续发展的轨迹，普通空间似乎都不是它们的解药良方。但是我们也不应该简单地把建筑的特质和含义都剥离出来，只留下一块没有人为设计痕迹的建筑白板，好让这块白板可以占有（如果需要也可拒不接受）所有的特质和含义。建筑应该总是要有一种能力的——我们称之为“固有的可持续能力”（inbuilt suitability）——不断利用适宜的解决方式来应对建筑出现的新状况。

紧挨公寓正门的矮砖墙在人们眼里是微不足道几乎不值得关注的，这便是一个有关多样性的基本案例。人们希望能在矮砖墙上装点些什么，不论只是留在墙面上还是展示在墙面上，不经意间这面矮墙就成为体现个人价值的地方，同时也成为标示居住空间与周边公共空间之间中间区域的第一步。

位于阿姆斯特丹的阿波罗教育中心（Apollo Schools，1980—1983 年），中心里的小隔断最初是作为儿童游乐的沙坑而设计。这些小隔断都集中在较长空间的其中一边，就像是沿公共街道一边而设的典型住房一样，也可以说这是对早期文化的一种发掘。随着多年后的一次重组调整，这里的孩子被安置到了其他建筑里，设计的这些沙坑也就失去了它们的相关性。对于学校这块土地的新使用者来说，它们基本的、具有潜在多种用途的、并由此变得多样的形式让它们无需细微的

图 200

图 201

图 202

修正便已经很理想，把坑拉长就成为中央街道。在这里非常重要的一点是，社会基础（“私人隔断”（private compartments）沿类似街道的公共空间并按照它们尺度上既定的基本前提进行布置）得以永续。

比如基座是 1.5×1.5 平方米的砖制“组块”（block），都分布在代尔夫特蒙特梭利教育中心（Montessori School）大厅的中央位置。在各种情况下，放在这里的这些平台组块都会发挥显著作用，可以为小学生提供完成学校布置项目的场地，或是可以在这里举办各类活动。孩子们把这些平台组块视为游乐岛。这些组块从设立伊始在历经 45 年后仍在使用。在这么长的时间里这些组块是如何被长期使用

图 203

图 204

图 205

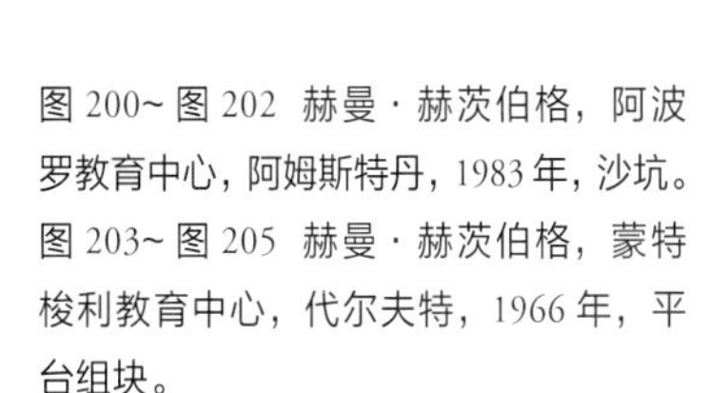

图 200~ 图 202 赫曼 · 赫茨伯格，阿波罗教育中心，阿姆斯特丹，1983 年，沙坑。
图 203~ 图 205 赫曼 · 赫茨伯格，蒙特梭利教育中心，代尔夫特，1966 年，平台组块。

的，当一个人对此有所认识就会觉得这是令人非常振奋的一件事。现在这些组块还被用于提供学校午餐的食品配给站，这也让组块一直都在被赋予意义，具有含义感。各个阶段给不同情况下的组块安排了新的角色，组块自身的特质催生出了难以预料的角色。组块自己就是多样形式的一个例子。

普通空间也是允许解读的，但是解读确切地说是属于被动解读。对于多样性的设计理念来说，就是要通过设计来积极地产生解读。

如果多用途就意味着要刻意为事先确定的结果做设计，那么多样性就是一种能力（形式或空间如何对不确定的情况做出回应，这在事先并不确定），不仅担负起了难以预料的各种应用，而且在实际上还对它们起到促进作用。借由普通人类行为的知识获得力量，多样性可以预料到客体的形式和空间的形式，并由此预见那些不可预见的事物。

就像我们展示儿童的仿真玩具与其余可以进行“解读”（read）并由想象加以完成二者的区别一样（见第五章），多样性与其说是与明确的提议有关，其更像是与设计理念有关。

我们并不是说要尽可能多地减少多样性，而是要为空间状况留有最大限度的余地，让各种情况和各种设计都能包含其中。基于期望得到不同的结果，这些出现的状况让它们自己得以适应新的用途。这里我们所关注的是设施，就算遇到不能展现其直接用途的情况，也并不会阻碍使用者的自由，反而会激发和鼓励人们更为精细地使用好空间。如果普通空间允许有被动理解，换言之，多样性会积极地催生它，鼓励它，总的来说去激发它。与普通空间的冷漠不同，多样性空间从本质上来说是具有暗示性的，暗示着那些能够表达出它自身的事物。事实上这就是我们所说的宜人的形式（inviting form）。真正重要的是相关空间的适合性问题，它是否有能力形成一种环境，让不管是谁与之相邻都感到熟悉。

把楼层区域用不连续的重复空间单元来表达是关于多样空间的另一个案例，比如位于荷兰阿培顿的中央管理保险公司大楼（1968—1972 年）。

从最基础的“场所”（place）理念出发，一个基本单元就可以容纳下发生最为频繁的社会情况。这些空间“小岛们”（islands）可以当作餐馆来使用，当作休息空间来使用，可以在这里举办展览，也可以在这里策划办公活动。事实上有研究显示它们可以毫不费力甚至是用意想不到的方式来接纳教育机构。这些空间单元，虽然在形式上有所区别，但它们明显独立于特定的使命，它们是可以进行解读的，可以一次又一次地重复使用。

代尔夫特的狄亚贡住宅（见第一章）解释了多样性的观念。因为它相似的空间单元的形式和尺度这二者与头脑中设想的每天活动的基本空间需求联系在了一起，所以这也就允许了每一个个体都可以有自己的理解。它们内部的次一级分支并没有按照居住、睡眠或是工作的用途加以设计，与其说是可能在那里发生了什么，倒不如说是

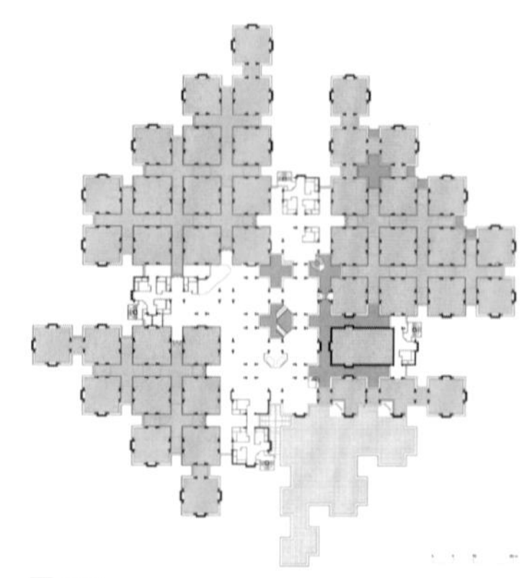

图 206

图 206~ 图 210　赫曼·赫茨伯格，中央管理保险公司大楼，阿培顿，1968—1972 年。

图 211　中央管理保险公司大楼，阿培顿，用于展示的办公空间。

图 212，图 213　中央管理保险公司大楼，阿培顿，研究展示了以教育用途为目标的功能重新分配。

图 207

图 208

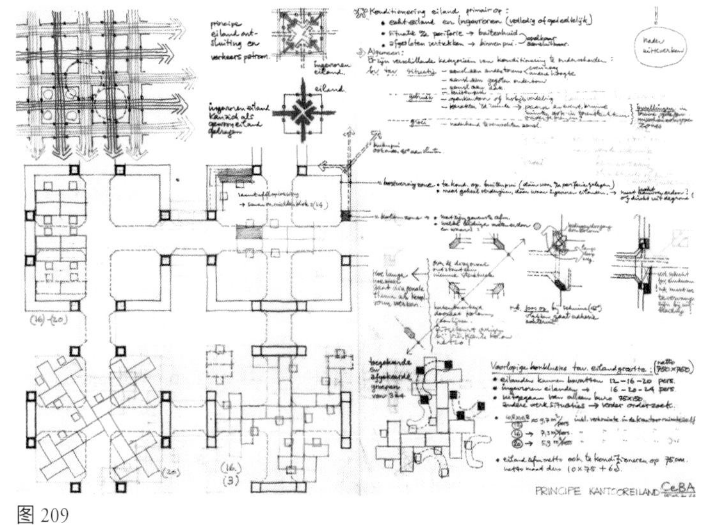

图 209

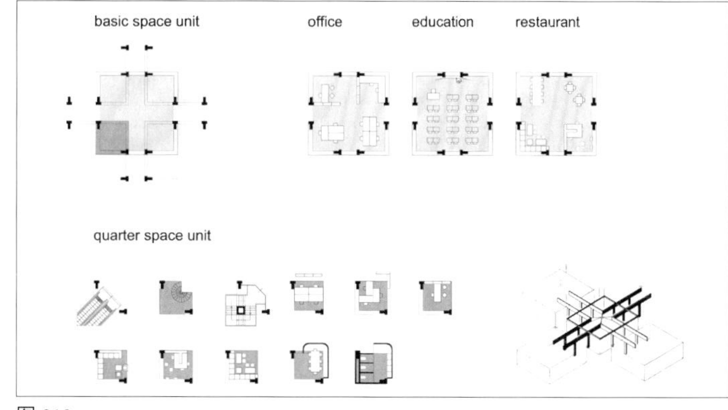

图 210

图 211

图 212

图 213

图 214

图 215

图214，图215 中央管理保险公司大楼，阿培顿，作为休息场所（上图）和工作场所使用的相似空间单元的重复。

那是怎样发生的。不管设计什么，都要让设计能积极引入各种可能性，而不只是对可行性持开放态度。所有这些案例都源自场所的基本组织架构。这些场所均可适应不同场景下大致八人一组的各个群体。如果精确的配合并没有发挥作用，那么可能就需要稍加修正。

一般来说，多样性代表了一种特质，以各种方式施以援手，甚至做出挑战，让人们的周边环境成为有像在家中一样感觉的场所。想要达到这个目的，就要通过从根本上来说具有包容性的围合来取代一直将它们限制在最小值的思路。这也需要建筑的体积或者更准确地说是深度能容纳内容的改变，同时也保留有它们自己：包容性在这里作为一种结构填充进各式各样的内容。

多样性源自我们刻意给自己制造的一切赋予“激励”，构成了应用以及解读的机会。当一种形式或一个空间拥有一种“隐藏”（hidden）的适应性等待它们的使用者适时发现时，我们就称这种形式或空间是“多样的”（polyvalent）。通过这样的方式，不仅没有经历本质上的改变，还增加了多样的形式。考虑到其他内容，由此还能解释它对多样化结果的适应性问题。
与机器被预先设置好各种可能性不同，多样性的形式只显示其正在使用的特质，就像乐器的不同声音是基于演奏者把不同的特质从乐器中演奏出来一样。多样性是把最为必要的最少量扩大化，被扩大的最少量在各种情况下对于特质和对理解生活都有其自己的贡献。这种扩大化是构建起能被人们认为是普适化的事物，如果大量的人类无意识动机以新的表现形式获得表达则是这样。
尽管我们对于未来的需求一无所知，但是基于我们从过去获得认识的总和，同时也鉴于自冰川时期以来我们不断向前的进化，踩在对过去的认识上向前迈进不至于过于离谱。为了达到彼岸，我们必须找到历史中反复出现的空间特质有哪些。不同的历史时期这些空间特质表现以不同的形式。我们可能需要假设在全世界各地的各个时期里这些空间特质对人类而言都扮演了关键角色，由此认为它们具有重要意义，而不仅仅是次要的陪衬。多样性，它与围合场所以及视野选择的空间方式有关，与明亮和黑暗有关，与强调如何协调使用者人数以及他们的期望这二者与尺度范围之间的关系有关，最后特别是与表达空间的方式有关，通过表达空间的方式来产生最大限度的容纳能力。
无需特意挑出设计富有表现力的组成部分，多样性就能建立起与空间相适应的能力。如果说普通空间关乎自由和尽可能多地剔除直至最终一个结果（换句话说就是减缩），那么相比之下多样性就是一种加入了基本情况的结果，提升了其空间特质，换言之就是聚焦，尽管已经剥离掉过于深入的表达。我们试图在不至于滑向做出过于直白的回应前提炼出本质。
未来建筑会被如何使用具有不确定性——换句话说屋子归别人使用了——我们制造的混合物内容不应该过于具体，也不应当过分富于表现力。一栋建筑应当多听少说。

建筑师在设计建筑时应该注意那些让功能上的改变得以展现的特点；不是中性的，换言之是富于表达的、可识别的、纯粹的、地道的，尽管并没有加入特定的某种特质或是从功能和设计中抽取出一些它们的特点。在许多案例中，环境会鼓励设计产生直截了当的思路，但这并不会阻碍出现新的用途。
至于不使用特定的颜色而达到多彩效果的话题，答案在于建筑秩序（见第九章），在于空间为建筑物在整个历史进程中将要容纳的不同应用提供的“具象化”（materialization）能力。

我们真正追寻的是一个看不出设计痕迹的建筑项目。为了达到这个目标，我们必须把目光聚集到可以想象到的建筑和作为其基础组成部分的需求，聚集到应该是作为建筑的根本情况上面。这就意味着给定空间的特质在一栋建筑物中得以形成。特质是在任意一个可以想到的情况下人们应该所期望的东西，通过特质让他们在周边环境里也有无拘无束的感觉。这些情况从属于与我们对空间认识有关的人类的基本特质，并且在里面产生“共鸣”（resonate）。

第八章　身份特征 | Identity

如果为了某些更为特定的成果，我们就打算把所有的元素都从建筑中剥离出来的话——那么在寻求我们称之为“结构”（structure）的基本空间条件过程中——它很有可能就会滑向中性。所以说正是特定的某些方面的存在才让一件事物得以拥有它的身份特征。身份特征是建筑众多特点下的产物，是具有区分度的众多特点下的产物。身份特征是一种个性，一个人或一件事物的身份特征与其他人、其他事物的身份特征都不一样：我是谁，我是做什么的，我归属于哪里？城市也好，国家也好，它们的身份特征都要归功于城市或国家内的建筑物和引人注目的都市特色，建筑物和都市特色的作用和它们拥有成功的足球队的作用同样巨大。1889 年，法国巴黎的埃菲尔铁塔可以说是一个城市里第一个明确按照身份特征这个目的而修建的建筑，这个显现的标志性建筑并不需要人们提供什么，就已经赚足了吸引力。时间拉得更近一些，澳大利亚悉尼歌剧院（1973 年）把它从自己的国家推向了全世界，让世界知道澳大利亚除袋鼠以外可能还可以为世界提供更多的内容。时间拉得再近一些，位于西班牙毕尔巴鄂（Bilbao）由弗兰克·欧文·盖里（Frank Owen Gehry）设计的古根海姆博物馆（Guggenheim Museum，1997 年）分馆奠定了身份特征的基调，之后其他想在世界版图上凭借特色鲜明的建筑物直接占有一席之地的城市纷纷加以效仿，数量多得难以计数。这种城市策略把建筑物夸大为一个个臃肿的怪兽，而夸大却是吸引注意力的一把好手，这是事实，也让人悲从中来。特别是在一个需要广而告之的世界里，人们更是偏爱把夸大作为武器，把建筑的身份特征不断加以过度夸大展现给世人。纵观历史，富商、实业家、教会权威以及世俗权威都在用建筑来淋漓尽致地表达他们（公认的）至高无上的地位：建筑奇特的造型、特有的材质，一直用作陈列广泛艺术藏品的空间。

身份特征正在向世界展示的是你是谁，抑或某个事物究竟是什么——换句话说就是你想怎样或是你想让一件事物怎样。你希望别人能够记住你的形象、记住你周边的环境，或是记住受到你影响的一切，

图 216~ 图 219 赫曼 · 赫茨伯格，中央管理保险公司大楼，阿培顿，1968—1972 年，空间单元的个人解读。

这些就是身份特征。计划好的身份特征就外部而言是一种影响力，就内部而言是一种识别性、一种熟悉感、社区感、一种无拘无束的感觉。这与你所在的国家、城市、街道、房屋或是房间都有关系，与你从家庭到同胞或是同事整个你所知道的人际圈子也有关系。身份特征是基本的，但并不是固有的，很多时候还需要靠外界注入，比如说企业的身份特征就是由公司所希望展现给外部世界的品质和一致性所造就的。

1972 年中央管理保险公司大楼迁至它们在荷兰阿培顿的新办公地点

图 216

图 217

图 218

图 219

时，公司员工本可以按照他们觉得舒服的方法来布置工位，借以展示他们的个性，并能给人留下印象而不是成为寻常的灰蒙蒙一团。这一因素对设计的影响是决定性的，这一需求在当时也是巨大的，设计师以充满精力和富于挑战的方式抓住了眼前的机遇。办公室很快就变成了家庭环境的样子，屋子里布满绿植，甚至有动物在陪伴，到处都挂上了绘画和装饰品。但是劳动力供给环境的改变在之后的一个阶段里又有朝新方向适应的趋势。最初生机勃勃，显得有些混乱的形象变得更加平静和传统。

从原则上说，按照损耗和必要的可改变性，建筑里的身份特征经常并不是根本性的，但却是“已用符号表示的”（signified）。对于身份特征的需求意味着希望获得他人的赞许和承认，吸引到更多的注意力。它是一副可以按照自己心意戴上和取下的面具。新的面具可以是专门订制的或是买来的。这些面具给了你身份特征，是你在适应身份特征而不是身份特征在适应你。像这样的背景环境从本质上来说就是由个人之间的根本性竞争或群体之间的根本性竞争（也就是权力斗争）所主导的边界区域的划分问题。因为评判一个人的地位要看他的房子、车子、工作、穿着（“人靠衣装”）或是藏书，所以巩固你的身份特征对你的地位是有好处的。
再者，为特别目的或是特定用户而设计的空间，它面对的主题就是边界范围的斗争，让站在梯子较低处的人不得不与站在梯子较高处的特权阶层斗争。通过设计让二者斗争下对效率的需求变得合乎情理。他们宣称要在被认为是关键位置的地方留有更多的空间，因为更多的空间能让他们获得更多的关注，就像他们想象的那样，也可以接待重要的客人。

针对特定提及的人的属性和需求，在“已用符号表示”之后，一个空间或是建筑就会适合一个人或一个群体。对于其中之一愈发合适，对于其他因为它们各自需求使然就愈发不合适。为了让同一件事物能够尽可能多地适应不同用户和不同目标，这就需要分别把粗糙的个人边界和功能边界打磨平滑。我们需要把自己限制在一个范围内，只把对于每个人和每件事物来说都是最为有用的东西保留下来。如果一件事物是适合所有人的（或是所有人适合一件事物），那么我们就必须通过努力让空间已用符号表示的内容降到最少，让空间可用符号表示的内容留至最多。

建筑师皮特·布洛姆在翻新一家商店时，把商店的名字刻在了建筑的石头立面上，但是工程进行途中出现了麻烦，店主草草收场把商

图 220~图 222 鸽舍，蒂诺斯，希腊。

1 伯纳德·鲁道夫斯基（Bernard Rudofsky），《没有建筑师的建筑：简明非正统建筑导论》（*Architecture Without Architects: A Short Introduction to Non-Pedigreed Architecture*），现代艺术博物馆（Museum of Modern Art），纽约 1964 年。

图 220

图 221

图 222

店转手给了新的所有人。布洛姆于是开始涂抹掉原来商店名字的字母，让商店名字变得无法辨认，留下的字母部分则让人感觉像是建筑师有意为之留下的某种抽象符号。

朴素的立方体造型、水平面上纯白色的联合构筑体，都让现代性建筑具有了更高程度的抽象性，当各谱系的建筑都迷恋于身份特征的病毒时这些抽象性就转到了幕后。建筑师和客户对于身份特征着迷般的需求让设计一栋建筑不管其他，首先就是要能够脱颖而出，甚至当他们没有什么独特的东西好表达的时候也是如此。
可能这种“国际风格”（international style）的全球化（否定身份特征）本质是其被建筑师拒绝并转而从布满灰尘的壁橱中发掘区域主义，找寻显得落伍形象的一个原因。针对一个特定场所，其区域或是时间框架的身份特征可以靠区域主义宣传区域性的材料和几乎过时的建筑方法来实现。曾经更多要靠手工工作方式完成的产物现在通过强制把它们容纳进现代工业技艺中而得到尽可能完美的复制。
地方和区域的产物以及它们的生产方式通常与可持续性有关。作为“不知其名”（nameless）的全球工业产品的明显替代品，农产品的有机生产方式也要依附于建筑。这就让人回想起把浪漫主义的理想世界切碎成一小块一小块的地方，在这些地方的人们表现出了无穷无尽、多姿多彩的色彩，他们共同在一个个相互独立的小型社区里居住，没有一种重要的构架能把他们联合在一起。

毫无疑问，可以提供身份特征的建筑中存在的差异从本质上来说就和语言、语言学的差异一样。它们都源于国家、区域、城市、邻里的区别，每种区别又都伴有特定的因素、限制条件以及放弃自身特色的潜力。
建筑形式最典型的差别源自一个地方有（或是没有）某一种用于建造当地传统建筑的建筑材料，比如在缺乏木材的地方建造石头穹顶。但是对日常生活产生巨大影响的不太传统的建筑实践也会产生出独特的建筑风格或建筑物。这其中的一个例子就是位于希腊蒂诺斯岛（Tinos）上的一个个显眼的鸽房（peristeriónes）。它们呈现出的绝无仅有的极端形式显然与收集鸽子粪便用作土壤肥料这一重要功能相背离——其中一些看上去好像几乎采用的是宗教形式。若寻找世界各地有关“没有建筑师的建筑”的相似极端案例，我们只需打开伯纳德·鲁道夫斯基 1964 年出版的名著就能找到了。[1]

你对一个特定的区域越是熟悉，你越是能在组成部分不断增加的有限类型（尽管相似性依然普遍存在）中区分它的特色。基于原材料和生产加工方式的局部偏差，可以利用砖来作为辨别其出处的一个指标。我们对这种国际化的建筑材料的使用范围都很熟悉——形状、尺寸、颜色、硬度、表面光洁度、喷砂工艺或手工造模（不平整）——可以有各种的砖墙，砖与砖的接缝处也是可宽可窄，可凹可凸，平滑粗糙甚至装饰以珠子都可以。所有这些不同和他们生产出的带有偏差的产品一度是区域身份特征的来源，正如不同品种的葡萄酿造出的不同葡萄酒具有不同的芳香和口感。（因为家里没有，所以你才会从旅行目的地带回当地特产。）也是直到最近，就是因为天主教住房协会在荷兰南部大范围的天主教区对传统建筑方法产生的影响，人们才有可能分清楚荷兰的哪些房产是由天主教住房协会所建，哪些房产是由新教住房协会所建。在荷兰的南林堡省（Zuid-Limburg），就像在比利时一样，坡屋顶都按与街道平行设计，但是到了北部，更多的是与街道呈 90°。

工业化产品、交通运输提供的可能性以及服务市场，这三者正在取代着地方特色的特质，整齐划一的形象几乎在各地都有出现。就像在全球经济下不管身处何处，不管想要什么都能得到，都有趋同的势头。

全球经济及其对建筑业的影响可能是全球性的，但是建筑网络仍然留有大片未开垦的处女地，可以在这些土地上使用现有的方法来构筑尽可能当地化的建筑。所谓的尽可能当地化远在工业革命之前就有，即从官方角度在建筑里加入居住功能，让大多数人有容身之处的方法。现在很流行有关建筑师致力于把自己的专业知识与地方社区相结合共同合作打造出新的当地化建筑的例子。建筑师安娜·赫林格（Anna Heringer）在奥地利出生并接受教育，在她指导下完成的位于孟加拉国的建筑作品令人信服地展现了地方经验与“全球”（global）知识是如何紧密相接的。

安娜·赫林格的作品在这样的一种情境下提供了支持这种情境的最高级别的请求。而且也表现出如何运用温和的方法来达到与我们的建筑综合体、单一建筑和设施相匹配的目的，能够实现这种匹配是会让人印象非常深刻的。更让人惊奇的是，它也证明了配有电脑和太阳能电池板的现代电子技术与世界能够无缝衔接。这里所说的世界不仅在总体上与人们极度贴近，也与自然相贴近。[《建筑的未来》（*The Future of Architecture*），第 49 页]

现在地球上已经没有地方能够摆脱全球化带来的影响。地方化还是全球化之间的选择由此也变得不再相关，我们现在的议题是如何以

图 223~图 225 安娜·赫林格，在鲁德拉普尔（Rudrapur）当地帮助下建成的学校建筑，迪纳杰布尔区（Dinajpur District），孟加拉国，2005 年。

2 安娜·赫林格，《建筑的未来》，鹿特丹，2013 年，第 23 页。

图 223

图 224

图 225

及在多大程度上能将场所的身份特征与全球工业化带来的益处协调好。

“以同样的标准化概念在全球各地开展施建，这令人们听起来可能会觉得很容易，很廉价。对许多人来说，一个地方产生高超的技术手段，然后再把这些手段传播至全球各地，这听起来是一个虽然距离遥远但还能确保高质量的好方法。但是在像这样的工作过程中，受益的会是谁？区域怎么才能受益？这些方法对生态系统和文化多样性已经产生了什么样的影响？如果人们的技艺、人们的劳动能力变得不再必要，那么这些人如何生存下去？”[2]

既然年轻一代的建筑师大多在世界各地旅行，并把他们的知识与地方传统的不竭源泉相分享。我们只能希望他们不会做同殖民者一样的事，而是通过把全球化和地方化相结合，产生有意义的共同体。占支配地位的西方经济产生出的一切事物都表现出一种从本质上来说相统一的体系。在体系里所有的地方都可以利用相同的材料和技术，最终形成同样的形式世界。

但是，这样包罗万象的结构也会受到影响，因此在地方层面上这样的结构也会被重新解读。正是人们的解读才让普适的理念能够适应具体情况。所以其实不是在地方化和全球化之间做选择，而是怎样用最为合适的关系将它们二者安放在一起。

意指逝去时光的地域主义是一种有时间范围限制的地域主义，是对另一个经济体心理上的吸引力。人们也可以把对装饰产生的情绪高涨的新需求看作是其表达出它产生了“一种不同”（a difference）事物的尝试。这种不同通常来说没有任何特殊含义。每个开放空间很快会被认为是空置的、浪费的、荒芜的，还有最重要的是会被认为是缺乏人情味的，需要往里面填充进些什么。任何没有“已用符号表示的”事物都被冠以无意义的标签，然后马上就需要构成一个形象，虽然是非写实的，但也为意义重大的事物提供了有意义的参考。标记，作为独特的象征，需要意指些什么，也需要传达些什么，装饰方法意在告诉我们：它是作为现有建筑所提供的特定思想脉络或宗教脉络的视觉支持。这就是说，没有图像装饰也好，只带有表面纹理或者甚至经常带有一种空间感的抽象图案也罢，人们总是一直觉得让这些东西围绕在他们身边是他们的一种需求。但是，不管用到什么来填补开放空间的静默，这些用到的东西也不过是视觉上的静止。我们都希望能够制作我们自己的标记，赋予其含义来创造出熟悉感和身份特征，就像我们喜欢让我们“自己的”（own）音乐环绕在身边一样。所以我们可以把涂鸦看作是通过添加标签的方式以个人的努力来驯化公共空间。但是当像这样的标记不是与人直接相关的图像

图 226

图 227

图 226，图 227 赫曼·赫茨伯格，学生宿舍（Students' House），阿姆斯特丹，1966 年。
图 228 约翰内斯·杜伊克，电影院，阿姆斯特丹，1933 年。

时，比如说个人偏好、代表特定观念的记忆或动机，它们就仅仅是通过单一维度上的努力来赋予含义。它就像购物广场的背景音乐（缪扎克音乐（muzak，商店、饭店、机场等处连续播放的助兴音乐）），没有人对它有什么要求或是有什么兴趣，但它就在那里，不管我们喜欢听还是不喜欢听。点缀和装饰一直是作为建立和联系共同价值的一种方法，不管在哪里都会引入点缀和装饰来检验这些价值，并让人们相信这些价值。它也把画家和雕塑家纳入建筑的进程中。在此背景下我们看到了背离传统的愤怒，尽管这是出自艺术家的观点，特别是当独特的艺术作品被毁坏时还是会感到疼痛，这种愤怒标志了建筑的角色有多么严肃，建筑作为视觉含义的担负者要让含义能够赋予其上。

我们的世界充满了图像，市场推动着我们向前走，这些图像暗示着意义。它们填充空间（包括建筑的空间），抑制居民和其他使用者制造属于他们自己标记的努力。

现代主义运动中"未用符号表示的"（unsignified）建筑在许多人眼中是简朴的，符合功能主义者的要求并与目标相适应，但看上去好像又是自相矛盾的，它丝毫没有限制在定义完善的单一使命里。恰恰相反，替代的设计都不会比这个具有更大的开放性。关于固定的含义，没有任何从早些时候或从现有话题中得到的参考。现代建筑师所关心的是脚踏实地的工作、实际的事物、充足的光线、空气以及良好的卫生条件。建筑师曾经为了"说明"（signify）他们的作品而惯于掩盖他们作品真诚的（基本）优点，并否认他们作品拥有解读的能力。现代建筑师把这些满是尘埃的伪装也都丢掉了。

功能主义因此鼓吹一种普遍的适用性，而不再提及具体的目标。建造一个圆柱，想要达到支持多少特定重量的目标，圆柱的粗细相应就得需要多少。这就是一个纯粹的真理。约翰内斯·杜伊克（Johannes Duiker）最终为他的电影院建筑设计的角柱厚度超过了在结构上证明是必要的厚度，这纯粹是一个出于美学考虑绝无仅有的个案，也很好地解释了他对于这个转角重要性的敏锐洞察力，建筑物向后退一步，让世界大体上能前进一点。这里，巴克马肯定会认为形式的功能要比功能的形式更流行。

马特·斯坦（Mart Stam）的著名评论"一扇门高两米，我们也都知晓它为什么高两米"很好地总结了一以贯之的功能主义者们的世界是什么样子的。门设计得再高一点，可能会更顺眼，或是更符合实际情况，但这样高一点的门不属于功能主义者们的世界，就像一般来说人的身高可能最终变得更高的可能性是没有的，所以我们知道为什么我们把门设计成 2~3 米高。

图 228

人们希望通过一幢建筑物的外部就能展现出并且尽可能好地表达出建筑物里面发生了什么，就像商店在橱窗前展卖它们的货品一样。但是通常来说建筑更像是一本被层层包裹的书。你知道它是本书，但是不知道是哪一本。人们之所以认为建筑外部如此重要（把它比作人的衣服），是因为人们希望它能够向外部世界展现出建筑物里面所容纳的内容。这就解释了人们为什么会习惯于明确表达建筑里是否含有住宿的地方、办公的地方或是提供其他功能的地方，对于建筑物里面容纳的内容所履行的职责，建筑物外部必须对其有非常明确的界定。但就其自身而言这不是功能主义，尽管人们或多或少都会希望住的地方能有阳台，在办公楼里得学会容忍他人（可能是就吸烟者而言）。只要设计仍然可以选择做出改变，不被那些建筑中过度强调的指示物（所指（signifié）/意义（signification））所阻碍。

现代主义的国际风格意在通过形式上的一致词汇来表达一个共有的想法。作为集体的身份特征加以区别，它不受国界的限制，其基础不在于差异，而在于相似性。身份特征也没有解决功能或是指定分派的问题。正是这一特点衍生出一种建筑类型，特别是现在这种建筑类型已经变得高度通用，并具备诸如水平状态（受框架构造启发）、去物质化、轻逸的空间特质，而且常常具有冲破传统建造范式，朝向几何立体形式发展的天赋。为了达到这一目的，勒·柯布西耶在他的宣言“新建筑五要素”（Five Points of a New Architecture）中建立起了更加具体的（和影响广泛的）原则，许多建筑都在运用底层架空柱、屋顶花园、自由平面、水平长窗、自由立面这五种要素。[3]

1923年，勒·柯布西耶成功说服实业家亨利·弗鲁格斯（Henry Frugès）在佩萨克（Pessac，波尔多）建造一片现代住宅区。我们可以从他的书信中推断出他当时设想清晰轻便的新建筑会对居住其中的居民健康产生影响。就像接受教育会让人的心智获得新的领悟，在这里对生活的新感觉会油然而生，充满着在现代时代取得成就的愉悦。所有人都能用上工业产品，这是新的潜力，这些潜力甚至可能会催生出新的世界秩序。
我们今天或许会讥笑现代运动（Modern Movement）做过的美梦，但是当时的建筑师们积极实现他们的意图并尽了最大努力。但是很快人们就看到它距现实相差甚远。勒·柯布西耶的想法不能让居民产生联系，简单地让人们摆脱与他们原有旧的熟悉的周边环境的联系被证明是不可能的，他们在面对酷似远洋客轮的超乎世外的结构时只会变得彻底不知所措。早在正式竣工典礼时，绝大多数的居民都感到吃惊，认为正在和他们打交道的是个疯子。所以很快他们就

图 229~图 231 勒·柯布西耶，佩萨克，住宅区，波尔多，法国，1925 年。

3 新建筑五要素（Les cinq points d'une architecture nouvelle，1927 年）：底层架空柱（les pilotis）、屋顶花园（le toît-terrasse）、自由平面（le plan libre）、水平长窗（la fenêtre en longueur）和自由立面（la façade libre）。

图 229

图 230

图 231

开始按照熟悉的居住环境的样子来调整他们的家园。纯白和单一颜色的平面也被居民日常化，变得日渐适合。结果是居民把最初“简单”（simple）“纯净”（pure）的墙体砌块进行了折中，减少了它们清晰透亮的特色。屋子里面也是一样，最初的楼层平面都未保留。在菲利普·布东(Philippe Boudon)有关这片住宅区的研究中，[4]他认为勒·柯布西耶可能已经充分预想到他的楼层平面图会发生转变，并把这种情况纳入考虑范围当中。不论事实怎样，我们可以确定的是这些居民楼的布局让它们自己发展到后来的样子，或者不管怎样也无法奋勇一搏。至于添加的装饰则毁掉了最初的庄重风格，这很容易让人感到失望。尽管它变得庸俗和自媚（kitschiness），但它依旧是真实的，至少是根据居民们自己的口味所决定的。你可能会谈到有一些限定条件会让像这样纯真的建筑有意无意中对这种暴行持开放态度，并最终引发能够表达居住其中的居民真实身份特征的自然进化。

图 232

图 233

现在，九十多年之后，勒·柯布西耶被人们誉为是一位伟大的建筑师（尤其体现在佩萨克住宅区），大家也普遍同意我们现在应该重新评估在那个时间段被认为是精神错乱的设计。当然，诸多外观现代的建筑物让这变得越来越容易，我们已经习惯于此了。现在，人们正在最大程度地按原貌修复一个个砌块，所做的每一项工作都让我们离佩萨克住宅区的原貌更为接近。但这里有一点不同，原本由显得冷峻的砌块构成的居民楼在周围大量绿色植物的衬托下现在显得轻柔了，而且经过焊接成为一个诱人的整体，让你想要知道怎么会有人在它身上挑毛病。可能我们会好奇勒·柯布西耶对于佩萨克住宅区的损失会做何感想。皮特·科内利斯·蒙德里安，我们都知道他讨厌所有绿色的东西，换作是他肯定受不了这样的经历。但是勒·柯布西耶喜欢他的青枝绿叶，你可以想象他在表达时光抚平了粗糙的边缘，也让建筑物显得更加亲近友善。

正是佩萨克住宅区经历过的这些外表的连续改变向我们讲述了有关其一般特质的事情。确实，身份特征的改变是不可逆转的，但潜在的原始设计还在把握着根基。

如果具有现代性的建筑从诸如轻盈、开放以及作为新起点的水平状态等品质中获得了它的特质和身份特征，那么出于维护已建成的秩序，建筑特征会表达为严肃性，并强调垂直天窗的开口位置以及在总体上的垂直性，在这些位置上古典主义的要素就不可避免地露出端倪。这些听起来可能很抽象，就像是在佩雷三兄弟（Perret brothers，他们是使用钢筋混凝土的设计先驱）的建筑作品中体现的那样，但是从我们可以找到的所有西方国家的例子来看，对于形式

图 232，图 233 勒 · 柯布西耶，佩萨克住宅区，波尔多，法国，1925 年。

4 菲利普 · 布东，《勒 · 柯布西耶的佩萨克住宅区》（*Pessac de Le Corbusier*），巴黎，1969 年，第 11 页。

的广泛应用都是源于古典时期（Classical Antiquity）的三角形楣饰、檐口、立柱，也是作为让刻板的立面变得活泼起来的补充。同时也必须说许多建筑物也好，整个街道也好，甚至整个城市区域都成功地借鉴了它们的经验实现了对要素的区分。建筑物的整个正立面都是由同样的古典主义风格的资源装配而来，并赋予这些同质化的建筑物一种确定的庄重感，这是毋庸置疑的，但同时对于这些立面背后的功能或是空间的所有权结构则一无所知。这一共同特点的连贯性——我们称之为"总体上的身份特征"（general identity）——是与阿姆斯特丹运河上那些为博得关注而大声吆喝炫耀自己个体性的私人住宅截然不同的。这里只有令人信服的城市性才能成功地将它融合在一起。在这个意义上来说，我们可以把它比作之前提到的位于阿尔及尔的皇家要塞。在勒 · 柯布西耶的方案中，皇家要塞围绕城市动线构成体系，以防个人行为的总体表现分崩离析，在这点上二者是相似的。如果现代派选择坚持显而易见的事实，那么古典主义者就会认为同一套重回经典的衣服给每一幢建筑物扮上都合适。到文艺复兴时期，它已经发展为一个标准方案，一直都有出现，从未缺席。

位于法国南锡（Nancy）的斯坦尼斯拉斯广场（Place Stanislas）被设计成一个统一的城市实体，其中的建筑定义了从属于整体的广场。标明较短一侧的四幢建筑物以同样的外形两两相对，各自担负着自己的职责。由同样要素进行的装配都是源自永恒的古典主义建筑构件，这四幢建筑加在一起都从属于它们作为中性背景的城市使命——既不能让人们对它们特别感兴趣，也不能毫无色彩、黯淡无光。值得注意的是，对于它们用途的不同安排，从博物馆、剧院到酒店、咖啡厅，人们仅是以题字的方式来表达它们的不同。它们也可以非常随意地变成使命大为不同的住房。这也就是说通过这些建筑物的立面获得的特点不是源自内部正在发生的事情，而是源自它们从各种风格资源的连续使用方法中提取出的组合方式。这也赋予了它们一种共同的客观身份特征，在共同的客观身份特征面前，对它们各自任务的所有表达都会被搁置一边。

人们对于古典主义风格要素的使用，纵观西方建筑史已被证明是不可抗拒的，虽然经常被约束，但又经常以更加热烈的形式出现，按照"语法"（grammatical）规则把它们编写进符合建筑秩序特性的连贯整体当中。就像是在一定程度上具有的自由还能够让这些相同的方式适应流行的思想——在依托时间和地点的同时保留有它们特有的关系——作为一种算法，古典主义能够抓住要点应付出现的每一

图 234

图 235

图 236

图 237

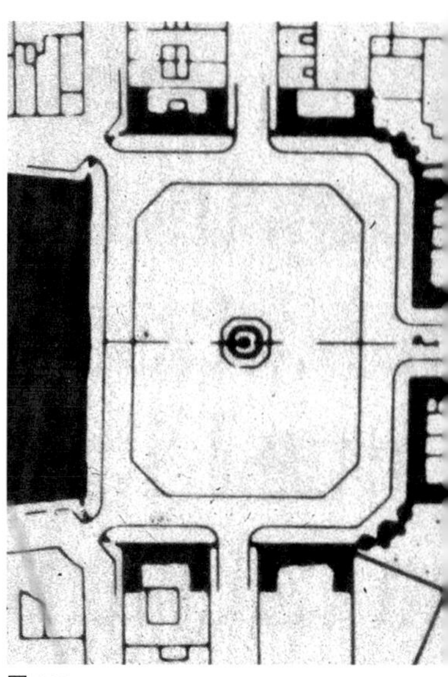

图 238

图 234~ 图 238 伊曼纽尔 · 埃雷 · 德 · 科尔尼（Emmanuel Héré de Corny），斯坦尼斯拉斯广场，南锡，法国，1755 年。

图 239~ 图 241 克劳德 · 尼古拉斯 · 勒杜，皇家盐场（Saline Royale），阿尔克—赛南（Arc-et-Senans），法国，1779 年。

图 242 约热 · 普列赤涅克（与尤哈尼 · 帕拉斯玛（Juhani Pallasmaa）一起），图书馆，卢布尔雅纳（Ljubljana），斯洛文尼亚，1941 年。

图 243 奥古斯特 · 佩雷，富兰克林路公寓（Rue Franklin），巴黎，法国，1903 年。

种新情况，并以某种宏伟甚至是严肃的印象留下人们对过去的记忆。但是不能否认一直都有建筑师成功地把古典派风格发展为个人风格，比如克劳德 · 尼古拉斯 · 勒杜（Claude Nicolas Ledoux）、约热 · 普列赤涅克（Jože Plečnik），当然还有佩雷。但是想找到一个以古典派的词汇为武器，成功取得像作曲家伊戈尔 · 菲德洛维奇 · 斯特拉文斯基（Igor Fedorovitch Stravinsky）那样成就的现代建筑师很困难。斯特拉文斯基以其“新古典主义”（neoclassicist）作品重新解读了他的 18 世纪前辈乔瓦尼 · 巴蒂斯塔 · 佩尔戈莱西（Giovanni Battista Pergolesi）的音乐，并一举开启了全新的声音世界。

作为建筑师，你需要关心你的建筑，不能让它留下一个落伍的外表或是“替换下来的装束”（displaced outfit）诸如此类的感觉。像这样的习惯，会揭示建筑师“是学过多种语言的贴壁纸工人”（wall-papers who have learned languages）的身份这类问题，它产生的影响完全都是负面的，对城市、对建筑，还是到头来对居民都一样。如果你可以从居住的效仿品中找到身份特征的源头，那么从逻辑上来说，这个身份特征是一种效仿身份特征。

现在人们最想要的就是效仿，仿自然材料、仿风格、仿构筑物——每一种都是对真实性的固执伪装。这样效仿便能趋向“真实性”（authenticity）的想法与认为它是微不足道的想法一样，都很幼稚，没有消减提供可能有所隐瞒的事物，但确实对可持续性有所误解，除非它把货真价实的真实性纳入考量。人能离真实越近，效仿的东西就变得越虚假。

图 239

图 240

图 241

图 242

图 243

经常搞不清楚是客户还是建筑师因为担心而消失在人群中，所以创造了这么多没有体现出一点凝聚感的视觉噪声，更不用提社区感了。作为对自由极限的表达，“每个人都只用考虑他自己”（every man for himself）的倾向占据了终极自由表述的最高统治地位。从椅子到城市（引自雅各布·拜伦德·巴克马），显而易见的是，你只做到了这一点——就是在把你自己与其他事物区别开这件事上你做到了极致。因此建筑师一直在从事过度设计，他们要让建筑物看起来比它们在实际上的更重要。

对于身份特征的渴望会导致自我表达在个体、公司以及城市和国家层面上都被过度夸大，它们通过吸引注意力的方式——通常会挣到顾客的钱——它们太渴望从建筑师的虚荣心上获利了。像这样的趋势可能会导致建筑物的实用性受到极大限制，如果不是为了说清这个事实，这种趋势根本不值一提。钱款难以为继或诸如此类的其他因素会让这些铺张夸大的建筑物失去它们最初的目的，这种情况必然迟早会发生。但铺张夸大让这些建筑物的功能都非常具体，根本无法适用于其他用途。因为这些建筑物，我们就要饱受视觉上的困扰，就像把一个餐馆非要雄心勃勃地做成中国寺庙的样子——令人困惑的地方在于它所表达的东西里面并没有它自己。当它被一个标准化的旅馆接手后，人们就全然摸不着头脑了。一个更加睿智的做法是从一个纯正普通的框架入手，配以像贴上墙纸以及可替换木框的传统荷兰木屋风格，或者可能是新英格兰风格，再或者可能是牧场风格的装饰布局。

再次重申，当空间秩序阻止不了改变用途时，不管是什么遇到过于明确直白的“口味”（taste）都会变得不堪重负。许多建筑师都给他们的建筑盖上了不可剥夺并且具有极度个人化烙印的身份特征。因此，例如位于阿姆斯特丹的阿姆斯特丹皇家博物馆（the Rijksmuseum Amsterdam，1885年）设计充满了建筑师彼得鲁斯·约瑟夫斯·休伯图斯·克伊珀斯（Petrus Josephus Hubertus Cuypers）的个人想法，他给每一个细部都定下了一个明确的装饰性隔断，这样可以不用遭受视觉噪声影响的建筑物就是博物馆。在最近的（2013年）更新改造中，不惜一切代价仔细修复所有这些实用艺术。通过强调新哥特式建筑物空间组织的清晰性，建筑师认为他们的设计提供了一种此消彼长的平衡。[5] 博物馆从成立伊始，最初的内部子分支就验证了设施装备完善、令人称道的建筑能够应对今天潮水般的参观者。

我们持续培育闭合系统——也就是永久性地固定暂时使用模式下的已用符号表示的形式。这让建筑物不能接受其他含义、委派及身份

图244，图245 彼得鲁斯·约瑟夫斯·休伯图斯·克伊珀斯，阿姆斯特丹皇家博物馆，阿姆斯特丹，1885年。照片来自杜乔·马拉甘巴（Duccio Malagamba）。

5 由安东尼奥·科鲁兹·维拉隆和安东尼奥·奥尔蒂斯·奥加西亚建筑事务所（Cruz y Ortiz）以及让－米歇尔·威尔莫特建筑事务所（Wilmotte & Associés，负责室内）共同重新设计和翻新。

图 244

图 245

特征；它们因此是不能用符号表示的并由此成为可持续的对立面（稍后详述）。

越是强调要表达使用者和功能的身份特征，彼此间的差异就越发明显，数量也越多，多样性也越丰富，这是所有人想要看到的。多样性可能暗示了发表观点的自由，但是完全的自由是一种妄想。你需要一种参考的共同框架，毕竟要让它能辨别出差异来。

我们应该把对个人（主观的）偏好的表达看作是一种对于共同（客观的）系统的解读，在这种解读下共同系统有义务接受这些偏好，也有义务接受这些改变发生的时间和地点。多样性使各部分分离，但为了维持平衡并由此产生一种必须坚持、必须遵守的秩序——特别是像荷兰景观的地平线，它也需要相似性。

我们已经讨论过了由勒·柯布西耶设计的位于阿尔及尔的皇家要塞建筑项目，该项目表达了一种建成巨型结构的理念，一种“景观秩序”（landscape order）的概念。景观秩序中各要素的影响力提供了一种近乎不受限制地往里填充的自由，并由此带来了最富有表现力、能想象到“身份特征多样性”（identity in diversity）的可能性。

图纸上的形式，其多样性让人富于想象，这种多样性假定人们可以建造自己的房子或找人建造他们的房子，找人建房子只适合富人。尽管这个想法在今天的许多项目中都得到沿用，但是植根于复制、关注于可负担能力的集体住宅还是可以人为地引入不同之处，这里的人为还不是居民们自己所为。应该讲，伴随着对于区分需求的是几乎同样强烈的遵从趋势，它们二者是搭配而来的。所有自我表达的背面都是对于看起来格格不入的恐惧，作为结果或许不会被接受。更实际一点，不管潜在的城市原则准备好允许什么，允许的内容都会给多样性设定限制条件。
城市设计师越是适合喋喋不休地细抠具体规则，他们留下的不遵守循规蹈矩的空间就越少，导致的结果始终是一盘单调乏味的大杂烩。规划方案要把注意力放在轮廓线上，放在内部所有供解读的空间上，这样才能从身份特征的多姿多彩、多种多样中获益，并最终取得更为丰厚的收获。主线越清晰，对于随时间推移的耐久性的保障越强大。甚至只要主线不让步，它们差不多可以接受任何改变。
如果有一种城市设计的前提解释了这个原则，那么它就是烤架上的铁丝格子（格网）。比如在曼哈顿，类别广泛的建筑形式都一直表现为可以轻易识别出来的单元，这些单元聚集在一起又因为城市要素被精心组织的方式，表现出了一种清晰、有组织的整体性，你可以看到曼哈顿做得有多么极致。我们甚至敢断言作为一个基本梗概的结构越是有力，它能成功激发起的自由就越巨大。

我们拥有两个层面的身份特征，一个是使用者和功能层面（第一层面），此层面的身份特征试图在视觉上落下印记，就发号施令的人、物以及所处地点而言都有非常明确的表示。重要性盖过所有这些的是整体的身份特征（第二层面）；此层面展示了正在主持上述活动的城市、城区或建筑物的类别。第一种身份特征是暂时的，因为它在任意时刻都可以改变并且可能和次要领域有关。我们了解皇家要塞项目最初是把它当作一个起伏的巨大形式，只有在勒·柯布西耶的图纸上进行放大，那些提出的丰富变化才变得有血有肉（见第40页）。

如果我们打算随机找一个建筑然后把这个城市设计原则应用到它上面，那么我们将会看到建筑物的整体身份特征会以一个独立的部分出现，就算这幢建筑物承担了其他使命，这个独立的部分既不会消失，也不会改变。想要获得持久的具有自主性的身份特征，就要有设计师的手写笔迹，要有建筑物的秩序，要有持续使用各种风格资源的建筑物的结构，要有材料，还要有构筑物的形式，但比之前提到的都重要的是要有空间秩序。

身份特征与众不同的特点，就是源于原则上讲相似事物间的不同。它们之间的相似性首先提供了区分不同的出发点。这些不同可以是各种情形或布局变化的结果，但不管它们是什么，最后总是要归结为区别，或是区分本质上相似事物不同点的方法。换言之，人们对集体现象或整体现象的解读存在差异，就是与这种差异有关。

图 246 欧文·威廉姆斯，布茨制药工厂（Boots Pharmaceutical Factory），比斯顿（Beeston），诺丁汉郡（Nottinghamshire），英国，1932 年。

图 247 约翰内斯·杜伊克，阳光疗养院（Sanatorium Zonnestraal），希尔弗瑟姆（Hilversum），1928 年。

就像读者可以根据作家的写作风格，根据他们对于同一种语言的个人解读，分辨出文章出自谁人之手一样，同一种语言不仅为他们服务，也为他们的同事们服务（当然这同样适用于解读完全相同的笔记或单词的不同演绎者们），建筑师站在他们的角度认为表达他们手写笔迹的机会在于他们在实践中、在使用材料和与空间为伍的过程中是如何向前推进的。甚至经过专业训练的眼睛可以分辨出哪些是个人特征，甚至在所谓的国际风格下也能看得出个人特征。国际风格是一种共同的理想，它促使在形式区域和空间区域中产生出一种团结。针对关于"一模一样的"（identical）带平屋顶及大块玻璃的用白色抹灰砌块构筑的立方形建筑物的议题，人们很快就能看到欧文·威廉姆斯（Owen Williams）和约翰内斯·杜伊克建筑之间的区别，这很容易。当然随着个性越来越强，与众不同的差异也越来越大。标新立异者采用了一种源自其资源的语言，手写笔迹的坦诚相见使它能够被辨识到并被赋予了身份特征。

综合来看，它与贯穿过程始终并持续应用某些风格资源有关，能将其融合为包容一切构想的统一实体。这里我们把它和所有没有唱词、没有释义的音乐做一比较（不像是会对音乐以外主题做出图解说明或参考的标题音乐），这就是我们所谓的纯音乐，它的含义和影响就其整体性而言源自它的和声、旋律、节奏以及最后演奏时的热情，并不需要让你真正听到符尔塔瓦河（Vltava）的流水声。或是像抽象绘画那样，只代表了它自己，这样让它涉及"是什么"（what）的部分就比涉及"怎样做"（how）的部分少了一些。

然后在建筑中，每一幢建筑物都试图想独立于它的含义或功能来表现它的特色，所以我们可以进行一个区分，区分的对象其中之一是

图 246

图 247

依托建筑物使用者的身份特征，它作为一种增加的含义天然就具有主观性（类比“所指”），另一个是从属于结构的“不可剥夺”（inalienable）的客观身份特征（类比“能指”）。
一幢建筑物的身份特征，如果我们认为它是客观的，那么这就是它的建筑秩序的身份特征。通过建筑秩序，我们意欲获得的是一个与配置资源相关的单元以及它们的配置统一性，促成整体讲述一个连续而且独特的故事。在整体之下，无需担心整体分崩离析的危险，丰富的多样性就能得到保存。此外，一个个明确的要素部分在赋予建筑物身份特征上都会发挥很大的作用。案例很多，其中包括林格多工厂中令人印象深刻的斜坡，它让所有层级都参与进来，并让汽车能够在屋顶测试跑道上进行测试，包括保罗·施耐德－艾斯雷本设计的多层停车库（见第135页），还包括伦敦洛伊银行像是机器一样的雕塑附属物，同时也不要忘了范内尔工厂的环形屋顶凉亭。这些组成部分，尽管都是与特定的职责具体相关，但它们并没有阻碍潜在的新的使用方式，同时还在安然持续地表现着建筑物。

从更广义的角度来说，建筑秩序拥有“结构”的所有特征，也就是说建筑秩序不仅包括从凝聚力和包容性角度讲的物理结构上的建筑，更多的还有从形式、材料、颜色、光线等角度讲的空间上的建筑。总之，这就是赋予过去和现在所有伟大建筑物的东西，因为它们“不可让与”的个性，不受任何职责任务变化的影响。按照我们从音乐中获得的提示，我们可以称他们为绝对的事物——或者更好地说法是——结构身份特征（structural identity）。建筑物拥有的此项品质不是源自它为什么被建造，而是源自于使用的资源以及源自于与其他事物能区别开来的排他性方面。
一幢普通的建筑物就必须是顾名思义没有特点的建筑物，这是站不住脚的偏见。建筑物的特点不是来自为建筑物设定的特定目标，而是来自它满足诸如空间、光线、视野、居所以及表达的所有建筑物总体基本条件的方式。这些条件让人回想起我们先前描述过的获得所有空间设施的无意识的规划方案，这些空间设施作为一般日常生活的一个逻辑组成部分持续地突然出现。

我们可以把身份特征看作是一个人或物的本质特征的总和。[6]每一幢建筑物应该都能够首先从它的结构中得到它的身份特征，并在被视作是一种DNA遗传基因的建筑秩序中得以表达。尽管冒有风险，但它还是会进入一个我们一无所知的领域，让我们向前更深入一步。结构可以说是“与生俱来”（innate）特点的潜能，同时是我们所谓的客观身份特征的承载物。受地域和时间属性限制更大的所有其他

6 保罗·沃黑赫（Paul Verhaeghe），《身份》（*Identiteit*），阿姆斯特丹，2012 年。
7 1923 年《走向新建筑》初版于法国，名为 *Vers une architecture*，1927 年翻译成英文版 *Towards a New Architecture*。

特点及其建筑物随后绽放异彩，我们可以把这些描述为我们获得的身份特征。就像需要得到满足的基本条件空间在本质上是不会改变的，我们可能在讨论建筑风格时，每当谈及获得的身份特征，就会把它当作是与时下盛行的强调内容相匹配的全套工具。

勒·柯布西耶在他的《走向新建筑》[7]中表达了他对于风格的蔑视，他把风格视作“好似一片落在妇人头上的羽毛”。你可能想知道他是否意识到了他漫不经心地引入这一妙语实际上是把建筑比作了时尚。尽管存在生理上的不同，我们或许把人体当作是永恒的（勒·柯布西耶以他的《模度》（*Modulor*）为依据）如字面意思的“载体”（bearer），它要依靠文化价值、人们的洞察力以及不同时间、不同地点的合适着装。以新方式着装让人们可以持续强调由此时此刻的时尚所规定的其他特点，但经常是给同一个给定的、不会发生改变的人体定制着装。我们从中获得了一个把结构主义者的原则应用到建筑上的例子。

第九章　建筑秩序 | Building Order

一栋建筑物的空间是被如何构造出来的，其本质上具有连续性的方法是由建筑秩序所决定的，并且最终该建筑物会拥有独特的特色。连续将自我选择的规则加以运用，其赋予的“叙事性”（narrative）特点会让建筑们互相适应，匹配有加。

简单来说，当由各个部分共同决定整体，或当以一种相同的逻辑从整体形成各部分时，所产生的建筑统一性可以称为“建筑秩序”。这种设计所产生的统一性在设计过程中，持续重复地相互作用——部分决定整体并且被整体所决定——从某种意义上说，这种统一性可以称为“结构”。材料（信息）被精心地加以选择，用来适应不同任务的需要。而且，从原则上说，不同设计状况的结果（即建筑物是如何与所处的地方相关联），是从互相作用或至少直接从互相之间得来的。

因此，在各个部分之间就会形成一种独特的，人们可以称之为“家庭的”关系。根据这样的思路，人们可以用它来和语言这种结构进行较易理解的比较。

每一个句子因构成句子的词汇而产生意义，同时每一个词汇又因作为整体句子的一部分而产生意义。

当然，每一个好的设计都有一个统一独特的主题作为背景，一种由（建筑）语汇、材料和建筑手法构成的统一性。但是，基本点是：设计应以一个一致的战略目标为基础。

如果从各个构成部分起步，你将不得不一次又一次地考虑整个建筑物，检查是否所有的极端情况都能够归纳为表现同一主题的共同特征（以此作为检查的前提）。这种推敲反过来又导致对主题进行调整。事实上，这种工作方法意味着充实设计者的设计架构，即是它原先的状态，并且通过结果的反馈，最后取得一种秩序。这一秩序中已经包含了所构想的填充物的条件。换句话说，这是一个可以用来供全部所期待的填充物所用的程序化结构。这样的话，就有可能有意识地取得空间各构成部分、材料和色彩的统一。因此就提供了最为丰富多变的用途。

图 248，图 249 洗礼堂（1363 年）、大教堂（1054 年）及钟楼（1372 年），比萨，意大利。

从某种意义来说，由于受到结构主义的启发，试图寻找一个特定的形态，以适应每一个特定功能的空间组织，来平衡功能主义的矛盾。即在一特殊的任务（最广意义上的项目）中，采用不同的战略目标，并要求建筑师具有根本上全然不同的眼光，并同时寻求最大的共同特性。[《建筑学教程 1：设计原理》，第 126 页]

建筑师为达到最佳效果会试图炫耀一栋建筑物的各个组成部分，无论何时建筑师们这样做，他们的做法很快就会以一次性的徒劳努力，松散堆凑在一起的各个部分收场。建筑的职责多样，各方面可能都会因此得到一个公平的处理方案，值得它特殊处理的每一个角落也可能因此而出现，但是也很有可能像你时常会看到的那样，一个整体分崩瓦解了。实际上，遇到这种情况，最初的想法往往会有所妥协（假设有这样一个最初的想法）。
每一个设计方案都应该明确阐述其决定了设计过程中所有步骤前进方向的设计意图，尽管存在偏离或跑题现象，设计师总是能回归到这个设计意图上来；换句话说，一个矢量能在前进的道路上阻止你偏离目标，它总是能在事情发生前先行一步。这对于我们所设想的那种建筑秩序至关重要，它不用为每一种新的介入情况逐一思考对策。不管这对于它自身有多好，纵贯作为一个整体的建筑，相关关联产生的系列反应反而有了一种“统一性”（unity）。最重要的是要确保最大程度的连贯，可以用有限度的词汇和尽最大可能的连续性来达到这一目的，在这一点上从建筑 DNA 基因的角度来思考是非常诱人的，聚集在一起的所有事物都来自最基础的单位。

比萨斜塔，因其倾斜的状态这一微不足道的原因而驰名世界，它实际上是洗礼堂、大教堂及钟楼三位一体的一部分。尽管这三幢建筑

图 248

图 249

是由不同时代的不同建筑师操刀设计，外观也各不相同，但它们在材料、色彩、外部雕刻的处理方式上却是紧密结合在一起的。具有典型文艺复兴前期（Proto-Renaissance）风格的紧密排列的立柱和拱门上的垂直花边或许可以说是这三幢建筑使其展示的矫饰部分的最佳体现。尽管在很大程度上外观将它们统一了起来，可以将此视为一种仅仅是外部的建筑秩序，但是三个互不相似的独立个体可以归于同一大类之下并结合成相互统一的组织实体，这还是非常引人注目的。

从实际出发，设计的本质要紧紧围绕主题线路，时刻把宏大具有包容性的空间结构铭记在心，宏大的空间结构引起人们对它进行解读，但受不同地域和时效限制的解读所催生出的过度流行需求又不会导致结构的分解。与普适相比，更多的是偶然为之。最重要的主题必须描画出全貌并要有一个空间基础，得有反复强调统一性的节奏才能达成各个部分的和谐。

音乐里称之为是一个节奏（cadence），是一个恰到好处的统一元素，在空间的语境下人们可以把它理解为是维系空间使其成为一体的方法。从结构角度来说，我们称之为“构造”（tectonics），构造一般来讲指的是那些相对重要的组成部分，诸如承重墙、圆柱、拱结构等。每一个单位都拥有一模一样的品质，不断对这一单位进行复制就形成了整体框架——字面含义如结构所见，而且可以引申为它们是空间的塑造者。它们基础的空间定义影响会让它们拥有一个维系时间上更为久远的特质，就算在更多的时间约束条件下也能在一个较短的时间段里妥善处理好需求，就像往混凝土结构中填充浇筑一样。
就客户的需求本身而言，它没有什么可能会产生出持久性的空间思路。一幢建筑物的目标越是普适，它能维持的时间就会越长，对具有明显暂时性特质的内部填充物的阻碍作用也越小。然后用来创造空间概念的基本方式更有可能占据显著地位。事实上，像这样的建筑物今天已经荡然无存了，除非我们把体育场和诸如此类为大量人群聚集而设计的礼堂和空间计算在内，尽管这样的场地通常都是匆匆忙忙为投机大型节事活动粗制滥造出来的，活动举办完就很难再用第二次了，只有等待年久失修日渐破败的命运。现在几乎没有什么是不可改变的。

另一方面，如果你思考一下哥特式教堂，就会发现你与之打交道的建筑和形式，它们是一种完全共生的关系：教堂的整体由相互分离但可操控的一个个组成部分构筑而成，每一个组成部分都是手工人

图 250 圣母大教堂（Cathedral of Notre Dame），拉昂（Laon），法国，1155—1235 年。

图 250

力为之，之后再构筑到一起塑造成空间的样子。它不是由房梁，而是由圆柱一段段地持续延伸扩展范围。还有一点需要再提及一下，就是由人工制作的内部装饰。宗教所传递出的信息，不论是内部的雕塑作品还是含铅的玻璃花窗，尽管都给人以深刻的印象，但总的来说这些信息常常表现不出任何在定义空间构造时的激烈竞争。

之后，增加了越来越多主要具有宗教价值的意象，它们逐渐充斥结构当中，常常趋于形成它们自己的子结构——当然是非构造性的。所以只有意愿最为强烈的建筑师才能阻止主要结构被装饰物全盘占据。从原则上来说，建筑史上的关键性作品都具有连续性的建造过程，你可以把某种建筑秩序当作它的特色。

恰巧教堂建筑可以让建筑师们的信念因为要同时服务于其他不同的宗教信仰而变得不那么坚定。在那时伴随着人们把先前激增的意象移除，这意味着主要结构重新回到前台的重要位置。

一般来说，结构就是把某些事物维系起来，不管是由空间形成再由人们所指（signified）的哪种事物，把人们带到那里的哪种信仰，还是对它有加强作用的哪种装饰物。这里的结构是进一步活动（“运用”（performance））的“舞台”（stage）。

一幢建筑本质上似乎更接近于一件乐器或是其他器具，而不是一件工具（除了明显有实用功能的部分）。它像乐器一样由各种各样的条件组成，共同反映了一种特别的潜能。那种潜能——或说“能力”——是建筑所拥有的灵活性，可以通过针对大量的背景提供适当的阅读资料加以提出。[《建筑学教程 2：空间与建筑师》，第 179 页]

不是源于强调差异，而是首要源自对所有组成部分及其浑然一体的特质都适用的事物，通过这样的方式，整体的统一成为人们转而要强调的内容。当所有的组成部分从彼此中相互吸收时，它们就变成了可以说拥有共同之处的家族，主要条目不同的事物在同一主题之下被聚集到一起，并且变得互相依赖。它的意思是所有的设计决策加在一起构成了一种单一的叙事性特点并且表现为一种可以引导未来变化的单一连贯特征，如果有额外增加的事物出现，那么它就是新使命和新解读的产物。

在文学上，这一原则被表达为清晰的故事线索与情节的统一。在音乐上，它采用一种连续的组织并把被使用的材料统一起来的形式，人们把这种形式称为“成系统的框架”（systematic framework）。这一框架以材料、节奏、和声以及总体基调组合在一起的方式构成系统，这样整个整体就产生了单一叙述性的统一性概念。在建筑上，它意味着拥有令人信服的空间主题，像这样的空间主题都是耐久强劲的，其中就包括建筑、材料以及空间处理的连续统一体。对于要素的选择，我们需要加以限制，同样还要加以限制的是要素之间的连接方式，我们要让建筑物成为自始至终都是易于辨识和易于解读的整体。
这就需要对使用方式以及就设计师而言一直坚持的准则进行无条件地限制。建筑师不应该受机会主义者一锤子买卖式动机的怂恿诱惑去设计那种松松垮垮堆在一起的东西，而是应该持续关注更为客观的各方面都考虑周全的想法。（预制构件要素非常适合于此，这也是工业化生产要让不相同的组成部分的数量维持在最低水平的必然直接结果。）

工程师可以作为建筑师的榜样——毕竟工程师的目标更简单而且被预先固定。他的任务更容易，比方说用最少的材料或最小的结构层高度组织某一跨度。对这一问题，你通常需要复杂的结构和手段去实现外在的简约。同样的，简单也可能愚弄你。[《建筑学教程 2：空间与建筑师》，第 101 页]

因此，作为技术创新的壮举，阿尔多·范·艾克设计的孤儿院的圆柱将形式和尺度精准置于平等地位：在两根圆柱之间的大量铁筋都有很大程度的偏移，但是这些都被隐藏到了它们里面，看的人不会意识到这点。
如果有一幢建筑物是在一个基本秩序主题下作为一个整体被人们加以引导的，那么这幢建筑物就是阿尔多·范·艾克设计的孤儿院。同样的门楣表达了一个到空间最远角落也始终如一的测量单位。建筑师以夹缝形开放空间的方式调和了圆柱系统和水平贯穿建筑物屋顶的关系，这也是它最重要的主题。就算又有任何一个其他地方采取了更为充分的工作方式，孤儿院表现出了以最低限度的方法产生适

图251，图252 阿尔多·范·艾克，孤儿院，阿姆斯特丹，1955—1960 年。

1 肯尼斯·弗兰普顿（Kenneth Frampton），《建构文化研究：论 19 世纪和 20 世纪建筑中的建造诗学》（*Studies in Tectonic Culture: The Poetics of Construction in Nineteenth and Twentieth Century Architecture*），剑桥（Cambridge），2001 年，第 2 页。

图 251

图 252

合每个角落的处理方式是如何做到的。以这种方式，你就能够洞悉由各个部分组成的整体以及在整体中的各个部分了。

由于空间的同质化和身份特征（表达性）的缘故，我们不可避免地在施工（字面意义上的结构）的时候画上句号。肯尼斯·弗兰普顿将其描述为“建筑的和结构的表达潜力”（the expressive potential of the constructional and structural），[1] 意思是说建筑最终的承载者、持续的视觉表达以及描绘空间的亮点组成部分都要依靠建筑物的组合方式。建筑的组合方式是为清晰表达并“解释”（explain）建筑物是如何组成一个整体的。

就实际而言，它意味着包括建筑物在内的诸如具有房梁、桁架、圆柱的结构要素要尽可能明确地展现出来。许多建筑物的建造过程都是不透明的、混乱的、含蓄的或是隐匿起来的。今天的结构工程师只是按照他们的喜好在工作，沿着最小阻力路径，采用（或是希望他们采用）成本最低的方法，没有丝毫的结构感或是耐久感；把它们都藏进石膏、石膏板或是什么东西里面。要不就是走向另一个极端，结构被过度设计，被夸大，在视觉混乱中影响力被过于放大，想必是为了让人印象深刻吧。

在展开旷日持久而且清晰透明的一系列干预行动过程中，建筑上的必需品和形式成果是不可能分离的。对这一描述做出回答的建筑物通常着重表达它们的结构组合方式，但又没有陷于为博得注意而展示力量。我们所体会过的那些建筑物的空间主张及组合方式主要是在社会领域内部产生共鸣：即社会空间。结构的组合方式在那里留下印迹后就变得非常明确了，是在开放的公共领域，而不是像在私人据点里经常发生的那样都隐藏在墙体后面。

对建筑物的各个组成部分和其后的空间单元进行重复，这样做巩固了连续性，也可以将其与音乐里一直存在的节奏所产生的影响做比较，但它不由自主就会致使在空间单元中产生统一性，结果就是需求要向实际要求的详细细则妥协。建成单元和空间单元越大，此观点发挥的影响力越巨大。（例如路易斯·康设计的金贝尔美术馆，我们看到了在展厅中有效地连续运用混凝土外壳，造就了精心设计的必要侧面空间。）但是“客观性”（objectivity）的增长才是最大的收益，这会让应用变得更加广泛，从预先制定的空间规划方案中获得耐久性并独立出来。

未来，一个项目的建筑秩序要超过所有过度详细的用途外观，能把它设想成对于各种可能性的总结则更好，换言之是一种“能力”（competence）。在那种情况下，你可以认为有关建筑秩序的想法是从多方面的相关性中自然产生的，只不过产生它的背景更加宏大。

因此建筑秩序预示了可能从秩序所期待产生的“表现”。而从这里“能力”通过一个归纳的过程重新得以建立。
因而，事实上每一个建筑项目的委托，都含有发展一个新秩序的激励因素，即一种秩序蕴含于这一委托的特别性质当中。正如每一个秩序表现为一种特定的机制，它也倾向于为这种机制所排斥。在不同的情况下，强调不同的重点，但结构的中心课题在于，秩序创造自由这一悖论——贯穿你的平面的一个水平向的整体观念。[《建筑学教程 1：设计原理》，第 144~145 页]

对于每一个任务纲要，设计师都会从可为他们所用的建筑构件包里挑选出他们的建筑块体，然后对其加以布置和组装，这一过程要依

图 253~图 256 赫曼·赫茨伯格，中央管理保险公司办公大楼，阿培顿，1968—1972 年。

靠正式发布于被提及的“文本”（text）和背景中的特定潜能和限制条件。他们以他们自己独特的风格，依靠个人来解读可利用的数据。我们所谓的一种建筑秩序是一种对于盛行范式的独特解读。盛行范式以其从文化角度定义的特色并依托当地情况，反过来又是一种对于特定时间框架的解读。最后，就像俄罗斯套娃一样，每一个里面都包含着相似的一个娃娃，这里的解读就其自身来说是一种总体上对于制造空间而言的基础人类能力的解读。

决定建筑秩序的并不是建筑物各个要素的秩序。它们之间连接方式的构造也很关键。只要涉及组合要素部件，这可能看上去就是显而易见的——历史在诸多方面最执着于此——预制构件组成部分的到来也几乎无力改变它。

中央管理保险公司办公大楼（见第 27~30 页，第 141~143 页）代表了一种组成部分在种类有限的情况下与重复同样的建筑物单元相结合的连续组合方式。如果说阿尔多·范·艾克设计的孤儿院几乎

图 253

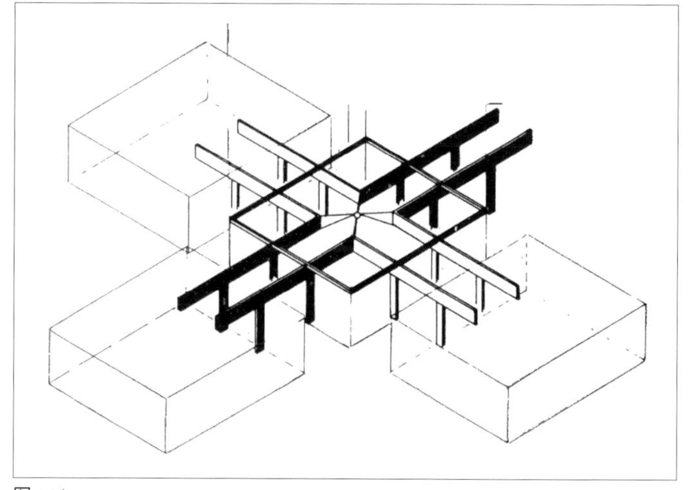

图 254

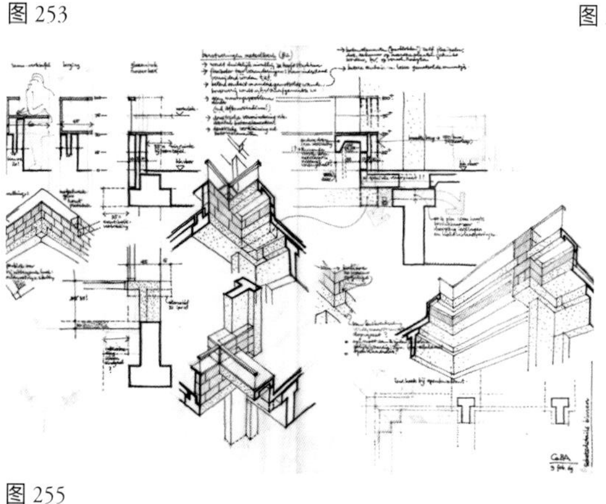

图 255

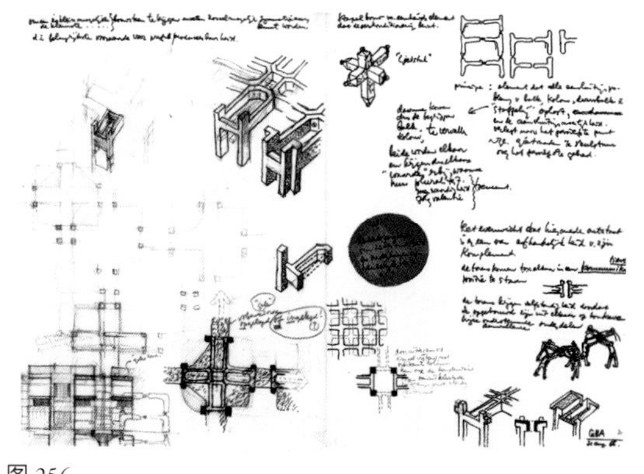

图 256

完全被限制在单层，那么中央管理保险公司办公大楼就是以创造巨大空间综合体的方式来堆叠空间。

每一个建筑的任务纲要都要求有它自己特定的方式，建筑师可以在构造建筑物的体系时加入个人的表达。

图 257~ 图 260 赫曼 · 赫茨伯格，社会福利与就业部，海牙，1980—1990 年。

图 257

图 258

图 259

图 260

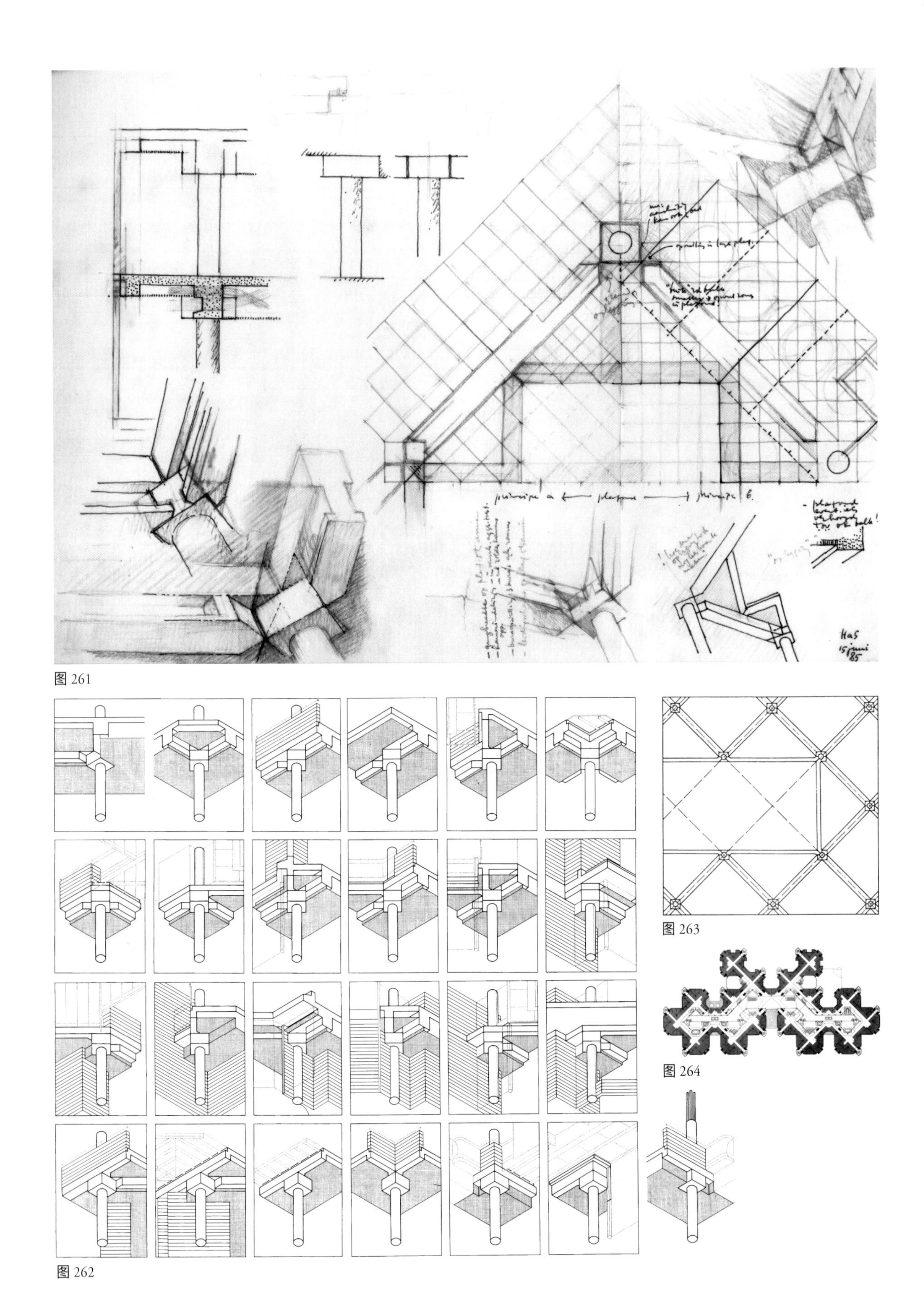
图 261

图 262

图 263

图 264

因此，比如位于海牙（1980—1990 年）的社会福利与就业部是由包括柱、梁和楼板的组成构件以极其有限的变化方式连接在一起组装而成的。预制的混凝土要素部件以准确无误的精度实现完美插装，物尽其用，没有偏移，没有例外。为产生八边形的地面区域，组装系统允许选择两组方向，以 90° 角伸展。圆柱和由首要的和次要的房梁支撑起的“台子”（tables）在整体上相互影响，它们相互连接的方式有多达 25 种的标准排列组合。这些排列组合方式可以尽收眼底，而不像习惯的那样藏在油漆层后面。

不管建筑物呈现出的身份特征是什么样子的，它最初的特征很明显将会作为一种 DNA 遗传基因一直保留下来，尽管改变是处于不断更新的状态。因为它的结构清晰直观，所以直截了当地作为建筑物的特征一直得到保留，不受内部分支部分发生的任何改变的影响。当建筑物在不远的将来变成闲置状态时，人们就把希望寄托于在水平和

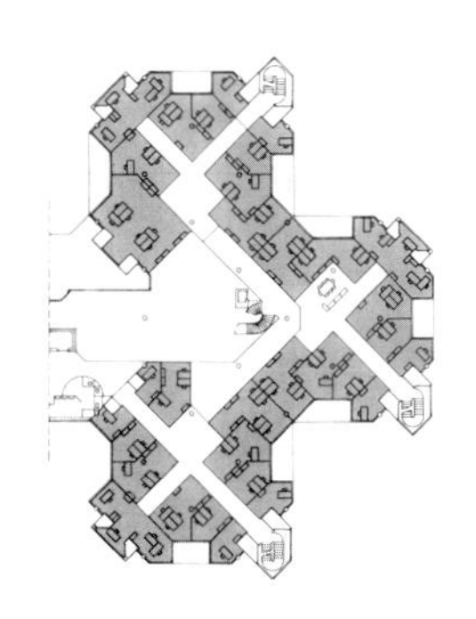

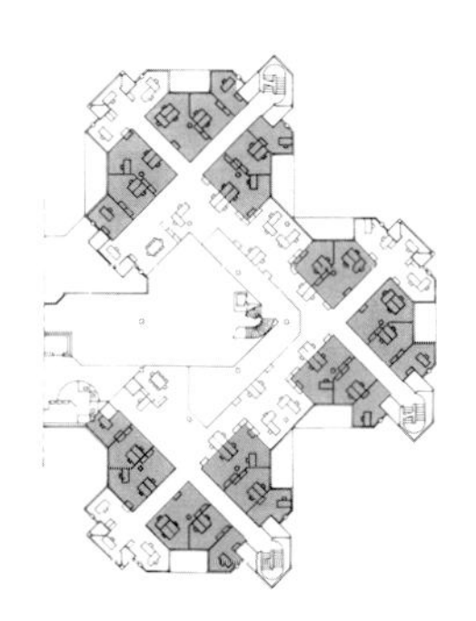

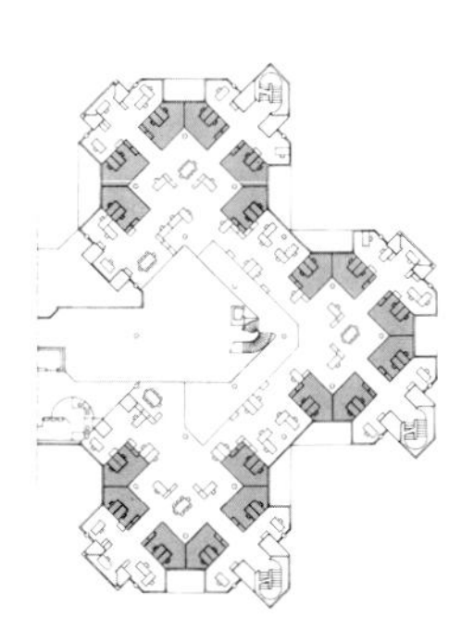

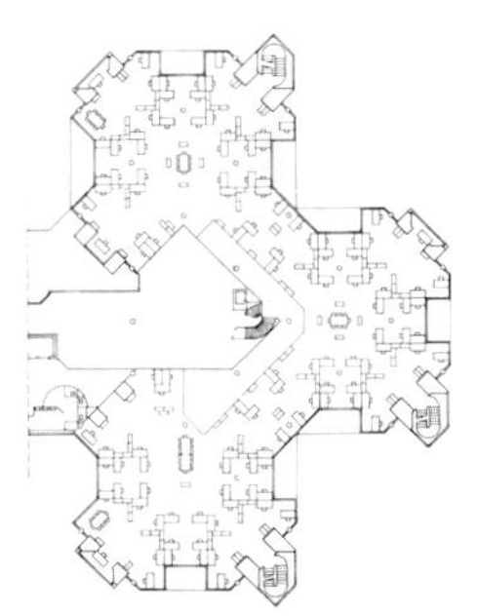

图 265

图 266

图 267

图 261~ 图 265 赫曼 · 赫茨伯格，社会福利与就业部，海牙，1980—1990 年。示意图展示了为增加开放性而减少房屋数量的能力。

图266，图267 赫曼·赫茨伯格和马克·斯卡皮纳托（Marco Scarpinato），位于罗马尼纳（Romanina）的学校，罗马，意大利，2005—2012 年。

图 268

图 269

图 270

图 271

图 272

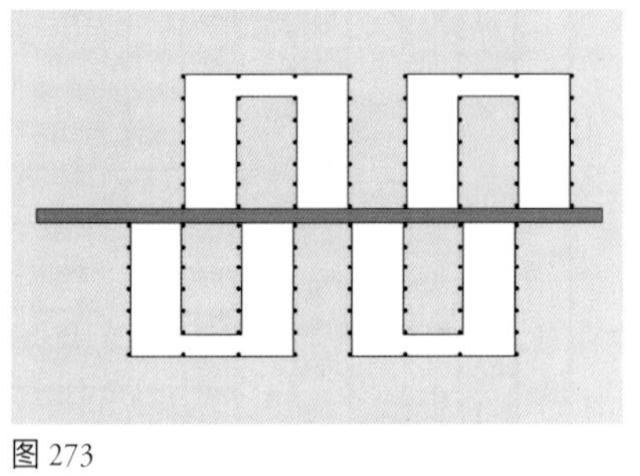

图 273

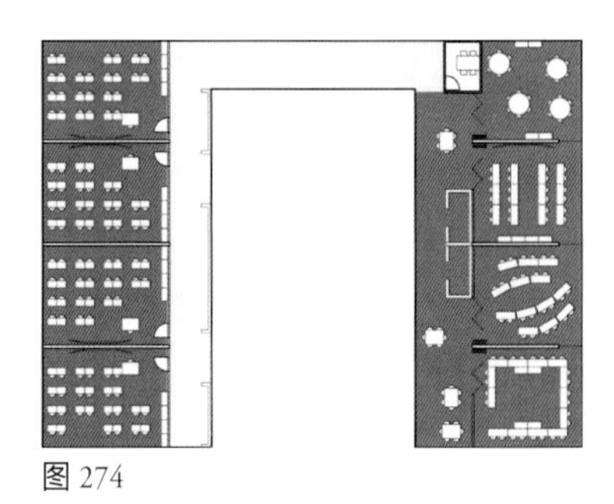

图 274

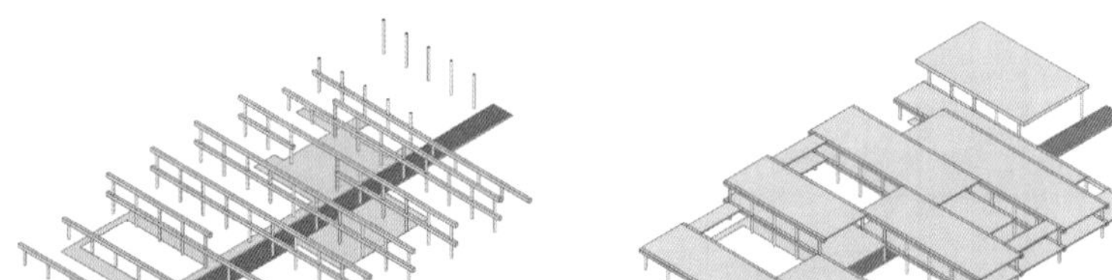

图 275

图 276

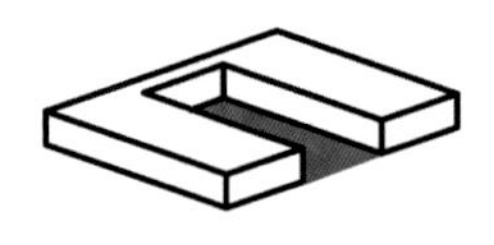

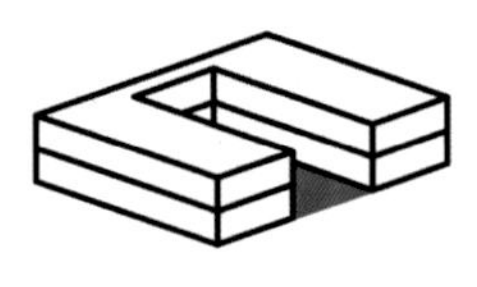

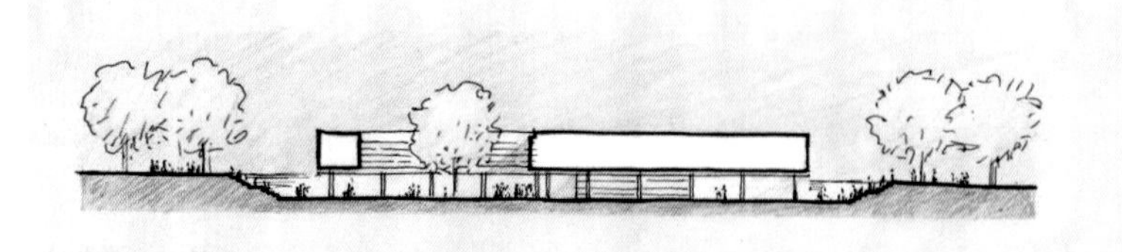

图 277

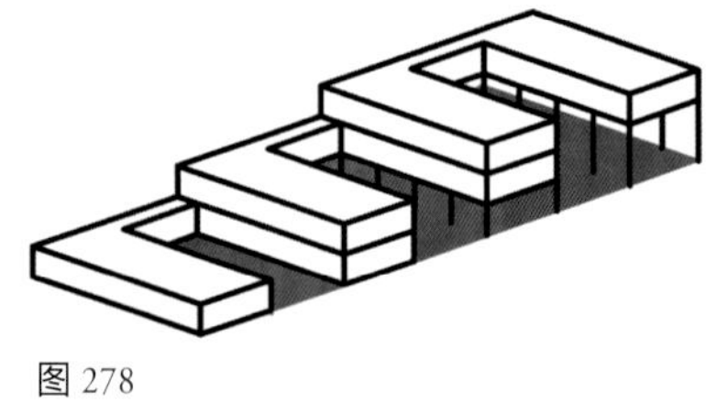

图 278

图268~图278 赫曼·赫茨伯格和马克·斯卡皮纳托，位于罗马尼纳的学校，罗马，意大利，2005—2012年。
图279 约翰内斯·杜伊克，娜湾（Nirwana）公寓，海牙，1927年。
图280，图282 约翰内斯·杜伊克，阳光疗养院，希尔弗瑟姆，1928年。
图281 约翰内斯·杜伊克，初级技术学校（Junior Technical School），席凡宁根（Scheveningen），1931年。

垂直方向上安排进一群住户居住，把整个建筑物转化成一个像城市一样的综合体。人们也可以想象出这幢建筑物会在垂直方向上分隔成互不相连的部分，每一部分都是有它自己的入口、电梯及其他设施，是具有自治权的单元。这背后的想法在于一种显著和长期得以控制的建筑秩序不仅要给予建筑物以强大的身份特征，而且还要允许有人们期待的转变，甚至是引导转变向前推进。

建筑单元可以更加广泛，比如在位于罗马（2005—2012年）的拉斐尔综合研究所（Istituto Comprensivo Raffaello），它拥有不断重复的教育和建筑单元，这些单元围绕院子成组团分布，院子可以延伸到作为中轴的四通八达的主干街道。建筑秩序被设定为支持承重梁和标准楼板的由一排排圆柱组成的连续线性方格网。这个能够清晰可见的建筑结构对于清楚阐述建筑物的组合方式贡献巨大。这就是为什么人们要以持之以恒的方式对待组成一幢建筑物的所有要素，并自始至终一直赋予其强大的身份特征。

在庞大而单调的混凝土结构中也是如此，梁柱、地面以及后期加入

图279

图280

图281

图282

的要素共同构成的仔细而连续的布局要求建筑物纳入统一的实体当中。因此根据约翰内斯·杜伊克对现代主义运动国际风格的个人解读，我们可以很容易识别出哪个是他设计的建筑。其他许多现代派也同样适用此法，但他们就某些具体细节而言不会像杜伊克那样有着同样的张力和迷人之处。杜伊克的应用方式带有其典型的书写风格，他以令人难以置信的连续性赋予他设计的所有建筑物具有令人吃惊的统一性。甚至在阳光疗养院，它的建筑体量无疑是受到了最为专业的规划方案的影响，就算没有完全乱成一团的堆积物，它表现出的也是一种多变性，统一感是凌驾于一切之上的。

建筑秩序作为一个概念意指持续应用各种要素的行为准则。这些要素要么是完全相同的，要么是与形式上的智慧密切相关。事实上，在一幢建筑物中占主导地位的正是各个组成部分间持续发生的各种联系，整体因此变得和谐而通透。建筑秩序关乎建筑物的组成部分以及这些组成部分组织在一起产生和谐整体的方式。可以把建筑秩序当作是一个便于人们解读并随时间推移进行转变的框架。这就让建筑秩序获得了所建之物耐久的组成部分。

建筑秩序是由设计师强加的规则系统。自我强制的规则严格约束了设计过程并将设计融合为一个统一的整体，就好像浑然一体一般。建筑秩序赋予设计以独特性，独特性又让接二连三的历任使用者赋予其的身份特质得以保留；这就是为什么我们之前把它描述为它的“客观身份特征”（objective identity）。关于制定你自己规则的原则以及如何遵守这些规则的原则是常见的议题，不论何时突然出现自由的主题也还是如此。[2] 建筑结构正在为创造适合让人们或事物聚集在一起并维系在一起的游戏规则策略制造空间。

2 经查阅威尔海姆·理查德·瓦格纳（Wilhelm Richard Wagner）创作的《纽伦堡的名歌手》（*Die Meistersinger von Nürnberg*）的第 3 幕，第 2 场。剧中人物华尔特（Walther）问道：“我该如何处理这些规则？”萨克斯（Sachs）回答：“你制定你自己的规则，然后遵守它们。”

第十章　建筑构件包 | Construction Kits

图 283~ 图 285 锚石建筑玩具套件。

19 世纪晚期德国生产商“锚”（Anchor）（锚石建筑玩具套件（Anker Steinbaukasten））生产的坚固石块被装进了结实的木头盒子里，我小时候常常玩这些石头砌块。它们有一整个系列，每一个盒子里都包含有种类复杂、精心制作的石头砌块。圆拱、半拱、圆柱、有椽有脊的屋顶部分，当然还有各种不同尺寸的墙体部分，从最小的到最大的，每一个砌块完美搭配在一起，形成一个相互匹配的精妙系统。如图例所示这个建筑物系统可以由你组装。自然你可以按照你自己的发明创造来建造成其他的样子，但是你很快会发现自己陷于某种“口味”（flavour）之中，你无法从这些你精心设计的砌块中抹除掉这种“口味”。不论建造成什么样子，你都不可避免地滑向接近固有的风格特征，在你手中的这些砌块实际上是受这种固有的风格特征所掌控。最后你别无选择只能按照说明手册提供的样子来建造。

从这种装在木头盒子里的玩具中你可以得出结论，玩具鼓励你的是在盒子系统之下遵循一定的准则，而不是鼓励你“脱离盒子”（out of the box）去玩。不论是否是有意为之，现实中的建筑需要面对的情况可以用这个盒子玩具作为参考。

图 283

图 284

图 285

就像你可以从宏观上来思考不同的建筑风格会有各种解读，这些不同的解读都是基于同一个确定的基本假设，然后就可以形成个人的“建筑构件包”（construction kit）。在宏观上，个人的“建筑构件包”是每个建筑师与现实生活包（real-life kit）合作完成的不同笔迹——也就是说，这是驾驭他们的范式。因此每一位建筑师的个人“风格”是由他们对于一个共同的基本原则及原则所带有的潜力和局限性的不同解读而生成的。在这一原则下，每一幢建筑物——算是设计它的建筑师浑身解数的一部分——都是一个依靠其自己而存在的实体，受它自己的秩序所掌控。

就建筑而言，自由是一种幻想。不论我们身处何方，我们一直受制于时代。时代强加给我们的不仅是资源、技术和有哪些材料可用，而且还有我们受地点和时间约束的观念：怎么看待建筑，工艺水平如何，建筑物被寄予什么样的期望，我们应该赋予它们什么样的意义，它们应该表达出来的重要方面是哪个或哪些？

我们把现代性（modernity）称为是“风格”（style），粗暴地把它和刚刚过去的、人们称之为“英雄时代”（the heroic period）的时期割裂开，[1]这在许多地方都是一个普遍现象，时间也大致相同。这里所谓的国际化风格以其在空间洞察力和外向形式上取得的长足突破而著称，它表现为一种极具条理性的思维方式。先不考虑所强调的差异，这一建筑物模式的显著特点是对新的潜力持乐观态度。这些潜力将会让人们不再贫穷，通过改善卫生条件，让城市变得更整洁，有更多的新鲜空气和明亮光线，提高人们的健康水平，这些内容无一不在洋溢着一种新的生命感。从对我们的有利角度来看，它可以被看作是今天全球主义的萌芽。
工业化生产使大家的这一理想成为现实。对于建筑来说这也是一个很大的优势，所有这些新现象在视觉表现上是完美的：通透的、开敞的、光滑的、不加粉饰、不用除尘、镶嵌大量玻璃的刷白墙面。但是建筑师们试图去唤起的毫不含糊、非常明确的意象却在一段时间内与相对论产生了冲突，震动了科学界。从文化和文化间比较的角度来说，它与现实世界中不断变化的场景也有冲突。
既然现代性这一议题已经黯然结束，那么本章似乎就该告一段落了。现在人们称现代性为“现代主义”（Modernism），就好像它曾是过去的一种建筑风格一样。那些曾经重要的事物似乎现在都已退居幕后。我们说一些事物在时间中孕育成熟，它们受一些其他标准、其他关切所影响。这些标准和关切可能是理想主义的，也可能是符合实际，务实可行的。所有由新的可能性催生出的初露端倪的事物都

1 艾莉森·史密森和彼得·史密森，《现代建筑的英雄时代》（*The Heroic Period of Modern Architecture*），《建筑设计》（*Architectural Design*），1965 年 11 月，第 587~590 页。

由社区的集体感所唤醒并提供支持。

曾经在建筑院校中教授的建筑风格，至少在老师们讲得热情洋溢的时候学生们能从中学到了古往今来为建筑服务的丰富表现方式。这些建筑风格可以被看作是接续不断的一连串范式。在建筑构件包的背景下，建筑的一种风格就像是一场只有在被游戏规则容许下的自由游戏。你会看到用不了多长时间人们就会感受到规则的束缚，然后寻求扩展和改变这些规则，直到这些规则变得不再适用。

在一种建筑样式中，每一个因素有它固定的任务，并且可以根据特定的规则与其他因素结合在一起。从这个意义上说，一种建筑样式表现为一种正式的语言，用这种语言为手段你可以表达某种东西而非其他。也就是说，每一个因素和每一组因素的组合，不可避免地表达某种固定的含义，没有留下或留下极少其他理解的余地。但除此之外，这还造成更深远的后果，“构件”的技术限制它在空间方面的潜力。比如说，当采用古典主义的原则时，你不能悬挑，因而也就不可能形成没有角柱的开敞角隅空间（如杜伊克（Duiker）和里特维尔德（Rietveld）的建筑），因为在它的“构件包”里就不存在这一手段。
事实上，如果说建筑历史与建筑样式还存在一定关系的话，那么这些建筑样式的演化正在于摆脱历史的羁绊。建筑师从打破惯用的形式中取得他的“存在理由”（raison d'être），而这是他不得不为的，因为他不得不用可以利用的手段表达无法表达的东西。[《建筑学教程 1：设计原理》，第 144 页]

对于其他资源的需求意味着执行“脱离盒子”（out of the box）的任务，促进产生新规则，并且反过来产生新游戏，在这种情况下产生新的范式。确实如此，历史学家们现在把目光聚焦在这些转变的相互作用方式上，聚焦在最初的游戏规则变得不再适用的原因上（解释了范式转移），尤其是主要都是批判性的（解读：是最有趣的）建筑师，他们成功摆脱了固化思维的锁链（但只不过是用别的束缚替换掉它们而已）。

历史是以那些革新性突破的时刻作为标志。我们可以说，以不同方式，用另外的结构、形式和空间去创造的时机成熟了。有时这会不可预期地产生，但通常它会在很久以前就被提出并积累直至最后阶段，这在回顾中是有意义的，就仿佛是对早前闪现的思想火花逻辑性的结论。[《建筑学教程 2：空间与建筑师》，第 50 页]

图 286

图 286 赫里特·托马斯·里特维尔德，红蓝椅的雏形，1918 年。

这一段我将继续引用由赫里特·托马斯·里特维尔德设计的驰名于世的椅子案例。他设计的椅子都由自主木质部件组装而成，其中最著名是 1918 年设计的红蓝椅（Red-Blue Chair）。
把一把椅子解构进由一个个自主独立单位构成的体系中，这是有逐步演进历史可寻的[2]，只有堪当此任的技术手段对其设计完成后，才能实现迈出方木板与横梁组合的这一重要步伐（在另一背景下）。

当赫里特·托马斯·里特维尔德仍是一名传统工场中的家具设计师时获得了关于手工制作零部件的经验。曾经通过锯、刨、打磨，把一块木头打制成预先设计好的直线形状的人都知道这有多么困难。所以你很容易想到他的艺术作品总是与一些装饰物密不可分，这不仅是为了表达出他的作品给予了他快乐，也是为了掩盖作品本身一些不平整的地方和瑕疵。
配备机器设备之后，人们可以把一块木头做成像箭一样直，里特维尔德开始心无旁骛制作形状精确的部件了。[3] 为实现这一夙愿而产生的需求和潜力提供了一个影响深远的新范式，尽管我们无从得知是人们拥有了制造诸如这类椅子的能力才让人们产生出这样去做的渴望，还是先有渴望后再出现能力。
机器生产对里特维尔德计划好的自己动手组装来说还有另一方面的用处，那就是他具备了大量生产由标准连接方式接合的零部件的能力：每个人都可以从木匠那里收集自己定制的木板，然后把这些木板组装成一张桌子或一把椅子，这种想法在宜家家居（IKEA）出现之前就已经存在很长时间了。

无论何时，作为对新挑战的应对，新的空间概念出现了，它们往往

2 见《建筑学教程 2：空间与建筑师》，第 50 页。
3 依据里特维尔德的女儿在纪录片《清醒的丰裕》（*De weelde van de soberheid*）中所言，本片为讲述里特维尔德的纪录片，由汉克·诺斯特（Hank Onrust）和赫里特·奥瑟斯（Gerrit Oorthuys）制作。

成为转折点。在那以后它们成为了共有财产，直至最后，过时……变化和更新是对旧标准的改进提高，如果不把目标瞄准未来就不会有进步，而仅仅是为了变化而变化；在此这是一种对于新的，不可预期的，原来不可想象事物的兴奋，无需强调质量的问题。[《建筑学教程 2：空间与建筑师》，第 50，52 页]

我们根深蒂固地认为改变会导致更新，结果就是更新了就会有提升，但是很多新想法的出现，只是我们已经受够了那些老旧的而已，原因就这么简单。
社会文化背景孕育出建筑风格，各种建筑风格是社会文化背景的反映。如果艺术家们和科学家们不惜自己冒风险也要抓住机会批评流行的标准，那么建筑师们，不管他们是否喜欢这样，往往就不得不为了实现梦想而依附权势了，依附权势就能拿到大额的投资预算。反过来讲，有权势的人也会把建造建筑视为实现不朽的理想方式。建筑一直是在一定时间范围内对权势的反映，它也是权势间平衡关系的一个指示物，至今无异。

历史学家们一直在不停地强调连续的建筑风格是如何变得各异的方式。因为建筑师们的创造性最清晰地反映了他们的建造方式与之前的建筑师们有何不同，这一点往往也是历史学家们最关注的一点，历史学家试图通过这一点来解释有哪些因素是本应能够引发建筑师的思想巨变，产生出一种新的建筑风格。历史学家们很快指出了建筑在岁月过往中所采用的表达形式的非相似性，而在冥冥中并未强调原本一直坚持的相似性。从这些角度来设想，历史是由沿一条时间线分布着接连发生的各种事件构成的，历史按年代排列，然后被描述成是一种发展。我们的头脑自然而然像这些历史学家一样乐观，似乎除了把这种发展理解成向前的进步就不能再有其他想法了。尽管与我们恰当的评判相悖，但人们还是坚持认为只要脚步接续向前，就是对他们前辈的提升。但以建筑为例，这个观点就非常有待商榷了。确实要考虑到技术资源的暴增，考虑到所有额外的可能性，但现在一个棘手的难题却摆在我们面前，那就是我们拥有诸多优势却还是无法与前辈们的作品相媲美。如果说我们由电脑计算得出的钢结构与混凝土结构可以超越哥特式教堂或是伊斯兰穹顶，这让人难以置信——不是作为一项技术成就，不是作为一块空间定义的围合场地，不是作为整个城市的最佳视觉标志物，也不是作为社会空间。当然，这基于你应用了什么样的标准来评估进展。显然生活在建筑里曾经是一种拥有财富和影响力的表达，但是自 20 世纪早期开始，每个人都从根本上成为建筑的一部分。考虑到这一新挑战的复杂性和庞大尺寸，除了能留下少量的典范外，恕我直言，结果达不到你们的期望。

建筑上有创新不见得一定是提升，但其本质上一定是被强调的部分以及由此让人们的注意力发生了改变。改变不仅难以解释，改变还在不断发生，这同样让人难以言传，比如说看似不可摧毁的古典主义。极其武断地伪装成具有永恒价值的样子，以源自遥远的古希腊罗马时代的这样或那样的形式来表达确定性、可靠性、地位及权威，每当出现这样的表达需求时，我们都能看到它显露了出来。在此声明一下，其他建筑风格的基础和其他建造上的集体模式的基础，总的来说都是一样的随意，不管其是否有从宗教中获得的灵感，是否是从文化上做出决定，抑或是受集体共同驱使。

关乎空间、关乎居所和视野的潜在叙事性，以及关乎把人们聚到一起让人们不再分离的潜在叙事性，它们似乎最初在哪里都是一样的，但是在世界的每一个部分以及在每一段时期，人们又都能找出建筑的特定范式——称之为“一个特定的盒子”（a particular box）[4]——自由运动受限于特定的真理信念允许去做什么。总有一个特定的主题要比其他的流行，这个特定的主题决定了什么是可接受的，什么是不可接受的。有些时候它证明了行不通的或是令人厌恶的或是取得的一点新进展（技术上的、经济上的、社会上的）在表达它自己的同时也启发了新的“建筑构件包”。它就好像是一盏聚光灯[5]正在从潜在基本可能性领域里的各个部分中挑选一样。每次的伪装都不一样，但特征都是一样的，尽管并不总是这么清楚明了。
应该说这里的议题并不是十分关注这个结论的道德方面，而是关注历经多个世纪的建筑都变得与同一件事物有关的事实，尽管被表达的方式发生了变化。它只是天然的，然后我们应该把建筑的历史看作是一个连续体，以一连串的“叙述性”（与“认知性”（epistemes）比较）特点进行表达，而这些“叙述性”特点可以当作是针对本质上从未改变的潜在人类动机有哪些的理解（与“运用”（performances）比较）。

之前，我们谈到你可以把一种建筑风格看作是一种对人类塑造空间具体能力的解读，通过假以时日解决了一个个根本性的挑战，新的资源得以被发现。它一直与宗教和政治势力试图去表现并维护它们权威的集体共有建筑设施有关。还有要再加上体育馆以及19世纪的人民宫（people's palace）、百货大楼、展览馆、火车站，也不要忘了图书馆、博物馆，最后还有教育建筑。这些结构在设计之初就是为了接纳海量的人群，并把人山人海作为一个令其印象深刻的地方。

4 “盒子”和“建筑构件包”似乎对我们来说是托马斯·塞缪尔·库恩（Thomas Samuel Kuhn）的范式和保罗－米歇尔·福柯的认知性特点运用到建筑中的最简单表达方式，它们都和科学有关。“框架”（Frame）（与参考有关或与思想有关）是另一个替代选择。

5 一幅卡尔·古斯塔夫·荣格用来区分有意识和无意识的图像。

除了这些建筑富丽堂皇的外表将赋予一种社区感，这样的设计也不可避免地需要巨大的跨度。纵观建筑历史，我们一直在自缚手脚，几乎全都局限于那些旨在带来尽可能多的人并让他们待在那里的出类拔萃的建筑物了。要不就是通常来说难以接近的寺庙、城堡、宫殿，以及最近一段时间出现的像军事堡垒一样有权有势的公司总部办公大楼，这些建筑凭借它们自身的能力具备了作为一个个城市社区的功能，诚然既不是公共的，也不算私人的。住房到20世纪才有展露的机会。

一种建筑风格是人们对称为“建筑生成原则”（generative grammar of architecture）事物的集体解读。我们认为作为一个共有的基础，建筑风格具有一种“空间生成原则”（generative grammar of space）。每一种风格都有被称为“建筑块材”（building blocks）的资源，用来最大限度地表达对于利用它的社区什么才是重要的，同时就像在某种语言中一样，能适应并招架住那个社区在理解上与感觉上的最终变化。归根究底，它意味着一种风格将会被萌生出各种限制条件的想法所支配，被潜在性所支配，被推到台前重点强调的某一确定方面或把它们降至幕后的因素所支配，由此来决定建筑会如何表达其身。从古至今，所有这些都用来定义和限制建筑，但是随着时间的推移，宗教信仰、社会主义、各种热潮也在推动它和确认它，首先是卫生健康（想一想杜伊克的疗养院），然后是安全性以及现在的可持续性。
这里还有一个值得注意的对于语言的类比。在语言学上我们看到出现新的单词，现有的单词出现新的含义，短语有新改变，甚至在语法上都有变化，提到的所有这些都被语言吸纳了进去。语言本身是一种共享资源，它的演化不是任何人或任何事所能阻挡的。我们对于词意和句意的改变都很熟悉，而这些变化让保守的教师很是失望，他们一直在打一场必败无疑的战斗——因此这些改变是不会停止的——这些老师想向学生灌输他们认为是对的东西并告诉学生在他们眼里哪些东西算是语言的退化。我们把含义、关键性的灵感以及敏感的话题视作珍宝，不管我们如何抱怨这些我们视之珍宝的五彩斑斓的文化正在消失，我们可能也无从干涉。语言为含义添上了反映文化创新的新色彩，我们能做的就是学着信任语言的这种创新。建筑也同样如此，完全要看当下社会在流行什么。

可能也有像永恒的基本价值这样的事物，但就算用各种新的外表来对其进行表达，与它们有直接关系的前任们还是会很快失去它们的含义，并迅速为人们聚焦的新事物让路。作为对于特定文化价值的反思，许多代表性建筑物的独特性令人赞叹，但它们都被破坏了。

图 287

图 288

图 289

图 290

比如弗兰克·劳埃德·赖特（Frank Lloyd Wright）设计的东京帝国酒店（Imperial Hotel，1915—1922 年）或是维克多·霍塔（Victor Horta）设计的布鲁塞尔人民之家（Maison du Peuple，1896—1898 年）。这两幢建筑物只留下了一些支离破碎的原始面貌和资料照片。这样的空间——这样的建筑物的存在理由从文化记忆中被抹去，永远找不到了；被人们遗忘，就像它从来没有存在过一样。

建筑的问题在于它们过分脆弱，过于易变，将它放置在博物馆里又太大了。可以把建筑的某些部分作为遗迹保存，但它们只能模糊地反映它们所形成的空间。空间冲破了墙体，释放出来——即空间的体验、灵感、精神、品位、感觉、概念、思想。空白干扰了我们的集体记忆和思维。[《建筑学教程 2：空间与建筑师》，第 199 页][6]

但即便是保存完整的部分也迟早会被人们从它最初的意图和含义中剥离出来。甚至，它衰落破败的速度要快于大多数装饰性艺术品和手工制品，然后被时光抹去。

就像单词和句子会失去或改变它们的含义一样，一件事物、一种形

图 287，图 288 弗兰克·劳埃德·赖特，帝国酒店，东京，日本，1922 年。
图 289，图 290 维克多·霍塔，人民之家，布鲁塞尔，1898 年。

6 摘自《贝壳与水晶》（*Shell and crystal*），首次是在弗朗西斯·斯特劳文（Francis Strauven）所著《阿尔多·范·艾克设计的孤儿院》（*Aldo van Eyck's Orphanage*，1987 年，第 3 页）中以删减版形式初版。

式或是一个空间也如是。
我们曾经建议在一个学校的操场上建造由阿尔多·范·艾克于 20 世纪 60 年代末设计的半球形铝制“冰屋”（igloos），一名老师听到后惊呼：“不行，冰屋绝对不行！我从小时候就玩的东西，它们已经不适合现在了。他们必须想出比这更好的点子。”可能冰屋给她留下了不愉快的回忆，但显然她不会意识到阿尔多·范·艾克的设计是为适合儿童玩耍和社交而量身定制的。对于同样的需求，如今大多数的设计是过于复杂的匪夷所思的玩意儿，许多更像是刑具，虽然它们背后的设计初衷是真诚的。相比之下，这些设计确实仍然无人能超越。

从 20 世纪 50 年代开始，阿姆斯特丹公共工程局（Public Works）在阿姆斯特丹全境内的遗留边缘区域和空地上修建了大约 750 个由阿尔多·范·艾克设计的操场，以一种极其独特的方式装点了整个城市，让其对孩子们有了吸引力，这是一个无与伦比的文化壮举。然而过后不到 50 年，这一文化纪念物就仅剩下一些零散的碎片了，这是由出于安全考虑的新想法造成的恶果：之前没有危险隐患的地方现在也有了。一些得以持续保留下来的部分现在被阿姆斯特丹皇家博物馆的花园所占用，它成为尘封的记忆——然而聊胜于无——但是在这里对于空间上的考量就都消失殆尽了。显然从文化价值角度来看这一项目已经丧失了它的意义。新生的一代人看待事物的方式不同，想要用其他的事物顶替它，所以它对新生的一代人来说没有意义。道理很清楚，建筑就像所有的事物一样，容易损耗，容易在价值判断中发生改变。

一种新现象突然空降进一个熟悉的世界里，人们在最初的抵触后会从拒绝转向毫无保留地赞美，对于发生的这种情况，大家应该更容易理解。第一批为抵达他们的应许之地——意大利而穿越阿尔卑斯山脉（Alps）的游客们拉下了他们汽车的窗帘，只因不想看到瑞士山脉的陡峭和粗犷，然而现如今瑞士山脉被捧上了天。还有就是，之后不久出台的保留埃菲尔铁塔的方案。当年在保留埃菲尔铁塔时出现了极强烈的抗议——它最初只是一个临时性结构。大部分的知识分子认为城市被一个从可恶的工业世界引来的怪物所丑化了。然而许久以后我们的后代几乎没有人不受到其作为一个新世界预兆的启发。[《建筑学教程 2：空间与建筑师》，第 30 页]
你要知道，这个当时唯一目标就是要成为巴黎最高塔的钢筋暴露在外的结构，直到现在也还没有被摘掉城市第一旅游象征的头衔。
一个新的范例通常意味着它要取代的例子被迫成为了历史：这自动

地引发了对新建筑语汇的需求。一旦新范例确立起来，每个人都追随它而且不可能用其他方法、观点分析事物。
在整个人类历史中，曾经有过多次伴随着术语和价值观的转变而引起注意力的转移。[《建筑学教程 2：空间与建筑师》，第 51 页]
每一个新的想法都源于区别地看待事物。新的信号刺激了你，让你相信事情并非你所想象的那样，造成了不可避免的对新反应的需求和要求。观察它，然后明白你的处境和世界都不一样了，你必须有能力在另一种光线下观察事物，以不同的眼光看那些相同的东西。为之你需要另一种敏锐性，由对事物、周围环境和世界的不同观察角度得来。[《建筑学教程 2：空间与建筑师》，第 39 页]

保罗－米歇尔·福柯认为存在离经叛道的认识论已由来已久——也就是在普遍有效性下的连续“话语框架”（frameworks of discourse），它定义了在某一确定历史时期掌控行动与评价的条件。[7]
集体价值观判断体系，如同偏见一样在每一个可想象的形式时间周期内被重复地曝光，社会规划以及让建筑产生变化的温床等新事物对它有抑制作用。[《建筑学教程 2：空间与建筑师》，第 51 页]
就辅助推进冰川演化的速度而言，历史只是就某一不可改变的指定事物进行的一连串连续解读，除此之外，历史别无它意。往回望，能看多远看多远，我们的心灵能力与我们的无意识动机从未改变，如果有的话。至少这对于我们的空间能力来说也一样。
建筑师永远被囚禁在属于他们那个时代和他们那个地方的范式里，这样做不仅保证了建筑师怎样工作能思路清楚，而且保证了建筑师在运用可使用的技术、可获得的材料以及掌握市场情况的前提下怎样工作才能切实可行，但远远超过了为建筑师提供灵感源泉。我们已经提到过木材稀缺的地方会用上石制拱顶。现在，举个例子，老化速度快但听声音很高级而且出乎意料便宜的天花板充斥着市场，你很难摆脱掉它们，尤其是在面对如此之多先入为主的顽固观念和根深蒂固、真假参半的说辞时。

从理论上讲，艺术具有建筑所缺少的自由，但是在实践上不然。艺术家像建筑师一样不得不在特定的被流行文化、宗教、政治以及时尚所接受的范式下工作。受内在需求驱使，他们应该从里面迈出来，由此逃离出盒子，但这样一来他们就会承担被人们认为晦涩难懂和难以理解的风险。想要获得自由的成本越来越高，为了控制住它，艺术家们一直在寻找不被允许但又不尽然的界限，不用说也知道这样做往往就产生了显著的成果。
很少有像古典主义时期那样严格的被普遍认可和自动接受的乐律（就

像建筑一样）。[8]除建筑外，是否让作曲家针对他们能做什么问题上过于严格地遵守规则，以及是否以新的、令人惊奇的方式解读规则，这都取决于作曲家自己，在不越过制定好的底线的情况下，为新的发现而努力。

如果有地方只想表现出有多少规则和制度试图唤起自由和灵气，确切地说是因为它们限制了游戏的领域，那么非古典主义时期的音乐莫属。有大量的例子可以解释不管作曲家想要表达的是什么内容，他们都会用体系内可利用的方法来创作。甚至当正在被代表的东西是混乱无序时，就像你在海顿的清唱剧《创世纪》（*The Creation*）里可能会希望听到的无序嘈杂声音一样，作曲家也还是坚持他所处的那个年代需要接受的调性规则，尽管这些规则已经被延展至极限。在这里，混乱或缺乏秩序在一个有序的框架内获得体现。

但是大胆尝试深入运用和声的调性音乐的作曲家，他们经常最后也会回到他们的起点，主音。在调性音乐里，不同乐音之间的关系是不平等的，它们被安排进了一个层级体系，只有主音可以提供正式的解决办法，这对保证所作曲子的平衡是必要的。在威尔海姆·理查德·瓦格纳花时间重回音调中心之后，他仍是在理论上用看似无尽无休的和声变奏来表现乐曲内容，是阿诺德·勋伯格（Arnold Schoenberg）于1914年以其十二音体系的作曲方式让十二个音大致获得了同样的重要性。凭此革命性创举，他成功地清除了已普遍接受的乐理关系甚至整个调性体系的等级制度。世界从调性中被“解放”出来，但同时又变得服从于十二音体系，十二音体系的新规则至少是严格的。在思想与表达之间经常得有一个中间结构：一种可以让正在被表现的内容变成对大家通俗易懂的“语言”。

如果艺术家从原则上可以跳出盒子搞创作，只要保持在人眼所及、耳力所至的地方就可以，那么这对建筑师来说就不同了。对于那些将要自掏腰包占据于此并让其保持一定形态的人，我们想到的任何需求应该对他们来说都是可建造的并且是可接受的。因此在建筑上我们一直在跨越构思与将其付诸实践中的发展这二者的距离。我们依靠于由社会——某种程度上是社会的乐观主义和鲁莽行为所定义的边界——这就限制了我们挣脱盒子的自由。这就会引发许多人说出他们的看守者想听到的话，并没有意识到（及时的）他们正在把他们的才华交给这些看守者。

当然你应该总是保持超越常规的地位——然后再做得过头一些。但重要的是你要知道太远应该是多远。[9]我们知道所有有远见的建筑师都已经在面对这种情况。如果对艺术家来说，这只关乎他们的自由，那么对于建筑师来说，对于他们自由的限制永远和他们对于社会的

7 保罗－米歇尔·福柯，《规训与惩罚：监狱的诞生》（*Surveiller et punir: Naissance de la prison*），巴黎，1975年（英译本为 *Discipline and Punish: The Birth of the Prison*，纽约，1977年）。

8 建筑中被称为“古典主义”并配以风格特征的事物就整体而言不应与艺术上的古典主义相混淆。“尽管建筑和视觉艺术上的古典主义……都与古希腊和古罗马有着密不可分的联系，这也是它们灵感的源泉，但是这与海顿、莫扎特还有贝多芬无关。甚至从秩序和平衡的角度来看‘古典’只在有限的程度上适用于这里的音乐。最合适的部分在于‘包含在他们音乐中的普适价值和含义’的方面。”卡佳·赖兴菲尔德（Katja Reichenfeld），《古典音乐的XYZ》（*XYZ van de klassieke muziek*），豪腾（Houten），2003年，第169页。

9 让·考克多（Jean Cocteau）：“鲁莽大胆中的得体在于知道我们离做得出格有多远。”（《公鸡和小丑》（*Le coq et l'arlequin*），1918年）。

责任绑在了一起。
自由是一个相对的概念，自由一定会有限制它的范围。玩游戏觉得自由是因为规则限制了可接受的可能性，同时它也确实在试探这些规则——换言之，把指定的空间充分运用到极致——然后我们就经历了我们所谓的自由。

积极的现代建筑（Modern Architecture）的弱点在于相伴产生的天真想法，建筑师认为现代建筑不仅仅是理想世界的模型，他们还认为现代城市的清晰性和开放性都真的会帮助实现他们的理想，或者至少让他们离理想更近。甚至当这些模型在建筑和规划中得到发展时，也会对生活质量产生积极影响，它仍然被淹没在一片（与幼稚无异）失望感之中，产生的后果就是全盘拒绝。
“如果我们不能塑造这个世界，世界将不得不塑造我们”，这是后现代主义情形背后的想法，抛弃所有已经制定的游戏规则，引导向看似完全自由的事物中。

以来者不拒的方式把所有的建筑构件包混放在一起，最终让你获得的就是乐高，它是建筑构件包的终极定论，胜过所有类型的构件包，因为没有限制，所以也没有规则。每个人都花时间玩过乐高。从根本上来说，乐高是一种无拘无束、安插即可的积木块系统，“没有特质”（without qualities），没有信息，不会让人产生任何超过它们本身的联想——更像是没有尺度的建房用的砖块。它们没有引导一个过程，没有它们自己的想法，使用方式和适用性也没有限制；从所有方面来说，都与包括柱子、拱门、屋顶以及其他预制构件在内的旧版建筑构件包相对应，旧版没有为它们的目的留有任何悬念，因此适用性也受到限制。而乐高，只要你能想到的，你就能搭建——任何风格、任何建筑类型、任意跨度，只要你把尺度缩小到距离足够远。乐高积木块本质上是一种三维像素块，代表了选择的极度自由，但它没有任何暗示含义，致使大多数令人眼花缭乱的结果都走向了死胡同，这些结果不用负担除了对它们自己以外的任何责任。
下一步要找到把乐高和慧鱼创意组合模型（Fischertechnik，工程技术类智趣拼装模型）的精巧建筑构建包组合在一起的方法也就不足为奇了，如果按照说明书来操作，这是可以做到的。还有，现在有一些特殊的构件包可以让你拼装建筑图符的夸张图版，比如弗兰克·劳埃德·赖特的流水别墅（Fallingwater）或是看起来有一点像是路德维希·密斯·凡·德·罗的范斯沃斯住宅（Farnsworth House），每一个构件只有一个地方可放，就像益智拼图里的一块拼图板块一样——带我们回到原点重新开始。没有规则就无从谈及各司其职，如果真

图 291，图 292 代尔夫特科技大学的学生制作的乐高结构。

图 291

图 292

的没有，那么我们就要自己制定规则。

与此同时标准持续改变，并且新的主题在表现它们自己。直到50年前，还没有一幢建筑物是设计成适合身体残障人士进入的；原因很简单，建筑师们没有想到，社会也确实不感兴趣。而且没有人停下脚步去思考，思考那些高大的楼梯是否真的符合每个人的实际情况。尽管这一缺陷改正起来要相对容易，但是它造成的危害已经是既成事实了。建筑的世界可能把它自己看作是发号施令的那一个，但正是它一直来源自社会的灵感让它比建筑的新主题来得要早。不是建筑师灵机一动想出要让建筑物适合包括行动不便的人在内所有人的主意；这在本质上是一个文化议题，一个人不管怎样也不会对建筑产生太大影响。
数不清有多少与建筑相关的主题，但是可持续性是迄今为止影响最为深远的一个。它产生的主要结果体现在建筑物的外观上。热量流失和不需要的热量流入被人们广泛认为是非法的，这意味着现在的一切都被包裹在隔热层里，而基本结构，即建筑物的物理层面，就被隐藏在视野之外了。把建筑物的质量独自包裹并隐藏起来的做法

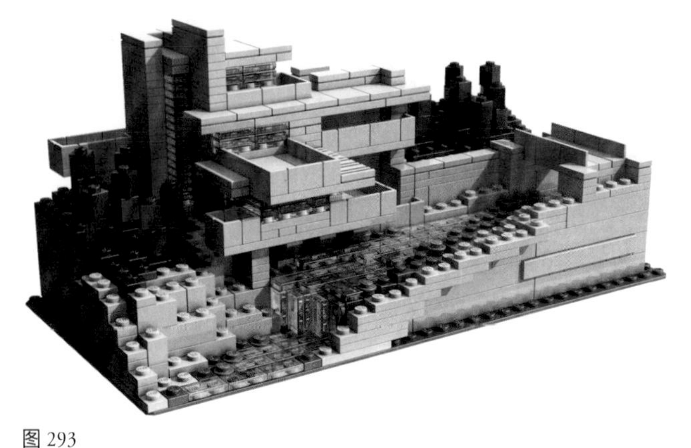

图 293

图 294

标志着与它之前的所有事物决裂。当几乎所有的钢质构件上都有防火层包覆时，建筑物的框架就看不到了，内部也是一样，只有那些由包裹层塑造的空间。谈到包裹层这一话题，就必须说现在的包裹层已经做得极度复杂了。而且人们对于安全的担忧（完全是多虑了）增加了，为此之后制定了一连串的新规则，这些规则总结来说就是把消防安全放在第一位。所有这些意味着可持续性是今天新的关键性主题。

像谈及限制这一问题的专家赫里特·托马斯·里特维尔德，在 1958 年告诉我们的："不要让社会负担过重。没有人会从中获利并且人们要铭记不是所有的地球财富都是天然为我们而生的，也不需要依靠我们人类；因为这个原因，它们从来不会推动我们人类进步，推动了就会带来种种不利的后果，经验证可能弊大于利。要唤醒人们对于财富紧缩的认识！"[10]

地球的容量是有极限的，我们要有这种意识和忧虑，但是世界上绝大多数增长的人口和所有人理由正当的住房需求已经改变了游戏规则，对于建筑师也一样。新规则为新的创造性扫清障碍，产生的只能是一个令人惊讶的新范式。没有建筑师能承担逃避这种境况的责任，无视现实、不切实际会葬送掉你未来所有的收益，它将被视为一种不道德的行为。

图 293，图 294 乐高模型的建筑图像。

10 摘自 1958 年赫里特 · 托马斯 · 里特维尔德在阿姆斯特丹建筑学院（Amsterdam Academy of Architecture）的演讲。

第十一章　可持续性 | Sustainability

可持续性，它是一个最初应用在某些受各种短缺威胁产品上的原则，它现在的范围已经扩大到覆盖了整个世界的保护领域。可持续性占全球份额比重上升的同时，对于可持续性的理解也被紧缩框在了索然无味的日常生活中。从这个方面来说，可持续性近乎是以一种宗教尺度呈现出来的，这也让它免受批评。总之，可持续性是值得人们尊敬的。

越来越多的人对自然充满了内疚，人们的内疚感也变得愈发明确（“我们正在摧毁自然！”（We are destroying nature!）），与此同时我们看到今天的人们在以格林童话般的思考方式来看待源自浪漫主义的对于同一本质的赞颂，这里它作为理性主义自然的对立面，被描绘成了田园牧歌般的和平世界，拥有最完美的统御方式，不需要我们进一步插手干涉。我们逐渐被灌输进这样的概念，绿颜色代表了所有健康和对人有益的事物，凡是自然的必须是真实存在的。

从原则上来说可持续性赞成保护，也因此它具有保守性，但是许多进步人士认为改变才是对抗浪费的良方。

没有刻意为之，但可持续性确实在这个改变不受约束、一切都不确定的时代迎合了对于稳定性的需求。一旦各种可能性增加，我们往往会失了分寸，所以我们才会欢迎这一新的选择标准。然而不幸的是，这一崭新的观点正遭到一些卖家的威胁，他们不知羞愧地滥用可持续性，早早地抓住机会，厚颜无耻地宣传他们的商品是可持续的，不管是否真的如此。

纠缠可持续性不放已经成为商业企业一个很容易就能达成的目标。然而事实是，那些驱动世界上的消费主义（其中有的我们都参与其中了并且还以有待商榷的方式得到了实惠）荒唐增长的热情从未减弱的人，现在又以同样的热情唆使我们去抢占消费主义的一种替代形式，与他们自己早些时候释放出的力量进行对抗，就像是魔法师学徒的现代翻版。现在无尽无休、接连不断的“绿色”（green）混合物在建筑上到处滥用，就像是遇到疑似致命病症却用家庭小药方诊治。建筑的整个景观都已沦为了新的法律条文和紧迫任务的牺牲品，新的法律条文和紧迫任务中采取的方式正逐步变得决定一切。这主要涉及业界的道德层面和经济技术层面，就像所有的创新一样，人们极其渴望能够紧紧抓住它们，从它们当中获得一个新的形式世界。所有建筑扮演着一面镜子，投射出世界正在发生的事情；就算从社会文化的角度来看那意味着什么还并不清楚，但它确实是打开了一个新的建筑视角。

为稳住消费者经济的阵脚而不惜孤注一掷，不计其数的精密小装置被研发出来，数量越来越多。它们向我们承诺，我们的舒适生活会一直保持下去，但能源消费会有所降低。我们的建筑物装配有仪器灵敏度越来越高的电池，这部分费用在建造预算中的比重越来越大让建造预算开支大大增加。所以我们跟随着技术的曲调起舞，是为了不论成本多少都能让它一直证明自己。

如果我们能对我们的舒适要求做出巨大改变，并且宣布彻底放弃多余的东西，那么这将产生重大意义。比如由中央控制的恒定室内气候这一强加的强制条款就把所有自然的气候流动都拒之门外了。我们难道不想与自然更加和谐共生？我们是自己经济体系的奴隶，我们想能够简简单单地转向减少人为因素、增加更多基本条件的机会凤毛麟角，就如推荐的（不带任何附加条件）绿色有机生活那样几乎是不可能的。

规划纲要和建造预算全然充斥着不可信的而且过于天真的方法措施——渴望由政府和经营者们接受和实施——这也将会对建筑气候产生越来越大的影响。确实，建筑师们正朝着医师、研究可持续性的专家以及其他主题方向提升自己，但重要的是他们竟以令人吃惊的轻松自如推开一切，只为给这一新范式开路。

可持续性、节俭和慎重是更加集约、更加深思熟虑地使用资源的重要内容，是工程师习惯的工作方式（用可能性最小的方式达到一个已选择好了的结果或是用已经选择好了的方式达到一个具有最大可能性的结果）。物质过剩淹没了稀缺和节俭的原则，从时间层面上也让我们迷失了双眼。为了跟上新构思和新愿景的脚步，我们拥有想做出改变的冲动，与其相结合，摆在我们面前的是一个矛盾。一方面，我们希望所有东西都有最长的使用寿命，另一方面我们又在拿手中的所有通过贸易换取更新式的产品。这一自相矛盾的前提只能从一个既有持久的组成部分又有暂时的组成部分的概念入手来调解。当然，你可以完全毁掉建筑物；考虑到了最大限度利用可进行生物降解的材料，它们可以被回收使用，至少在理论上如此。但这并不能证明是一种可持续的解决方式，反而还会加速建筑物的循环，并由此加速生活环境的循环。你想让人们承担什么是有限度的，因为把人们熟悉的景象抹去并替换成不熟悉的景象会产生一种疏离效应。更好的方案是瞄准当时条件下的所有创造性，协助建筑对抗改变带来的灾难性后果，允许其具有最长的可能使用寿命并保护好人们熟悉的样子。至于其他，我们能做的是去寻找我们拥有的和我们曾经有过的更深层次的潜力。
我们愈发频繁地看到现有建筑物成功翻新并准备好实现一次新生后担负起新使命的例子。虽然过程缓慢但我们确实正在意识到这一策略有诸多优势，而不是只看到问题。这样做常常可以避免为施建新建筑去办理各类冗长的城市手续。比如，原本准备好要修建的发电厂被并入了伦敦泰特美术馆（Tate Gallery）的扩建项目，而不是美术馆去再新建建筑。然而未来建筑的主要结构决定了像这样的转变可行的主因。

普遍认为越少强调建筑最初的计划功能，反而越能满足新功能或使用的需要。
拥有一个混凝土的骨架足以增强继续存在的机会，比方说，一个寻求合并其住宅的居住区，它所带来的生存机会超过那些建有混凝土界墙的建筑物。[《建筑学教程 2：空间与建筑师》，第 177~178 页]

我们同样对于一种从根本上（解读：普适的）具有概莫能外重要性的秩序的认识也是与日俱增。1955 年山姆·J. 范·埃姆登最初提出的想法引起了我的注意，毫无疑问这就是山姆·J. 范·埃姆登想要表达的含义（见第一章）。

在第二次世界大战结束后的短短几年内，我们那时出现了这种源自苏联的建造体系。在这种建造体系下通过采用预制框架的方法，带有混凝土界墙的居住单元可以实现节省成本地大规模建造。当人们出现对更宽敞尺度的需求时，这些居住单元就被人们弃用然后不得不毁掉它们。从那之后甚至砖块垒起的界墙都是禁忌。一个立柱系统可以一直让楼层平面从容应对改变。就这方面而言，“自由平面”（plan libre）不仅提供了对其进行自由再分割的夸大其词的可能性，而且也意味着像这样的再分割可以经常发生变化。这里我们看到时间层面毫不夸张地被吸纳进设计中。

在区分“强有力”（strong）的持久形式与生命周期较短的“柔软”（softer）形式之间的差异时，我们坚信一条原则并以之来与建筑和规划中的不确定性较量，这种不确定性导致了日益混乱。这是根本

1《容纳预料之外的事物》(*Accommodating the unexpected*),在《赫曼·赫茨伯格的项目 1990—1995》(*Herman Hertzberger, Projecte/Projects 1990–1995*)第 7 页。

的指导方针,它就像地平线一样深深刻入了一个方案中,不仅承受住了变化,而且从根本上接受了它。

“结构主义植根于一种与正统秩序观点相反的观念中,并非是用正确的结构主体限制自由而是激发了自由,因此产生了出人意料的空间。”[1]

……

在设计建筑和结构时通过它们的基本差异,区分出相对持久的组织结构和“柔弱”的时常变化的组织结构,并且必须考虑客户的需求——这种意见常常是由该领域的专家提出来的。依据这个例子,我意指尽管是符合了客户的条件,在关于设计的概念上采纳过于基础的决策是否有意义,仍有疑问。如果你做了,会有很好的机遇:组装工作将会以一个永恒的形式结束。

建筑师已经被引导着去相信客户的要求是神圣的,他们要表达客户的意愿,代表客户的利益,而不是在你们二者保持和睦的情况下必须去实现“最低限度的管理”(administrative minimum)。我们常常过于轻易地被这一种观念所左右,为不动脑筋找到了借口;我们也因而被一个关于建筑的异常特殊的概念所欺骗,这个概念正迅速地丧失了它的相关性及有效性。[《建筑学教程 2:空间与建筑师》,第 178 页]

随着稀缺原则回到我们的生活中,多亏了具有可持续性的范式,特别是多亏了对于这一观念的解读能力,建筑上的结构主义呈现出了一种新的相关性。因此在设计中,我们应该比任务纲要更加前瞻性地预见、冷静地强调目前形势而且坚决反对滥用结构主义的观点。对我们来说,这一策略将会让具体的东西少一些,与世隔绝的建筑物也会因此变得少一些。

建筑表面的每一处都能承载多大的功能,官僚们要对此逐一进行常规评估,这让事情变得复杂。当然这直接与金钱相关,同时也是我们的官僚们在短期内降低建造成本的一个优秀做法,换句话说就是不负责,想让它们一直处于控制之中。但考虑到今天狭窄的边缘地带,作为替代使用方式的潜力同以前相比应该更加巨大。因为基于功能的思考方式没有在被人们奉若神明的建筑之间留下余地,它彰显力量的地方同时也是它的弱点所在。数字必须准确记录下来。人们喜欢确定性,特别是在那些有人们关注的建筑物的地方。没有以白纸黑字书面形式写下来的部分,都是得不到酬劳的部分。

初见由安妮·莱卡顿和让·菲利浦·瓦萨尔设计的南特建筑学院(Nantes School of Architecture,2009 年),感觉它像是一个装上单层玻璃窗的翻新过的工厂，但在其内部，设计师用给各个部分都装上玻璃的做法造就了独立的二层空间。幸亏额外增加了保暖外壳，这些位于一幢建筑物内部的建筑物满足了极其苛刻气候条件的需求，不论什么时候好像人们希望所有的建筑物都要满足这个条件。实际上这个保暖外壳只在严寒酷暑的条件下才是必要和有用的，可能一年仅有两、三个月能用得上。其余的时间里你则用掉了比正式纲要要求多得多的区域来保暖；不要说你利用的只是边缘区域！能够筹措资金实现沿着这些边缘线条增长的建筑设计，本身就已是一种成就。但是它展示了这个想法在实践中可以奏效。在这里我们的建筑物对于未预测到的，也是无法预测的需求大方接纳。

显然，它具有另一种接纳职能，建筑学院可以与其他单位分享其独特的位置，这种共生可以为业界带来很多裨益。建筑师让他们自己从城市将要迈进建筑物这一意图出发。在林格多工厂建筑综合体（见第132页）以及杜塞尔多夫的室内停车库（见第135页），一个高度上足够高的坡道让各个楼层都具有了承担大重量部件的能力并由此在实践上可以有各种用途。这是一个确实准备好迎接一切的开放建筑。

不论我们已经多么接近“一座城中之城”（a city within the city）的建筑物模型，我们在某一方面仍有缺陷，即穿过建筑物的公共空间如穿针引线般将创造出的丰富场所连接起来，就像一条中央街道，每个地方都很容易看到它，每个地方都很容易接近它。作为像这样一个空间的原型形态，一切事物在空间里出现，所有人都会在空间中终老，我们只需看看克罗地亚的杜布罗夫尼克（Dubrovnik）老城的主干道路。这是人们聚集到一起的地方。说起道路，很难找到比这个有关道路更基础的例子，这里的道路是学校中央礼堂或是任何建筑物的模型。

图295~图300 安妮·莱卡顿和让·菲利浦·瓦萨尔，建筑学院（Ecole d'architecture），南特，法国，2009年。

图295

图 296

图 297

图 298

图 299

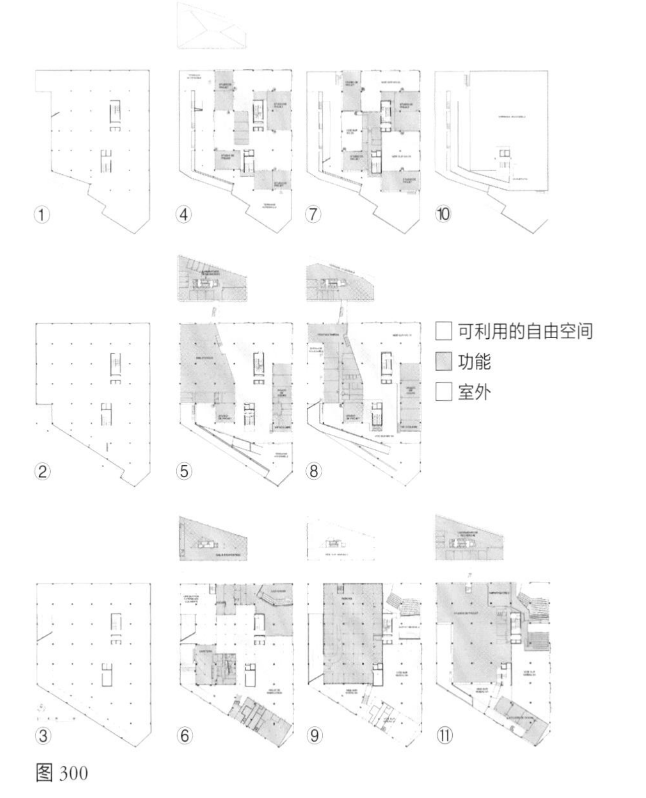

图 300

① 步骤 1 基础结构 二层 混凝土
② 步骤 1 基础结构 一层 混凝土
③ 步骤 1 基础结构 底层 沥青
④ 步骤 2 楼层平面 二层
⑤ 步骤 2 楼层平面 一层
⑥ 步骤 2 楼层平面 0 层
⑦ 二层 夹层 钢结构
⑧ 一层 夹层 钢结构
⑨ 0 层 夹层 A 钢结构
⑩ 三层 夹层 B 混凝土
⑪ 0 层 夹层 B 钢结构

图 301

图 301 杜布罗夫尼克，克罗地亚。
图 302 建筑系，麻省理工学院，剑桥市，美国，1967 年。

图 302

我们得再向前一个阶段，思考自我搭建工作场所的问题，比如麻省理工学院建筑专业学生1967年就在他们的建筑物内搭建了工作场所。他们把它作为自己的空间场所来表达对于建筑教育的不满。这种自由感和灵活性很快被强制安装的洒水系统一扫而空。

如果一幢建筑物打算要能经受住时间的洗礼和变化的考验，那么人们对于这幢建筑物的首要要求就是它的体量要远超正常范围，经济系统也常常对体量过大之类的要素持否定态度。正是超过正常尺寸这一点满足了要求严苛的富有赞助者，造就了许多建成的建筑物——比如房间尺寸超大的拥有不计其数套房的宫殿——也特别适用于博物馆以及其他像这样有公共功能的建筑。
从之前提到过的在昔日工厂中也能找到令人感到舒适的超大尺寸的建筑物，比如范内尔工厂和林格多工厂。现在就试试这样做吧。在一切都已被建成的今天，连最后一厘米都会被榨干到最后一分毫。
实际上从各方面而言，我们需要延长包括建筑物在内的产品寿命，这是先决条件，然而经济机器的运行方式与所有的先决条件都背道而驰，这是不可饶恕的。

但是你如何才能把已经证明会让老旧建筑物保持可持续性的品质引入新的建筑方案中呢？除了具有一个基本的结构，这些品质还要有足够宽松的匹配度，还得控制在楼面至楼面的高度以内，它们还得是不会因已确定的各种细节而被迫让步的空间秩序，唯独听从有利于可持续性情况的差遣。这些品质在不同地点、不同时间都有可能获得，它们也独立于各种趋势或其他不稳定的议题，只对保持永久性的标准做出回应，不管它的表象是否在发生改变。

以现在的建筑文化为特色的建筑工程项目的规划周期短，而且涉及的部分都可以计算到离小数点最近一位，但一个具有可持续性的建筑项目就很难像前者一样做出这样的预算来了。这就是我们要为我们的小店主心态所付出的代价，痛苦地降低楼面至楼面的高度只为省下一、两欧元。如果这种压迫感带来的心理上的影响无法评估出来，我们确实可以评估当其他功能都在暗示自己重要性的时候，我们为了改变所造成的损失程度。

想要具备改变的能力是需要边缘极限的，而不是压缩至最小量，在高度和表面区域上是如此，当然在结构强度上也是如此，这样才能增加额外的楼层。简言之，真正的可持续性需要超大尺寸，但建筑物的结构和空间不能额外增加投资。这就需要在建筑经济学、项目规划、管控，尤其在建筑教育领域掀起革命。

2008 年 5 月 13 日，一场大火烧毁了代尔夫特科技大学建筑学院。这意味着由约翰内斯·亨德里克·范·登·布勒克和雅各布·拜伦德·巴克马的鹿特丹建筑公司精心设计的一处建筑典范走到了尽头。它同时也意味着我们见证了发生过各种事件的空间走到了尽头。现在对我和其他人而言，在那段决定性时期里思考建筑的回忆就是我们保留下来的全部。

不像其他大多数开设在理工类大学校园里的建筑院系，这一现代功能性建筑物为了训练建筑师并为达到此目的在各个方面都是配备充分。找寻新的（暂时的）容身之处的工作最后以选中始建于 1923 年的闲置砖制大楼告终。它建成后曾供化学系使用，一度也作为学校主要的行政建筑使用，我在大一的时候也曾满是惊奇地凝视过这里高耸的、未被利用的空间。传统主义者的叠砖方法、纠缠不清的附属建筑以及格外高耸的楼层与已被摧毁的建筑学院全然是对立的，所以以第一印象来看这里似乎完全不适合它的新使命，尽管这里可能只是临时性的。暂时借用成为粗鲁切分、火速封闭半独立式庭院、将轻钢构筑物置入巨大的产品大厅等一系列行动的借口托词。没有一件事能干净利索地圆满完成，整个工作给人的感觉像是一项无法完成的任务。急迫匆忙，还要把成本压到最低，我们对于此地的介入表现出了对于一幢施工中的建筑物的犹豫不决与考虑不周，同时我们还要从这个最初是一个砖块“巨兽”的阴影中走出来。一切看起来都是暂时的，一种永久的临时性，没有明确的界定，更像是一个工厂，这也明确了人们的感觉，这里容易另辟蹊径。

图 303 建筑学院大楼火灾，代尔夫特科技大学，2008 年 5 月 13 日。

图 303

迁往这个相当杂乱无章的迷宫中工作学习的学生和教职员工很难会有他们所占据的建筑物是典范的感觉，反倒会一直提醒他们“可以另辟蹊径地开展工作”（it could be done differently）。你会一直有一种感觉，认为你自己可以再往里加进一些东西。这栋老建筑作为一项正在推进中的工程，要感谢遗留下的空间，对空间提问题而不是找空间要答案，这也是一所大学所期望的。

因此，这幢翻新的旧建筑物把要改变教育目标的理念灌输到师生当中。现在这里占主流的氛围并不太适合训练建筑专业的独奏者们，相比之下这里更适合做与新经济和其他心智思想相匹配的任务。

批评家可能看到我们被迫搬进一幢毫无特色并且首先是令人压抑的老建筑物这件事当作是功能主义终结的象征（或者，对那些讲究修辞的人来说，是建筑终结的象征）。命运悲剧性地急转直下，那些在 20 世纪 60 年代设计了建筑学院大楼的出色建筑师们专业技能娴熟，以他们的最大努力满足了所有设计需求，并且还非常成功——你还能在哪里再找到一个像它组织得这么好的建筑呢？建筑专业的访问学生曾经惊讶于他们所看到的建筑学院大楼——然而现在却控诉没有空间可用，对于这个方面当时没有人愿意去想。

无论工业领域持续从事研发高能效新材料、新技术、新流程的投入有多大，无论可能得到多少回报，它都一直不能与过时的可持续性保护原则相一致。这里的意思是用你手中现有的方式来生活，用的时间越长越好——换言之，是最经济的。但是，并不鼓励维修或是翻新这些东西让它们能够再次被利用的行为，甚至遭到工业出于贪婪之心的反对，工业宣称它们不得不生产新的商品，但是这些商品仅仅是摆在市场里。曾经你可以找人给你的鞋子换鞋底或是简单修

图 304

图 305

图 306

理一下你的汽车。现代系统永远是各部分融合在了一起，遇到最轻微的问题也需要整个更换才行。在我们随手即弃的社会里，东西还可以用的时候就会被丢弃。三件套西装被当作垃圾扔出去，而不是缝缝补补。重复利用需要一定程度上对于物品的依恋和钟爱，把它们当作是贵重物品来看待。我们全神贯注的是最新、最近又有了什么好东西，我们一直在期待下一个、新的期待、新的刺激物、短暂而且是临时的。从这里看得出我们不仅缺少判断能力，还缺少与周边环境的联系。所有事物都必须处于低维护水平，换言之不需要有人照顾。我们没有被安排去照顾周边的环境。照顾才能说明关注，东西都在我们熟悉的环境之中，我们感到需要对它们负起责任。随手即弃的社会正在助长世界上的商品变得可以快速替换；我们让自己周围都是舞台道具。这就是为什么许多建筑项目里呈现出的快速增长的绿植让人难以信服，好像它会自动开花并能一直保持枝繁叶茂。

图 304~图 306 取代建筑学院的新址，代尔夫特科技大学，2008 年。

如果有需要人们日常关心和关注的事物，在建筑物上面或是沿着建筑物栽植的植物和树木算是其中一个，人们把它们交付给没有情感的自动洒水系统。在一个可持续性越来越强的世界，可能找不到比绿色更好的象征，但是现实却远远不是如此。

关心暗示着把价值归附于现有的事物，就算从实践的角度看它们的价值可能会消失。如果没有别的什么阻碍，它会强化人与事物之间的纽带。确实，关心和归附于现有事物的价值，它们互相暗示。

一个空间里的居民长期持续占据这个空间，这个空间就变得与这些居民相适应，成为“他们的”（their）区域，类比于他们穿着的衣物。之后你可以认为空间正被人们居住——当人们与他们的周边环境相协调时，就会产生一种特殊的关系和某种程度上的舒适感觉。自然老化和正常磨损也属于这里。应该说老化并不是自动就意味着向坏处转变。就像旧的小提琴经过长期使用，它的音色更加美妙。那些不靠谱的东西用的时间一长就老化不能用了，具有可持续性的商品甚至可以从它们的老化中占到便宜。至于艺术作品，随着它们变旧，它们也在增值。有价值的东西随着时间推移只会变得更有价值，而不是贬值。

在重复使用一件东西时，我们也在为它赋予新的价值。我们重新评估，承认有新的诸多可能性。重新解读现有的事物，赋予其新的含义，那么它就可以准备好向新的终点前进。

已经被时间标记过的事物让我们意识到了时间的流逝。新的属性一直在改变世界的样子。就像记忆滋养过去，未来寄托于遗忘。消费主义鼓励消费，否定节约以及节约带来的可持续性。

可持续性意味着要寻找你拥有什么，并思考是否你可以利用它达成新目标——如果是这样的话——怎样利用它达成新目标，这些属性以及由此包含我们经验世界组成部分的持续性是完好无损的。

替代和改变引起居住环境的转变，使一般来说是特点鲜明的或可能对一些人意义重大的熟悉景象不复存在了。我们看到过去的标记被人们无情地抹去，抛之脑后，这一行为削弱了我们心理上对于已经适应的环境的熟悉性。随着时间推移我们都会有一些铭记于心的经历，这是因为它们与空间环境有联系：你与人道别的门廊、你用于足球训练的墙壁、你攀爬捡球的屋顶。所有这些建成的组成部分代表了一些重要的事件并且唤起了你经验世界中的部分记忆。它们记录了这个世界，让你能知道自己前进的道路并在高深莫测的迷宫里能一直有把握不迷失方向。

图 307~图 309 巨石（Megaliths），尼亚斯，印度尼西亚。

你积累的经验越多，你对周边的世界就越熟悉，它也就越有可能成为你的房子。每一次翻新和改变都意味着适应，在此之前你用得越多，适应起来越困难。这里的意思是出现的每一代人都恰好被那个时代出现的事物所服务，他们感到很舒适，但因为那个时代出现的事物还要服务那个时代之后的我们所有人，所以就逐渐显现了疏离感。而且因为世界将持续更新自己的既成事实，我们应该寻找现在这里有什么，从而保护历史，维护事件、想法以及偏好的连续性。

为了决定和巩固我们在世界上的地位，对于空间，我们聚焦于并把我们自己导向固定的观点，并与我们记忆中的观点相协调。空间环境出现的任何恶化和损伤都会出现负面影响——我们可参考的事物连续性被打破，在现在陌生的世界里我们倍感失落。石制纪念物可以帮助我们保护并唤起记忆。在尼亚斯岛（Nias）上，巨大的扁平石头被放在房前，这些石头代表着祖先，根据当地文化，这些石头在人们中间见证着过往发生的一切。石头让时间得以保留。这些石头不仅有供整个家族坐下休憩的用途，它们还能用来晒洗衣物。想要移开它们无疑太沉重了，这些石头让对于逝者的回忆得以鲜活，还有其他的事物也都不会被淡忘。与我们的文化不同，这些位列生者之间的祖先从未真正逝去。我们带着鲜花前往的墓地和公园，都是与我们生气勃勃的世界相分离的，逝者被安放在那里安息——所以如果他们不在我们当中的话，也是身处某地静享平和。

这些石头帮助产生并接纳活着的生命的持续自然属性，它们物理形式中持续的自然属性也确保了活着的生命的持续自然属性。照此法，这些事物紧紧握住了岁月中的所见所闻——换言之，它们维系了时光。记忆把它们自己涂抹在物体上，沉淀在场所里。物理要素和场所在人们的生活中占有显要地位，它们可用符号表示的能力也让人们可以一直抓住那里所发生的一切。这并不需要找一个具有特定集体经历的地方，就像场所精神（*genius loci*）概念所表达的那样。每个人都与物理和空间情况连结在一起。只要是有人的地方，你就找不到无人居住和未被描述过的地方；现在这世上你就找不到像这样的处女地。

一切事物都会产生出各种含义，现在也仍在产生着含义，就像老的颜料涂层一层叠一层，就整体而言，它们为我们而成形，新的涂层可以置于底层涂层之上；产生的新含义也会对整体产生轻微的改变。

旧的含义退居幕后，新的含义增补进来，这样的转化过程必须始终出现在我们的工作方法中。只有以像这样的辩证过程，沟通过去和未来的线索才能延续，历史的持续性才得以维系。

图 307

图 308

图 309

设计只能把潜在的和起步时就一清二白的思路进行转化，这样的想法不仅是荒谬的，更是灾难性的，以必须完完全全从头开始为由，毁掉现有的，让裸露的空间填充进不切实际、毫无个性的建筑物。

我们把先于我们的设计方法都丢弃不要，也不留意就近在我们身边、社会关系更为稳固的族群手里掌握些什么，我们没有利用掌握在自己手里积累起来的意象，我们把更新的可能性消灭在了萌芽状态。[《为更加适宜的形式所做的准备工作》（*Homework for more hospitable form*），《论坛》，1973 年，第 2 期]

它带我们回到这一事实前，在设计建筑物和开发城市景观时，我们必须区分开长时间周期的组成部分——我们视之为根基的事物并由此构成了项目的主要特点——与能够适应并满足非长期利益的、使用寿命较短的组成部分这二者的不同。建筑物在多大程度上能实现地久天长，也就是说它的结构得以保留（类比由街道、广场及建成结构的基石描绘出的城市主线，并由此形成了我们对城市的认知），其最大的可能性在于建筑物的典型特征上，这极其重要。在可持续性的框架内，让建筑和规划中的结构主义重获新的关联性，正在于此。受不断改变所驱动，受可持续原则所指引，唯一能想到的与我们文化中的建筑相调和的方法是通过找到一种共同意识，区分开哪些是流动的与可变的，哪些是稳定的和可保留的，有能力重复接纳新生事物。根据前文描述，人们对这种能力肯定会非常期待，可以说每一个富于表现力的行为都含有对人类生活状态的一个“小结”（summary），某种程度上它在更深层面上包含了一些不得不提供的永久事物。

几经世纪流逝，建筑已经变成了在过往的时间中得到演绎的一个动态过程，其动态性在持续增加。建筑的转变一直在持续，从未被打破，我们看到在转变过程中许多建筑真的是从纪念物式的永恒被降为一个个瞬间。

现在已经被人们全然遗忘的建筑师威廉·弗朗西斯·范·博德格雷芬（Willem Franciscus van Bodegraven）1952年在位于瑞典的锡格蒂纳（Sigtuna）召开的国际现代建筑协会（CIAM）代表大会上曾做出如下评价，可能听起来甚是悲凉，他说的话在六十多年后的今天仍然具有现实意义："我们面对的是结构和形式进行演化的必然性。它们会随时间推移而发展，在成长的所有阶段里它们也仍然是统一体，仍然保有各个组成部分的连贯性。如果没有这些，结果必然是自我毁灭。"[2]

2 引自（原文为荷兰语）《论坛》，1959年，第7期，第216页。

第十二章　进展中的工程 | Work in Progress

无论我们喜欢与否，改变都属于我们制造出的一切事物的一部分或者说是我们不得不去应对的。我们别无选择只能把它作为基本组成部分融入深思熟虑之中，有意识地在它之前快它一步。

建筑物就是各个部分都完成的物体，它的最终形式表现为一种平稳状态和明确被限制的实体。这种对于建筑物的理解与现今富有活力的民主文化不相适应由来已久。民主之下做出的决策是人们共同努力的结果，就像是对于改变的迫切疾呼。只有让对于建筑物的设计不仅仅停留在适应天气冷热及职能、用途和性质特征上的一般变化，而是要做好准备，在观念感知上有所规划，让它的可持续性达到一个合理的程度。我们得减少把建筑物当作完成品的想法，多一点把它当作是正在推进的工作。在进展过程中每一个接续的阶段都是永恒新生状态的开始。这也就标志着建筑外观有最终状态理念的终结。推进过程随着时间推移一直在进行，为确保这一过程保有一定的连续性并杜绝临时性措施所产生的难以预料的各种后果，我们需要能经受得住时间检验的有序主题。

我们必须关注建筑秩序的主要空间主题。这一主题是结构，是统领设计的思路，是让建筑保留有基本特点的常量。打造空间让空间拥有尽可能最长的使用寿命是一件很重要的事情，这样一来就让在较短期内房间使用上的洞察力和兴趣点要有各种波动变化。

如果可变因素考虑了相继使用同一空间的不同用户的差别，那么代表适用于我们所有人和代表“特定类型”（type-specific）这两种事物的常量和根基就会有更强大的生存能力。根本理念坚持认为从原则上说整体空间是保守的。这不仅仅应用于像建筑框架这样的实体建筑中。建筑结构可以表现为多种外观形式。能制定时间和空间的秩序，指引我们探索时间和空间的方向，并确保创造空间和预留空间二者均衡分配的，像这样的事物，我们把它认定为结构。最有说服力的案例是能够追溯城市集体性的道路和广场网络。从长远来看，伴有道路和广场网络的城市结构独立于在这个城市里发生的任何变化。

我们应该把所有的注意力聚焦到提供一种持久耐用的组成部分上来。

这种组成部分让被移除的部分都得以保持有活性，同时还总是准备好接受下一次的挑战：这是根本性的前提。从这个方面来说，作为共同所有而获得的东西不太可能被修正，就结果而言共有物在原则上也更具可持续性，这是至关重要的。就像支持同一件事物的人越多，保护这件事物的基础就越强。一般这对于塑造民主社会结构的诸多方面都适用。

一方面，对于指定好的固定空间和形式，我们可以不再与这样的空间和形式为伍。在我们流动变化着的世界里，这些一成不变的东西迟早会成为无所作为的阻碍物；只有被反复解读的事物才能随时代而变，在现代洪流中稳占一席之地。另一方面，需要有一些可以行使职权的东西，也就是说代表社区群体确保整体不会解体为碎片化的表达行为。实际上需要权威当局做一些事情来促使改变的发生，同时又要保持它的一切组成部分各就各位。我们之前用许多案例解释了结构主义的这一机制，比如织物原则，用经纱作为基本前提推动编织纬纱，这样一来织物种类多样，颜色多姿多彩。事实上没有找不到可予以类比机制的领域，就算有也是极少数的。多样性总是涉及方方面面，每一个地方的差异、时间限制的长短、普遍接受的自发兴趣与需求、包含永久性组成部分的结构、指导性“游戏规则”（rules of play），调和这些方面的多样性一直都是一个问题。想一想立法和司法，或是宪法，自古以来各种关于自由的观点和哲学理论以及从属于权威当局规则之下的规章制度，都在为赢得最高权威而战，但同时也考虑一下依附，本书中反复提及的有关语言和语言学的内容——结构主义的来源。

在城市和建筑物的空间里，维持双方平衡的研究会继续进行下去，一方是代表共有普遍的事物，另一方是可改变的、可适应其使用方法的事物。需要对自由加以限制这一悖论帮助了我们。只有被所有玩家都接受的固定游戏规则才会允许自由把玩可产生各种结果的游戏。按照规则的内容，人们普遍接受的游戏规则不仅在游戏进行时创造出了框架，还由此产生出突破框架的需求——像是一个不是有意为之的悖论——并鼓励创造性。同样的创造性反过来促使规则变得更加严密，可以预料到更为严密的规则会让之前的许多规则一落千丈而完全失效。游戏规则不只是确定游戏有哪些限制，它也包含赋予每类游戏以独特特色的情况，鼓励产生独一无二的特定奇特特质。

伴随创造性而至的自由就是对于那些过去常常被认为是确定的事物，我们现在有能力重新解读它们，可以质疑它们。改变对之前而言确实是一次新的解读，是列车上摆脱掉束缚的一节车厢，在创造性的一刻看到了不一样的风景。另一方面，社区接受的任何事物都会尽其所能最大限度地保留下它的奇特性。抵制既定的含义是有必要的，这样就能适应其他情况和新挑战。一旦被占用，这些适应性的举措就会临时提供新的安全性和确定性。

我们的工程从一开始就会像一幅画作一样光鲜靓丽，我们必须从这种幻想中摆脱出来。和艺术作品不同，建筑物如果没有遭到破坏，人们会以此为家，迁进搬出，各种情况都会发生，建筑物被人们使用，也会被人们滥用——并不是建筑物会永远保持崭新的状态，这只是建筑师自负的想法。在建筑物投入使用时，我们能够也应该把使用者的想法视为我们设计的结束，而不是只能失望地接受我们的设计理念开始“恶化”（deterioration）。毕竟建筑物无外乎是拥有大量正在变化着的想法和目的的一代又一代人对占据场所的一种支持和鼓动。当然，所有人都希望我们的建筑物能让人有回家的感觉。

设计出来的作品是建筑师的创造，只属于他们自己，建筑师必须要甩掉这样的想法。随着时间的推移，人们会越来越多地把建筑师对建筑物的个人贡献看作是从上面强加的一些东西，从某种意义上来说是需要遵守的秩序，不是居住在建筑物里的人和管控建筑物的人所能强迫的一种抽象概念。他们必须首先把他们的设计方案准备好，好让之后要为它们负责的人真的能够没有限制地使用它们（为其他人的工作保留有一份简单的尊重）。就建筑物究竟是谁的财产而言，阿尔多·范·艾克与胡贝图斯住宅（Hubertus House）的主管艾迪·范·罗伊恩（Addie van Roijen）有着相互冲突的想法，他们之间的不同意见在这里也得到了说明。无论建筑师在他们的设计中倾注多少关心和热爱，他们也没有办法确保占用建筑物的新拥有者不会染指建筑，创造属于自己的空间，除非建筑物是一幅画。

如果建筑物内在表达的形象暂时没有与建筑物向外部世界展示的形象达成妥协，那么建筑物的建筑结构要能够让对建筑物负有责任的新用户干预它，不论是延长还是简化他们与建筑物之间打交道的时间，必须让他们占有它。一旦建筑物投入使用，它必须对占有用户的干预持开放态度。事实上必须明确地引入甚至是激发调动有利于解读的内部条件。

人们强调的重点已经从传统建筑理想中遥远抽象的要旨转向了建筑试图去激发一定程度上的“活性”（livedness），换句话说，就是它在多大程度上允许通过附加和容纳的方式让它被占用。这一特质的前提是假定存有一种有吸引力的特点，它无需强制指定用途的特定方向便能产生出用途；实际上是一个不完整的要素。

图 310

图 310 赫曼 · 赫茨伯格，老年之家，阿姆斯特丹，1965—1974 年。

人们也把它称作是另一种美学。从艺术的角度看，它参与其中并为外部环境和观众所影响，而且已经得到了长期普遍的运用。尽管它没有建筑领域这么显眼，但也应该引起注意。在建筑领域中不仅要看，还要以你感到舒服的方式去使用、去居住。现今的建筑师中几乎没有设计师赞同他们的作品被别人解读并由此进行转化的想法，更不用说欢迎它了，因为他们旨在创造空间而非预留空间。这就意味着我们建筑师要把其他人包含进我们的产品中，产品不仅意味着我们自抬身价，也要明确地为他人考虑。

把建筑师在精神上的信仰作为一个整体来看，一幢建筑物是意在成为一个纪念物，要具有自主性、吸引力、令人印象深刻：简直就是一幅艺术品的样子。在建筑师们的“创造物”（creation）中生活工作的人们怎样对待他们的“创造物”，这是建筑师们解决不了的问题。他们仍保有创造杰作的梦想，梦想他们的“创造物”能以最初的状态得到永远地保留和保护，就像是无价的艺术财富一样。他们对于建筑的这个梦想就像在博物馆中得到妥善存放的一幅画作或一尊雕塑一样免于滥用和曲解之苦。只有在最特殊的情况下才会对一幢建筑物予以认可，这让建筑实践背离了正确的轨道。

1 弗里德里希·威廉·尼采（Friedrich Wilhelm Nietzsche），《偶像的黄昏》（*Twilight of the Idols*），翻译自托马斯·康蒙（Thomas Common），多佛信使出版社（Courier Dover Publications），2012年（德语版 *Götzendämmerung* 初版于1886年）。

所谓的明星建筑师，出于自恋和对于炫耀的渴望（这是一个专制的特征），为了提高自己的知名度和威望往往会建造一些像艺术品的建筑。这些建筑师认为人们对于他们的建筑物“不可避免的”（unavoidable）占用并不是升华了建筑，而是在亵渎他们的地标性创造物。如果可以，他们会禁止在内墙上零乱地摆放任何东西。至于外部，他们会尽其全力，经常以著作权法为武器，让他们的建筑物免受阳光阴影遮挡的伤害，阳光阴影的因素已经不在他们设计方案的考虑范围里，因为如果加以考虑了，建筑物就和他们心中的样子不相符了。这些建筑师，作为使用他们建筑物的代表，决定了使用建筑物的这些人该如何与他们的创造物共存，以及建筑物的身份特征应该是什么样了的。准备好容忍这一切去住在这里的人们显然骄傲于有幸住在一个艺术品里。

当美国肯塔基州克诺布（Knob）居民区的客户问这里的建筑师弗兰克·劳埃德·赖特，他们的起居室是否可以比设计的尺寸大一些时，赖特的回应是如果想那样他们应该另请高明。随后这些客户匆忙收回了他们的要求。出自著名建筑师之手的房子不论其设计是否完全合乎客户的心愿，但毕竟还是会对这些客户的身份地位有好处的。

所以，通过选择建筑师及其产品，建筑便获得了身份地位。受不住身份地位与日俱增诱惑的有客户——也有建筑师他们自己——在建筑的掌控下。这就导致出现了“地标”（icons）的反常现象，外观即是一切，建筑的所有重要设计意图都消失不见。把它置于我们的角度来看，我们背负物体不可改变的重担，被它们的身份特征压得喘不过气来，与其说是令人心暖不如说是心惊胆战。这些不可改变的物体根本不能适应它们如果想要生存迟早都会遇到的转变。

同样在未来，只要还有传统权力关系盛行的地方——以上提及的这些就会萦绕在人们周围——我们以后肯定还会看到纪念物式的建筑物作为人们印象中社会精英的地标，同时也是群众的地标矗立起来。

“最有权势的人总是会激发出建筑师们的灵感；建筑师的设计总是受到权力的暗示。”[1]

现代很多已经变得习以为常的建筑实践在最初都是为富人群体和他们的豪宅服务的，之所以出现这些建筑实践也只是因为富人有挥霍不尽的家财，富人对新生事物感兴趣，这些新生事物也成为他们最初新发现的一种财富。

财富持续令人着迷，在更加民主体系下也是如此，我们也不可能一直超脱世外不让建筑试图去表达这些，也不可能不让建筑师们过于热衷设计这样的建筑，原因很简单，这是他们理所应得的。

建筑过于冷漠，总的来说也过于关注如何炫耀，如何令人愉快和印象深刻，却丝毫没有意识到它对人们想要什么或是思考它们想要什么所产生的影响以及它对人们是怎么产生的影响。我们试图通过以集体共同信仰的方式来实现符合我们审美的理想状况，来管理人们，并以社会契约阻止人们受到公正的待遇。建起一座座知名的建筑物让公司和机构享有了更大的荣光，然后用不了多久，这些建筑物便被弃置一旁，因为它们不再适合或是人们觉得它们日渐陈旧，建筑物如同衣服一样。

这就是为什么现在仅在荷兰就有1000万平方米未利用的闲置空间了。[2]从理论上讲，你是可以为这些空间找到一些用武之地，但是这些建筑物一般又都是轻量型的，想要让它们适应今天低能源消费的需求，代价太高了。大体来说，尽管老建筑翻新做得很好并且首先为用途着想，但人们仍是勉勉强强才愿意搬进去。

城市里也会有高姿态的公司保留下多余无用的工业建筑的临街墙面来展示——它的城市名片——旧的外壳可以填装上全新的内部内容。机构和公司也频频会展现出其幼稚的一面，它们认为一幢建筑物的身份特征越多，那么其代表的身份地位就越高——大肆挥霍，这是最糟糕的结果。

在世界上的大部分地方还没有人能坚持秉承这样恪守原则的态度来考量建筑，因为对他们而言找到一个能生活的地方就是努力生存的一部分了。被遗弃的建筑物适于重获利用，从以前端庄大气焕发荣光的房间转变成那些多数住在城市边缘的家庭梦想得到的豪宅。因此，委内瑞拉加拉加斯（Caracas）一幢只剩下框架的银行建筑被垂直棚户区（*favela*）所占据和替代。银行建筑的空间占地广泛，造型优雅，原本有理由相信这里会成为一个伟大的建筑杰作。托尔·大卫贫民窟大厦（Torre David）已经成为一个反地标的例子。面对巨大的需求，它曾经是一幢权力阶层极尽对于财富的雄心壮志与渴望的巴别塔（Tower of Babel），它作为一个童话般的例子向我们展示了人们是如何能够靠他们自己完成这个蔚为壮观的转化过程。[3]以前，在市场把手伸向住房之前，那时谈到社会福利住房，我们会把它理解成对人们有房可住权力的一种尊重，然而我们发现通过我们享有的权力应该占有的房产却长期闲置，这些权力已经被夺走了，尽管这一议题变得比之前更加与我们密切相关。但是我们希望能够定义可持续性的概念，而保护闲置的房产却又根本不顾及期盼着在头顶上找到一片遮风避雨屋顶的人群，这本身就是一个既荒谬又充满戏剧性的不可持续的例子。

如我们先前提到的圆形剧场和戴克里先宫的例子，对于建筑物的重新解读既要受到建筑物材料匮乏的影响，同等程度地也要受到实践

图 311　人居废弃厂房，艾哈迈达巴德（Ahmedabad），印度。

图 312，图 313　苹果商店（Apple Store），纽约，美国。

图 314　托尔·大卫贫民窟大厦，加拉加斯，委内瑞拉。

2 这一数据无法持续跟进。政府建筑师表示："闲置缘于市场：800万平方米的办公空间，1200万平方米的商业空间以及3500万平方米的居住空间。再加上120万平方米的办公室和其他政府建筑物。"来源：《建筑信息》（*Bouwinformatie*），第2期，2014年3月。

3 从此非正式的定居者都被驱逐了。

图 311

图 312

图 313

图 314

中思考的影响，这是毫无疑问的。在过去，那时人们没有对于建筑物老旧部分再利用的顾虑，甚至当催生出各自建筑风格拼贴杂糅时也还是如此。一旦一种风格要素已经失去了它的意义，在其最初的背景下也不再奏效，那么人们对它就会有不同的解读，它也会在另一种背景下发挥作用，就像单词的含义发生改变一样。

建筑同样也从未遇到过与它自己自相矛盾的问题。不管它失去哪些含义，这个事物都变得可以在其他地方派上用场，显示出其作为建筑材料的价值——那时材料一直很匮乏——显然总是要比统一整体风格的思路更强势。经年累月这已经产生出稀奇古怪的、通过剪切和粘贴来实现的拼贴艺术，展现了人们自己是如何能与之前已经表达出来的确定的事物彻底划清界限。迟早，其他人的其他想法会让一度把某个事物当作一个风格上统一整体的设想化为乌有，就算它不是出自笔者自己之手，也会经常性地发生。

我们只需思考位于罗马的古罗马广场（Forum Romanum）上安东尼乌斯和福斯蒂娜神庙（Temple of Antoninus and Faustina）中的教堂，或是附近的奥克塔维亚门廊（Porticus of Octavia），在 230 年后它的三根圆柱被移走供其他教堂使用，移走后留下的空隙修建起一座罗马砖砌拱门来填补。对于完美的概念所给予的尊重，其持续的时间不会超过一个范式的生命周期以及与其相伴的建造工具包。如果创新不会对之前的事物产生破坏，那么无论如何它都意味着要把由不同建筑师设计的增加部分补充到一起。菲利普·布鲁内列斯基（Filippo Brunelleschi）一直苦苦为之奋斗直到最后才建成的圣母百花大教堂（Florence Cathedral）圆形拱顶，这是他的杰作；但他的这一荣誉几乎在最后一刻被剥夺了。至于米开朗琪罗（Michelangelo），命运决定了他的圣彼得大教堂（St. Peter's Basilica）的正立面注定会被卡洛·马代尔诺（Carlo Maderno）的教堂正厅所取代，这一次拓展让除了穹顶之外的他的整个创造都从人们的视野中消失了。还有再想一下卢浮宫（Louvre）的建筑群也是如此，尽管看起来是一个完美统一的实体，但是它也接连被许多人建造过，按顺序有 16 世纪的皮埃尔·勒斯柯（Pierre Lescot）、菲利贝·德·洛梅（Philibert de l'Orme），17 世纪的皮埃尔·勒·梅歇尔（Pierre Lemercier）、路易斯·勒沃（Louis Le Vau）、夏尔·勒布伦（Charles Le Brun）、克劳德·佩罗（Claude Perrault），19 世纪的夏尔·佩西耶（Charles Percier）、皮埃尔·丰丹（Pierre Fontaine）以及路易斯·维斯孔蒂（Louis Visconti）。应该说上述所有这些署名建筑师的案例都可以从一个共同的古典主义者的建造构件包中找到依据，这让他们的个人贡献产生了某种家族上的相似性，他们之间的区别只有在专家眼中才是明显的。最后，多年之后贝聿铭（Ieoh Ming Pei）给全部连接起来的地下大厅冠以玻

图 315 安东尼乌斯和福斯蒂娜神庙，罗马，意大利。

图 316 奥克塔维亚门廊，罗马，意大利。

图 315

图 316

璃金字塔顶部，他的玻璃金字塔可能过于简化了，但它极好地调和了与其一个个著名前辈建筑师的关系，所以说考虑进去的一切事物都堪称是神来之笔。

保护老建筑，特别是因为某些理由它们值得被保护时，并不是意味着它们就像“艺术品”（artworks）一样不该碰触。
阿贝·博纳玛（Abe Bonnema）位于莱瓦顿的布霍夫校园综合体（Bouhof university complex，1974—1978 年）的建筑体量具有很强烈的表达效果，给人一种外向的、不规则的印象，尽管这一综合体被模型化，被到处套用。当出现扩张（或精简）的需求时，就像希望的那样，不同部分原本计划好的身份特征需要加以折中，此时问题就出现了，为了能够区别不同的系所，如何为它们构建组团和选址。这一概念还有另一个更严重的弱点：综合体缺少清晰的主干路网，在对建筑物日复一日地使用中这会对建筑物内部的方向造成阻碍，并让它有点像一个迷宫。确实，建筑内部满是中世纪城镇风格黑暗狭窄的众多道路。简言之，扩建大学不是多建一栋楼或几栋楼的事。**扩建学校好像更喜欢在整个建筑物的周边构建起一个新的结构，新的结构会与现有建筑物的各个方向都产生联系，赋予形成一个能够凝聚为一体的框架，就像是一个画框。同时，现有的结构仍然是可见的，外部区域的连续性会得以保护，在新建筑物之下也能保留得完好无损。至于现有建筑物内恍如迷宫般的廊道系统，构成与新建筑物联系的两条垂直轴线通过在有可能的地方拓宽它们并增加向上视野的双倍高度空间，从而已经升级成为主干道路。**这些主干道路在中心区域交会，空间质量得到了明显提高，最特别的是还额外增加了一扇轻

图 317

图 318

图 319

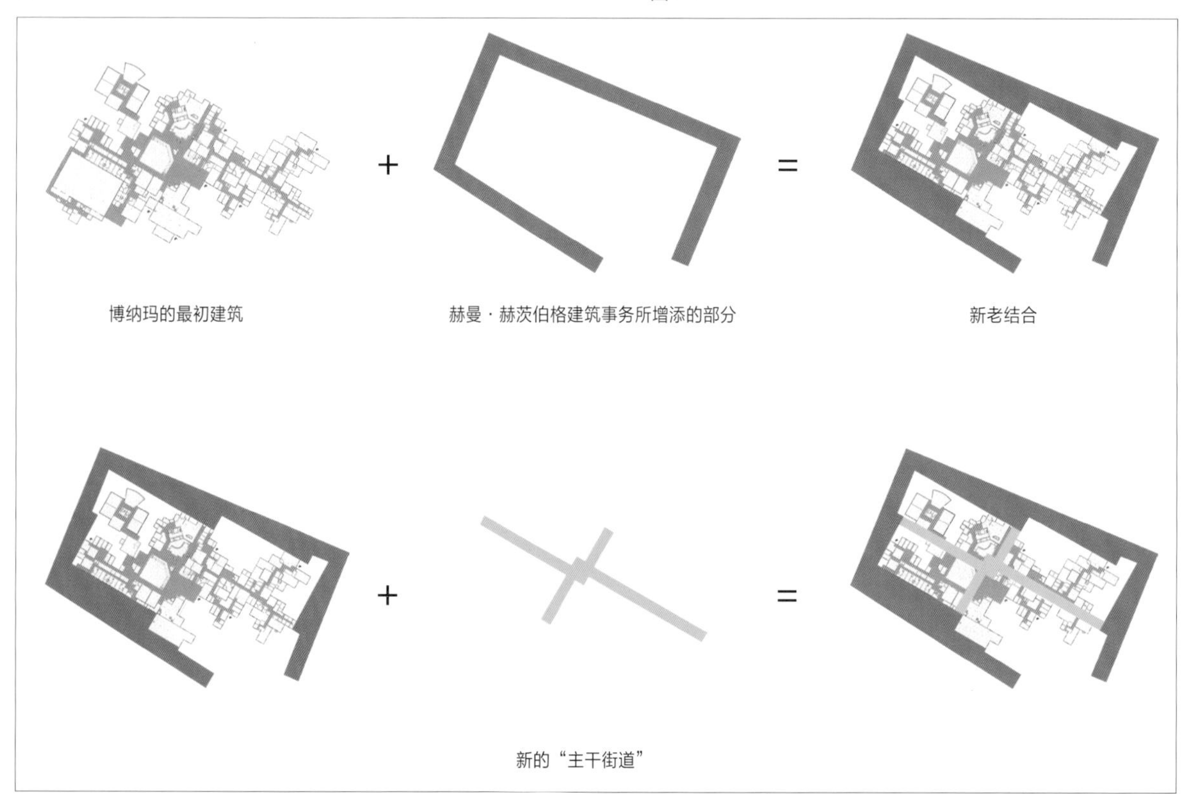

图 320

图 321

图 322

图 317~图 322 赫曼·赫茨伯格，北方学院，莱瓦顿，2009 年。

图 323~图 325 赫曼·赫茨伯格，帕特里克·弗兰森（Patrick Fransen）、乔·科南（Jo Coenen）、蒂斯·阿塞尔伯格（Thijs Asselbergs）以及荷兰建筑师事务所（NL Architects），蒂沃利·弗雷登堡音乐厅（Tivoli Vredenburg Music Palace），乌得勒支大学，2014 年。

型天窗。新建筑物主要包括了大片的无柱楼板，无柱楼板的跨距达 11.7 米，这让承重结构全部转到正立面成为可能。可以在外壳下不断进行新的切分，这是所有现代教育机构的一个先决条件。[《赫曼·赫茨伯格的学校建筑》（*The Schools of Herman Hertzberger*），第 54 页]

如果人们把最初的建筑物当作是历史的一部分给予其最充分的尊重，没有虚饰、全功能的周边区域就会贴合老建筑沿四个方向向外扩展，如有需要，它由于具有中立性，也会允许地板表面区域的进一步扩展。

当做出决定只保留荷兰乌得勒支大学（Utrecht University）弗雷登堡音乐中心（Vredenburg Music Centre）的主观众席并为方便不同类型的音乐演出再增加四片新的观众席后，它就创造了另一个完完全全的综合体。简单讲就是把四个客户与他们各自建筑师的努力[4]结合在一起最终得到一个共同的结果。

一个罩型的屋顶被设计了出来，它作为一个统一的封套让四位建筑师可以在其下做出他们自己具有主动性的贡献。辅以互不相连就像漂浮在共有空间中的独立单元，这里可以容纳下不同的观众席，很像保罗·尼尔森（Paul Nelson）的悬浮别墅（La maison suspendue / Suspended House），但这里的尺寸更大。

在这幢建筑物内，每一部分都拥有自己的身份特征，甚至能在建筑物的正立面上有所部分表达，最终在城市的眼光中创造出一幅联合在一起的拼贴画作。

这幢建筑物可以被看作是城市的延展，垂直城市中出类拔萃的建筑典范。在不同观众聚集融合的都市背景下，它的观众席，每一片都与一种具体的音乐类型相适宜，可以被认为是属于各自部分的建筑，每一部分都有自己的特色。最后，为这个社会空间组织好一个包罗万象的形式，城市设计的工作要比建筑的工作要多。

4 乔·科南、蒂斯·阿塞尔伯格、荷兰建筑师事务所和帕特里克·弗兰森 / 赫曼·赫茨伯格建筑事务所（Patrick Fransen/Architectuurstudio HH）。

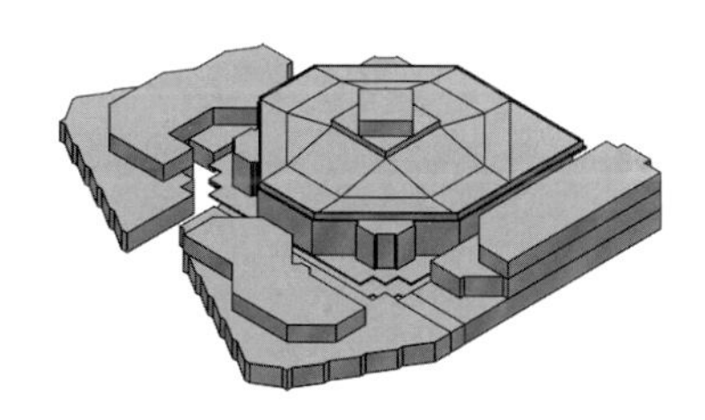

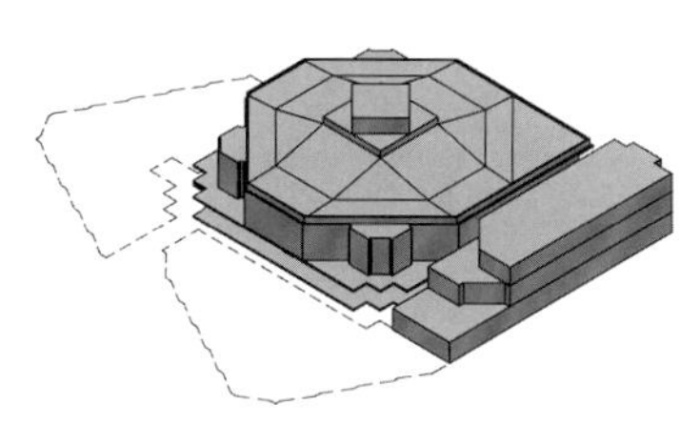

图 323

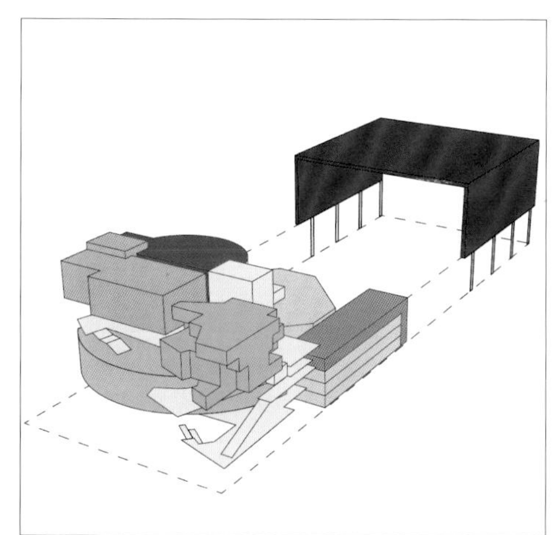

图 324

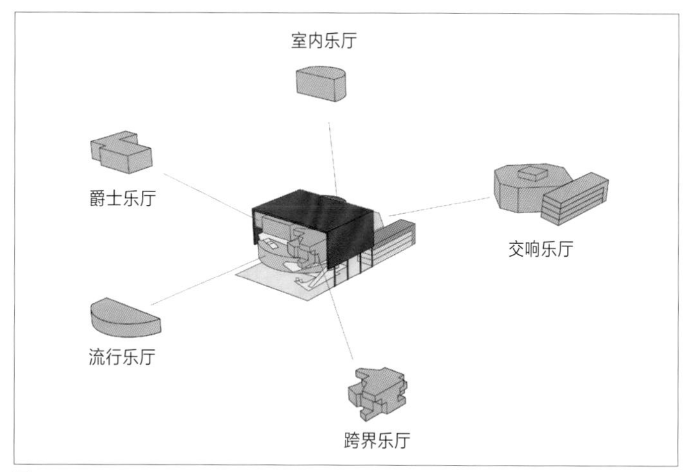

图 325

图 326

图 327

图 328

图 329

图 330

图 331

图 326~图 331 赫曼·赫茨伯格、帕特里克·弗兰森、乔·科南、蒂斯·阿塞尔伯格以及荷兰建筑师事务所，蒂沃利·弗雷登堡音乐厅，乌得勒支大学，2014 年。

图 332 保罗·尼尔森，悬浮别墅，1936—1938 年。

5 感谢理查德·桑内特（Richard Sennett），“把人作为一项进展中的工程”（De mens als werk in uitvoering / The human being as a work in progress），桑内特获斯宾诺莎奖的讲座（Spinoza lecture，斯宾诺莎奖是荷兰科学界的最高荣誉），阿姆斯特丹，2010 年。

图 332

一旦建筑物发生转变，不仅是建筑师的最初意图会改变，同时他们的建筑不得不照搬其他建筑师的其他意图，并且不能以同等程度的尊重给予全面展示。是不是最初制定规划方案的人工作做得就更好呢？就算建筑师会参与转变，也仍然会出差错。像这样的例子很多，有的建筑师对他们的建筑作品修修补补的，有因为观念变化而做出严重妥协的，或者甚至还有彻底搞砸的。勒·柯布西耶的救世军避难所（Salvation Army Refuge，1932—1933 年）精巧的玻璃板因其通风系统一度与周围环境格格不入，就好像是宣布进入了一个崭新的阳光普照的时代，没有人再会遭受贫穷。遗憾的是它被设计成了不带遮阳的样子，而勒·柯布西耶在变得沉迷采用以亮色混凝土格栅形式的遮阳（*brise-soleil*）原则后，他决定这幢建筑物也应该安上一些用来遮阳。他早前的热情不得不为新生事物让路，在推进过程中牺牲掉初始的通风系统以及它与更好时代之间的联系。相反，当受邀扩建雅乌尔别墅时，他提议在这些笨重的地面砖块上放一个让·普鲁维风格的金属盒子。不管他的想法发生了怎样变化，凭借不屈不挠的乐观主义精神，他对他自己一直深信不疑。

当涉及建筑物转化的主题时，再一次是勒·柯布西耶先他人一步提出了可扩展建筑的概念。如何让一幢建筑物在保留其原有特色的同时真正地得到成长，就这一议题，1938 年勒·柯布西耶以他的可生长的博物馆（Musée à croissance illimitée）以及紧随其后的许多变体为回答，提出了稍微有些正式的解决办法。他的想法是让建筑物朝着外向螺旋形的方向演化，改变正是围绕着边缘地带发生的，边缘地带本质上也是扩张过程中每一阶段的稳定内核——换句话说，它更像是城市。

“进展中的工程”[5]可以被解读成一种呼吁，建筑师们不要再习惯于把建筑物视为一种彻底的、确凿的组合方式。由于文化价值的表面

图 333

图 334

图 335

图 336

图 337

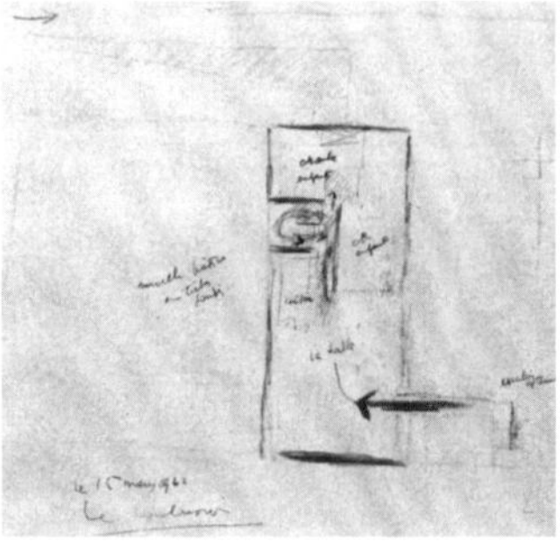

图 338

图 339

图 333~ 图 334 勒 · 柯布西耶，救世军宿舍（Armée du salut）以及之后对宿舍做出的改变，巴黎，法国，1932—1933 年。
图 335~ 图 338 勒 · 柯布西耶，雅乌尔别墅（1953 年）以及扩建平面图（1962 年），塞纳河畔讷伊（Neuilly-sur-Seine），法国。
图 339 勒 · 柯布西耶，可生长的博物馆，1939 年。

利益作祟，这种习惯深植于建筑师们的内心。我们准备好以另一种视角来看待建筑了。为了应对各种新的挑战，把更为巨大的可持续性与为永久性转化而做出的布置结合到一起，以这样的方式来解决矛盾，这一点很重要。在这里建筑不是绊脚石，而是充满动力向前推进的发动机，在进展中建筑物不仅能接受各种功能而且能吸收进一个新的身份特征，就像人在不同的场合里有不同的着装打扮一样。
在一个民主环境下，建筑师的角色发生了巨大变化，从一名被寄予厚望最好把一切处置妥当乃至最微小细节都不落下的全能设计师，到一名为所有人及时追踪空间主线的向导，对于每一个个体觉得适合添加进去的设计内容，建筑师都没有任何的控制权。

传统设计师们的设计意图相对从一开始都较为抽象，所以我们必须牢记在心，关心他们设计意图的人是越来越少。他们变得更加自由了，专业性的关注度更少了。“有关它的事我们无所不知，如果有不知晓的，那么我们便会去探寻。”或许在他们之中只有受过最好教育的人才会有自知之明，意识到他们所谓知道的内容全然是些毫不相干的东西。
在现代组织机构中发现自己在日渐复杂的系统中工作的人越来越多。我们不得不与支持性、内务性、卫生、安全服务打交道，而每种服务都有自身的要求与正当愿景。他们自己为家具决定用哪个颜色是漂亮的。如果建筑师的影响力已经微乎其微变得连住房的前门都涉及不到了，那么他们在“公共”建筑物上的影响力也在式微。过程缓慢但确切无疑，他们的服务正在局限于只关心外部，外包装内部有什么内容现在已经不再是他们的研究范围，甚至他们所关心的外部是由专业装配和安装技术所掌控的，是由最小的得热量、最高效的能量存储、自然光使用以及坠落防护技术所掌控。
建筑逐渐被否定以及被其他具有优先级别的事物掩去光芒，这在情理之中，也是必然所在，我们将来不得不潜入地下奋斗，去找寻空间的最佳组织方式。阿尔多 · 范 · 艾克过去常常抱怨建筑就像是走私品一样，它只是偷运进你的设计里面。显然他的意思是作为一名建筑师能让每件事都按照你的想法来进行就已经够难了，而且他也就建筑作为一个整体领域：作为艺术，进行了思考。如果他还健在，他肯定会煽动起全面的游击战。

总结一下，如我们所见，建筑师们还要扮演他们是自己建筑物的城市设计师这一新角色。建筑师们首先要担起责任，研究怎么让建筑物的各个部分彼此契合，并由此制造出一切事物聚集于此的空间：具有可持续性的组成部分。我们应该把文化视角下的可持续性看作是一种能促使改变发生的结构，一种某些最重要的组成部分实际上已经发生改变的结构。结构，从根本上来说是保守的，是一条持续的水平线。作为制定游戏规则的来源依据，它向我们发起参与游戏的挑战，并在游戏中利用被禁用的边缘以及由此产生出的自由。游戏规则不仅让游戏得以进行，而且让游戏得以完善。就像我们脱离语言就无法用词汇表达我们自己一样，游戏规则界定了可回旋的余地有多大，并且伴随一起还界定了我们的自由。自由的前提是有规则的限制。不论是结构、“建筑构件包”，还是建筑秩序、建成实体建筑都允许拥有一定程度上的解读自由，这样是为了适应随时间推移而产生的改变，并允许我们从个人角度来表达自我：这就是留下的可回旋的余地。一个结构会强加给自由以一些浮于表面的约束，这些表面上的约束实际上是考验我们做出选择自由的来源。人们希望一个结构在它自身没有做出显著让步的前提下能够允许自由的存在，甚至能激发出自由的活力，这样自由可以被人们解读，可以适应不同的环境。换言之，这样做的目标就是要打造出留有最多可回旋余地的空间。

为了紧跟时代做出改变的需求层出不穷，新的时代反过来又会用其他的思路给新生的一代人传授自由。枯木需要砍掉。在转变中，最初的特质消失了，但也给表面带来了新的特质。总是会有对于可回旋余地的空间需求。创造机动空间对于结构来说是一项重要任务，对于能让我们的集体记忆，即“文化”（culture），其基础在本质上保持不变（或只是缓慢改变）也同样重要。当然我们依托于创造出的全新想法，但是近来在保护能源和文化的可持续性背景衬托之下出现了一个全然一新的现象。不管在哪里的建筑，只要把可持续性的概念视为结构，便是引入了一种辩证法。我们已经对许多有关机制的辩证法非常熟悉了。社区作为一个整体代表了什么，这个社区里的各个群体在社区里又体验到了什么，这些机制通过维持这二者间的平衡来维护民主。这同样适用于根据新领悟、新情况而产生的对于恒久的普适价值的各种解读与新领悟、新环境催生出的对价值的各种解读。我们可以把结构看作是一种调和需要保留哪些以及需要改变哪些的平衡器官。所以说结构主义的矛盾之处在于保护和进展二者平分秋色。

费尔南德·索绪尔所著的《普通语言学教程》（*Cours de linguistique générale*，1916 年）让我们意识到了我们使用的语言（语言，language（langue））和我们说出的话语（言语，speech（parole））之间的区别，这也让结构主义得以在语言中体现。一种语言就是一种具有普适性的承载工具。有些人运用某种语言足够娴熟，能充分且巧妙地表达他们自己，可以被这些人所使用的各种要素在原则上都囊括在这个承载工具里。这也解释了为什么表达方式受限于语言能够表达什么的能力，但同时它又具有潜力，恰如其分地正如乔姆斯基所称这是一种语言能力（competence）。语言像无垠的大海，但人们所用的还是从大海里提取出他们所需的，到头来还是取决于人。你可以用语言来骂人，也可以用语言来写诗；语言本身既不会主动思考也不能主动创造，但是它可以被思考、被创造。语言能力与语言运用（performance）的双重性是基础所在。总的来说鉴于认识或得出逻辑结论的能力，我们可以以初级的基本形式来认识它，独立于之后它们会适用的行为准则。构成游戏框架的总是与“游戏规则”有关的内容。可以说，我们对于规则的解读对它有促进作用。对建筑来说，关键是其包括的内容在根本上不仅是塑造空间的物质资源，还有每天在体验它、居住其中、利用着它的那些人们。考虑空间和建筑，甚至构想空间和建筑时都要把这些内容纳入进去，这至关重要。设计的不仅仅是游戏本身，也不仅仅是为游戏起草制度规则。从今以后，建筑不仅仅是提供答案，更重要的是建筑还要问对问题。建筑确实是一切与人相关，与人之所想相关，与激励人们的要素相关，与从人类学标准判定本质上从未改变的事物相关，就此而言发生的任何改变都是一种演化，不可能在其发生时就注意到这种改变。另外，不可改变的品质由于人们对它们的解读不同，它们的展现方式也就不同了。结构主义要揭示的正是这个问题。

建筑不是语言，但是建筑和语言有相似之处，它们都是在瞬息万变的现实生活中以集体性相对不变的想法进行表达。有大家共同的想法，有每个人各式各样不停改变的日常生活，借助结构主义提供的工具使不同的环境条件成为对共同想法的一种解读，达成共同想法和日常生活的调和，这便是结构主义的重要之处。一般意义上的空间像语言一样，在被当作是一种语言能力时，只需通过特定的方法获得含义就能被适应，并由此被人们解读。最后，它也关乎人们如何交流使用这些信息。语言能力或者结构以及对它的不同解读，完全是互相依存的关系，所以说是不可分离的。语言能力是抽象的，需要给予更加明确的形式才能获得含义。你需要对它做些什么，使用它——换言之，解读它。

结构代表着达成共识的组成部分，并将会发挥保守影响力的作用，就像飞轮一样，保持好现有的持续运营。改变始于个人，这些敢为人先的个人以他们创造性的认识提供了一种崭新的理解。就像结构代表了可持续性一样，只有对于结构不断地进行再理解，强调语言能力的各个方面，开放各种新的可能性，并由此接纳并利用好新生活。

最后无关语言能力，仅仅是代表了一种期望，谈及的是语言能力带来的实际结果，换言之关乎每一个为人所知的、表达特定情况下品质的具体解读。建筑为还没有被利用的空间制定标准，被建筑描绘的只能是有形的现实。只有描绘出的这些图像最终才能通过它们的直截了当和使人触景生情的特质，让人们信服。
就像语言的重要性源于它所表达的内容，所以语言的使用者可以说出或分享他们最深刻的或是最私密的感受与思考。建筑物和它们的建筑结构愈来愈多地成为人们的一种表达方式，人们通过其表达出的是基于什么样的事物才让他们共同对空间的感知发生改变。

结构作为一种纽带性因素不仅带来了“庇护所”（shelter），还通过强调塑造社交空间表达出了集体的理念。一方面，我们必须通过吸引集体记忆来制造空间，毕竟集体记忆是我们共有的语言能力。另一方面，我们必须留出余地好让每个人都能表达出他们自己的理解。以此方式，一栋建筑物其自身的叙述性就有所减弱，建筑物周边有叙述性特点的情况有所增加，因此，保持了开放式的结果……

扬·斯库霍温（Jan Schoonhoven），《浮雕》（*Relief*），1970 年。

赫曼·赫茨伯格，1932年生于阿姆斯特丹；1958年毕业于代尔夫特理工学院（Delft Polytechnic，今代尔夫特科技大学）建筑系；1965—1969年任教于阿姆斯特丹建筑学院（Amsterdam Academy of Architecture）；1970—1999年任代尔夫特科技大学（Delft University of Technology）特聘教授；1982—1993年任瑞士日内瓦大学（Université de Genève）客座教授；1990—1995年任阿姆斯特丹贝尔拉格建筑学院（Berlage Institute）院长，该学院后更名为“国际研究生建筑实验基地”（International Postgraduate Laboratory of Architecture）。此外，他还身兼众多大学和建筑学院客座教授的职位，这些大学和学院位于阿根廷、澳大利亚、比利时、巴西、塞浦路斯、丹麦、德国、法国、希腊、爱尔兰、以色列、意大利、日本、克罗地亚、墨西哥、荷兰、挪威、奥地利、斯洛文尼亚、西班牙、中国台湾、英国、美国、韩国、瑞士。

赫曼·赫茨伯格在求学期间就学以致用，开始从事设计工作，1960年成立了一家建筑事务所，自1970年起，事务所命名为“赫曼·赫茨伯格建筑事务所”（Architectuurstudio HH）。他的事务所设计出众多知名建筑，其中包括位于阿培顿的中央管理保险公司大楼、位于乌得勒支的弗雷登堡音乐中心（Vredenburg Music Centre）、位于海牙的社会福利与就业部（Ministry of Social Welfare and Employment）以及位于布雷达（Breda）的查斯剧院（Chassé Theatre）。赫曼·赫茨伯格建筑事务所以其在荷兰本土和为其他国家设计的文化建筑、学校建筑、住宅群而闻名。赫茨伯格赢得的国内和国际竞赛非常多，他是许多文化团体的荣誉成员，其个人项目和建筑作品屡获建筑大奖，其中就包括了2012年获得享有盛誉的皇家金质奖章（Royal Gold Medal），该奖章每年由英国皇家建筑师学会（Royal Institute of British Architects，成立于1848年）颁发，通常授予对国际建筑做出了巨大贡献的个人。2015年，赫曼·赫茨伯格还获得了托马斯·杰弗逊基金建筑奖（Thomas Jefferson Foundation Medal in Architecture）。

从1959年到1963年，赫曼·赫茨伯格与阿尔多·范·艾克、雅各布·拜伦德·巴克马及其他人共同编辑期刊《论坛》（*Forum*）。赫茨伯格的设计项目在全世界得以出版和展示。除了许多散见于期刊上的文章，他还出版有专著《建筑学教程1：设计原理》（1991年）和《建筑学教程2：空间与建筑师》（2000年）。《建筑学教程1：设计原理》收录了他在代尔夫特科技大学的授课内容，该书已被译为英语、日语、德语、意大利语、葡萄牙语、汉语、希腊语、波斯语、韩语、法语和捷克语。《建筑学教程2：空间与建筑师》讲述了对他的建筑作品产生影响的背景与灵感思路。2008年出版《建筑学教程3：空间与学习》，书中他对于学校建筑的广泛经验和真知灼见都在对于学习型空间条件的理论思考中得到了固化。2009年出版《赫曼·赫茨伯格的学校建筑》（*The Schools of Herman Hertzberger*），该书以收录截至出版之前他所有建成的与未建的学校建筑设计，并附有亚伯拉姆·德·斯瓦安（Abram de Swaan）一篇认为他是一流社会学建筑师的文章。其他关于他的建筑作品的著述包括《符号》（*Notations*，1998年）、《表达》（*Articulations*，2002年）、《文化庇护所：赫曼·赫茨伯格与阿培顿》（*Shelter for Culture:Herman Hertzberger & Apeldoorn*，2004年）、《赫曼·赫茨伯格的剧院建筑》（*The Theatres of Herman Hertzberger*，2005年）、《水网双塔》（*Waternet Double Tower*，2006年）、《赫茨伯格的阿姆斯特丹》（*Hertzberger's Amsterdam*，2007年）以及《荷兰莱瓦顿北方学院/大学》（*Noordelijke Leeuwarden Hogeschool/University*，2011年）。在2010年，由凯斯·赫因（Kees Hin）制作的介绍赫曼·赫茨伯格的人物传记电影纪录片《探索空间》（*Searching for Space*（*Ik zag ruimte*））

上映并以 DVD 形式出版发行。2012 年莫尼克·范·德·瓦尔（Moniek van der Vall）和古斯塔夫·沃斯（Gustaaf Vos）的纪录片《作为城市的学校》（*De School als Stad*，*The school as city*）上映并发行 DVD。为了鹿特丹的新研究院（The New Institute），赫茨伯格筹备了题为“结构主义”（Structuralism，2014 年 9 月 20 日—2015 年 1 月 11 日）的展览，展览以独特的视角展示了他的灵感与设计来源。

获取更多信息，请登录网站 www.ahh.nl。

Alexander, Christopher, 'A city is not a tree', *Architectural Forum*, vol. 122, 1965

Bachelard, Gaston, *The Poetics of Space*, Boston: Beacon Press, 1964 (originally published 1958)

Benevolo, Leonardo, *Storia della città*, Bari: Laterza, 1975

Bless, Frits, *Rietveld, 1888–1964*, Amsterdam/Baarn: Bert Bakker/Erven Thomas Rapp, 1982

Boudon, Philippe, *Pessac de Le Corbusier*, Paris: Dunod, 1969

Brinkgreve, Christien, *Het verlangen naar gezag*, Amsterdam: Atlas Contact, 2012

Chomsky, Noam, *Syntactic Structures*, The Hague/Paris: Mouton, 1957

Cocteau, Jean, *Le Coq et l'Arlequin*, Paris: Editions de la Sirène, 1918

Donat, John, *World Architecture One*, London: Studio Books, 1964

Foucault, Michel, interview on Dutch radio, c. 1977

Frampton, Kenneth, *Studies in Tectonic Culture*, Cambridge (Mass.): The MIT Press, 1995

Freud, Sigmund, *Beschouwingen over cultuur*, Amsterdam: Uitgeverij Boom, 1999

Frishman, Martin (ed.), *The Mosque*, London: Thames & Hudson, 1978

Habraken, N.J., *Supports: An Alternative to Mass Housing*, London: The Architectural Press/New York: Praeger, 1972 (originally published in Dutch in 1961 as *De dragers en de mensen*)

Hengeveld, Jaap (ed.), *Monografie Piet Blom*, Amersfoort: Hengeveld Publicaties, 2008

Hertzberger, Herman, *Forum*, from no. 7, 1959 to no. 2, 1963 and July 1967

Hertzberger, Herman, 'Huiswerk voor meer herbergzame vorm/Homework for more hospitable form', *Forum XXIV*, no. 3, 1973

Hertzberger, Herman and Francis Strauven (eds), *Aldo van Eyck: Hubertus House*, Amsterdam: Stichting Wonen/Van Loghum Slaterus, 1982

Hertzberger, Herman, *Lessons for Students in Architecture*, Rotterdam: 010 Publishers, 1991

Hertzberger, Herman, *Space and the Architect: Lessons in Architecture 2*, Rotterdam: 010 Publishers, 2000

Hertzberger, Herman, *Space and Learning: Lessons in Architecture 3*, Rotterdam: 010 Publishers, 2008

Hertzberger, Herman (ed.), *The Future of Architecture*, Rotterdam: nai010 publishers, 2013

Heuvel, Wim J. van, *Structuralism in Dutch Architecture*, Rotterdam: 010 Publishers, 1992

Jencks, Charles, *The Language of Post-Modern Architecture*, New York: Rizzoli, 1984

Kiem, Karl, *The Free University Berlin (1967-73)*, Weimar: VDG, 2008

Koolhaas, Rem, *Delirious New York*, London: Thames & Hudson, 1978

Koolhaas, Rem, O.M.A. and Bruce Mau (eds), *S, M, L, XL*, New York: Monacelli Press, 1995

Le Corbusier, *Towards a New Architecture*, New York: Dover Architecture, 1986 (originally published in 1931 as *Vers une architecture*)

Lévi-Strauss, Claude, *La pensée sauvage*, Paris: Librairie Plon, 1962

Ligtelijn, Vincent, *Aldo van Eyck: Werken*, Bussum: Uitgeverij THOTH, 1999

Lüchinger, Arnulf, *Structuralisme*, Stuttgart: Karl Krämer Verlag, 1980

Maniaque Benton, Caroline, *Le Corbusier and the Maisons Jaoul*, Paris: Editions Picard, 2005

McCarter, Robert, *Louis I. Kahn*, New York: Phaidon Press, 2005

Meurant, Georges and Jan Hauwaerts, *Shoowa motieven: Afrikaans textiel van het Kuba-rijk*, Brussels: Gemeentekrediet, 1986

Moles, Abraham and Elisabeth Rohmer, *Psychologie de l'espace*, Paris/Tournai: Casterman, 1978

Monk, Ray, *Ludwig Wittgenstein: The Duty of Genius*, New York: The Free Press, 1990

Newman, Oscar, *CIAM'59 in Otterlo*, Hilversum: G. van Saane, 1961

Obrist, Hans-Ulrich (ed.), *Project Japan: Metabolism Talks*, Cologne: Taschen Verlag, 2011

Onna, Norbert van, *Van W-hal naar MetaForum*, Veldhoven: Archehov, 2012

Reichenfeld, Katja, *XYZ van de klassieke muziek*, Houten: Van Holkema & Warendorf, 2003

Risselada, Max and Dirk van den Heuvel (eds), *Team 10, 1953–1981: In Search of a Utopia of the Present*, Rotterdam: NAI Publishers, 2005

Rudofsky, Bernard, *Architecture Without Architects*, New York: The Museum of Modern Art, 1965

Sarkis, Hashim, *Le Corbusier: Venice Hospital*, Munich: Prestel Verlag, 2001

Sennett, Richard, *The Craftsman*, London: Penguin Books, 2009

Strauven, Francis and Vincent Ligtelijn, *Aldo van Eyck Writings*, Amsterdam: SUN Publishers, 2008

Teerds, Hans, 'An interview with John Habraken', *OASE #85*, 2011

Valena, Tomás (ed.), *Structuralism Reloaded*, Stuttgart: Axel Menges, 2011

Verhaeghe, Paul, *Identiteit*, Amsterdam: De Bezige Bij, 2013

图片致谢 | Illustration Credits

以下图片版权不属于本书作者所有，也未收录在作者早先出版的著述当中。对于无法联系到的图片拍摄者，作者在此致以歉意。

除以下图片，本书图片版权均属于赫曼·赫茨伯格建筑事务所 / 赫曼·赫茨伯格：

Baan，Iwan 314
De Jong fotografie 73
Diepraam，Willem 199，214，310
Doorn，Herman van 131，215，222，266，268，329，331
Gemeentemuseum Den Haag 113
Haas，Ernst 135
Hoerbst，Kurt 223-225
Jaeger，Gerard 257
Keuken，Johan van der 51，78，146，148，203，208，217，219，226，227，260
Kramer，Luuk 326
Lewis Marshall，John 134，322
Malagamba，Duccio 244，245，267
Monumentenfotografie Cultureel Erfgoed 191，192
Onna，Norbert van 1-3
Rijksmuseum Amsterdam 72，136，175
Ruault，Philippe 295-299
Salomons，Izak 56
San A Jong，Ruben 120，121
Schuurman，Martinus 207
Sonsbeek Paviljoen 79
Stadseilanden.nl 74
Versnel，Jan 46

致谢 | Credits

本书得以出版，要感谢以下两所大学的慷慨相助：
埃因霍温科技大学（Eindhoven University of Technology）
代尔夫特科技大学（Delft University of Technology）

本书翻译自荷兰语版本《建筑与结构主义：空间和规则》（*Architectuur en structuralisme: Speelruimte en spelregels*），2014年11月由鹿特丹nai010出版社（nai010 publishers）出版。

文本及编纂
赫曼·赫茨伯格

荷兰语原版文本终稿编辑
埃尔斯·布瑞克曼（Els Brinkman）

编辑支持
皮娅·伊利亚（Pia Elia）

翻译
约翰·柯克帕特里克（John Kirkpatrick）

图片编辑
斯蒂芬妮·拉玛（Stephanie Lama）

装帧设计
皮特·杰勒德设计工作室（Piet Gerards Ontwerpers），其中包括皮特·杰勒德（Piet Gerards）和莫德·范·罗苏姆（Maud van Rossum）

平版印刷
全平版印刷

A

Aangenendt，J.J.M. J.J.M.安根特，荷兰政府建筑局局长

Agnelli，Umberto 翁贝托·阿涅利，1934—2004，意大利菲亚特汽车公司的首席执行官

Alberti，Leon Battista 莱昂·巴蒂斯塔·阿尔伯蒂，1404—1472，意大利人文主义作家，艺术家

Alexander，Christopher Wolfgang 克里斯托弗·沃尔夫冈·亚历山大，1936—，美国建筑师，设计理论家

Apollinaire，Guillaume 纪尧姆·阿波利奈尔，1880—1918，法国诗人，剧作家

Asselbergs，Thijs 蒂斯·阿塞尔伯格，1956—，荷兰建筑师

Avermaete，Tom 汤姆·阿维马特，1971—，代尔夫特科技大学建筑教授

B

Bachelard，Gaston 加斯东·巴什拉，1884—1962，法国哲学家

Bakema，Jacob Berend 雅各布·拜伦德·巴克马，1914—1981，荷兰建筑师

Baudoin，Eugène 尤金·博杜安，1898—1983，法国建筑师

Berckheyde，Gerrit Adriaenszoon 杰里特·阿德里亚森佐·贝克海德，1638—1698，荷兰黄金时代画家

Bernini，Gian Lorenzo 吉安·洛伦佐·贝尼尼，1598—1680，意大利建筑师

Blom，Piet 皮特·布洛姆，1934—1999，荷兰建筑师

Bodegraven，Willem Franciscus van 威廉·弗朗西斯·范·博德格雷芬，1903—1992，荷兰建筑师

Bonnema，Abe 阿贝·博纳玛，1926—2001，荷兰建筑师

Boon，Gert 格特·布恩，1921—1990，荷兰建筑师

Boudon，Philippe 菲利普·布东，1941—，法国建筑师

Brancusi，Constantin 康斯坦丁·布朗库西，1876—1957，罗马尼亚雕塑家

Brinkgreve，Christen 克里斯滕·布瑞克格雷沃，1949—，荷兰乌得勒支大学社会学教授

Brinkman，Els 埃尔斯·布瑞克曼

Brinkman，Johannes 约翰内斯·布林克曼，1902—1949，荷兰建筑师

Broek，Johannes Hendrik van den 约翰内斯·亨德里克·范·登·布勒克，1898—1978，荷兰建筑师

Brun，Charles Le 夏尔·勒布伦，1619—1690，法国画家

Brunelleschi，Filippo 菲利普·布鲁内列斯基，1377—1446，意大利建筑师

C

Calvo-Sotelo，Pablo Campos 帕布鲁·坎波斯·卡尔沃－索特洛，西班牙圣巴勃罗大学（CEU San Pablo University）建筑教授

Candilis，Georges 乔治·坎迪利斯，1913—1995，希腊裔法国建筑师，城市规划师

Cézanne，Paul 保罗·塞尚，1839—1906，法国艺术家，后印象主义画家

Choisy，Auguste 奥古斯特·舒瓦齐，1841—1909，法国建筑史学家

Choisy，Jacques 雅克·舒瓦西，1928—2018，瑞士建筑师

Chomsky，Avram Noam 艾弗拉姆·诺姆·乔姆斯基，1928—，美国语言学家，哲学家

Cocteau，Jean 让·考克多，1889—1963，法国诗人，超现实主义艺术先驱

Coenen，Jo 乔·科南，1949—，荷兰建筑师，城市规划师

Common，Thomas 托马斯·康蒙，1850—1919，美国翻译评论家

Corbusier，Le 勒·柯布西耶，1887—1965，瑞士裔法国建筑师，设计师

Corny，Emmanuel Héré de 伊曼纽尔·埃雷·德·科尔尼，1705—1763，法国宫廷建筑师

Cuypers，Petrus Josephus Hubertus 彼得鲁斯·约瑟夫斯·休伯图斯·克伊珀斯，1827—1921，荷兰建筑师

D

Daneri，Luigi Carlo 路易吉·卡洛·达内里，1900—1972，意大利建筑师

Descombes，Georges 乔治·德贡布，1948—，瑞士建筑师

Diabelli，Anton 安东·迪亚贝利，1781—1858，奥地利作曲家

Doesburg，Theo van 特奥·凡·杜斯堡，1883—1931，荷兰艺术家

Duchamp，Marcel 马塞尔·杜尚，1887—1968，法国艺术家

Duiker，Johannes 约翰内斯·杜伊克，1890—1935，荷兰建筑师

Durand，Jean-Nicolas-Louis 让－尼古拉－路易·迪朗，1760—1834，法国作家，建筑师

E

Eames，Charles 查尔斯·伊姆斯，1907—1978，美国设计师，建筑师

Eames，Ray-Bernice Alexandra Kaiser 蕾－伯尼斯·亚历山德拉·凯瑟·伊姆斯，1912—1988，美国艺术家，设计师，查尔斯·伊姆斯的太太

Ector，Joost 约斯特·艾克特，1972—，荷兰建筑师

Elia，Pia 皮娅·伊利亚

Embden，Samuel Josua (Sam) van 塞缪尔·约舒亚（山姆）·范·恩布登，1904—2000，荷兰城市规划师

Eyck，Aldo van 阿尔多·范·艾克，1918—1999，荷兰建筑师

F

Fontaine，Pierre 皮埃尔·丰丹，1762—1853，法国建筑师，室内设计师

Fontersè，Josep 约瑟夫·冯特斯，1829—1897，西班牙加泰罗尼亚建筑师

Foster，Norman Robert 诺曼·罗伯特·福斯特，1935—，英国建筑师

Foucault，Paul-Michel 保罗－米歇尔·福柯，1926—1984，法国哲学家，思想史专家

Frampton，Kenneth 肯尼斯·弗兰普顿，1930—，英国建筑师，建筑历史学家

Fransen，Patrick 帕特里克·弗兰森，1967—，荷兰建筑师

Frugès，Henry　亨利·弗鲁格斯，20 世纪法国工业家
Fuente，Guillermo Jullian de la　吉列尔莫·朱利安·德·拉·富恩特，1931—2008，智利建筑师，画家

G

García，Antonio Ortiz　安东尼奥·奥尔蒂斯·奥加西亚，1947—，西班牙建筑师
Gehry，Frank Owen　弗兰克·欧文·盖里，1929—，美国解构主义建筑师
Gerards，Piet　皮特·杰勒德，1950—，荷兰平面设计师
Graaf，Jolanda van der　约兰达·范·德格拉夫，荷兰当代室内设计师

H

Haas，Ernst　恩斯特·哈斯，1921—1986，奥地利摄影师
Habraken，N. John　N. 约翰·哈布拉肯，1928—，荷兰建筑师，教育家
Hansen，Oskar　奥斯卡·汉森，1922—2005，波兰建筑师，城市规划师
Herdeg，Klaus　克劳斯·海尔德格，1937—，哥伦比亚大学建筑学教授
Heringer，Anna　安娜·赫林格，1977—，德国建筑师
Hertlein，Hans　汉斯·赫特林，1881—1963，德国建筑师
Hertzberger，Akelei　阿克雷·赫茨伯格，1960—，荷兰室内设计师，镶嵌细工师，赫曼·赫茨伯格的女儿
Heuvel，Dirk van den　德克·范·丹·赫维尔，1968—，代尔夫特科技大学副教授
Hin，Kees　凯斯·赫因，1936—2020，荷兰电影导演
Holtzman，Henry　亨利·霍尔茨曼，1912—1987，美国艺术家
Hoogstad，Jan　扬·霍格斯塔德，1930—2018，荷兰建筑师
Horta，Victor　维克多·霍塔，1861—1947，比利时建筑师，新艺术运动先驱
Huiskamp，Joep　乔普·惠斯坎普
Humboldt，Wilhelm von　威廉·冯·洪堡，1767—1835，普鲁士哲学家，语言学家

I

Ingels，Bjarke　比雅克·英格斯，1974—，丹麦建筑师

J

Jencks，Charles　查尔斯·詹克斯，1939—2019，美国建筑评论家
Jonge，Wessel de　威塞尔·德·荣格，1957—，代尔夫特科技大学教授
Josic，Alexis　阿列克西·乔西克，1921—2011，法国建筑师
Jung，Carl Gustav　卡尔·古斯塔夫·荣格，1875—1961，瑞士心理学家

K

Kahn，Louis　路易斯·康，1901—1974，美国建筑师
Kikutake，Kiyonori　菊竹清训，1928—2011，日本建筑师

Kirkpatrick，John　约翰·柯克帕特里克

Koolhaas，Rem　雷姆·库哈斯，1944—，荷兰建筑师

Kuhn，Thomas Samuel　托马斯·塞缪尔·库恩，1922—1996，美国科学哲学家

Kurokawa，Kisho　黑川纪章，1934—2007，日本建筑师

L

Labrouste，Pierre-François-Henri　皮埃尔－弗朗索瓦－亨利·拉布鲁斯特，1801—1875，法国建筑师

Lacaton，Anne　安妮·莱卡顿，1955—，法国建筑师，法国建筑师让·菲利浦·瓦萨尔的妻子

Lama，Stephanie　斯蒂芬妮·拉玛

Larsen，Henning　亨宁·拉森，1925—2013，丹麦建筑师

Laugier，Marc-Antoine　马克－安托万·洛吉耶，1713—1769，法国建筑理论家

Ledoux，Claude Nicolas　克劳德·尼古拉斯·勒杜，1736—1806，法国建筑师

Lemercier，Pierre　皮埃尔·勒·梅歇尔，1532—1552，法国建筑师

Lescot，Pierre　皮埃尔·勒斯柯，1515—1578，法国建筑师

Lévi-Strauss，Claude　克劳德·李维－斯特劳斯，1908—2009，法国人类学家，人种学者

Ligtelijn，Vincent　文森特·里格特赖恩

Lods，Marcel　马赛尔·洛德，1891—1978，法国建筑师

Lohse，Richard Paul　理查德·保罗·洛斯，1902—1988，瑞士艺术家，具体艺术代表人物

l'Orme，Philibert de　菲利贝·德·洛梅，1514—1570，法国建筑师

M

Maderno，Carlo　卡洛·马代尔诺，1556—1629，意大利建筑师

Malagamba，Duccio　杜乔·马拉甘巴，1960—，意大利摄影师

Matté-Trucco，Giacomo　贾科莫·马蒂－特鲁科，1869—1934，意大利工程师

Mauriac，François　弗朗索瓦·莫里亚克，1885—1970，法国小说家，诺贝尔文学奖获奖者

McCarter，Robert　罗伯特·麦卡特，1955—，华盛顿大学（Washington University）建筑系教授

McKim，Charles Follen　查理斯·弗伦·马吉姆，1847—1909，美国建筑师

Michelangelo　米开朗琪罗，1475—1564，意大利画家，雕塑家，建筑师

Mondrian，Piet Cornelies　皮特·科内利斯·蒙德里安，1872—1944，荷兰画家

Musil，Robert　罗伯特·穆齐尔，1880—1942，奥地利作家

N

Neher，Dr. Lambertus　兰伯特·尼赫博士，1889—1967，荷兰邮政局局长

Nelson，Paul　保罗·尼尔森，1895—1979，法国建筑师

Newman，Oscar　奥斯卡·纽曼，1935—2004，美国建筑师，城市规划师

Nietzsche，Friedrich Wilhelm　弗里德里希·威廉·尼采，1844—1900，德国哲学家

O

Onrust，Hank　汉克·诺斯特，1941—，荷兰导演

Oorthuys，Gerrit　赫里特·奥瑟斯，1933—，荷兰建筑师

P

Pallasmaa，Juhani　尤哈尼·帕拉斯玛，1936—，芬兰建筑师

Pei，Ieoh Ming　贝聿铭，1917—2019，美籍华裔建筑师

Percier，Charles　夏尔·佩西耶，1764—1838，法国建筑师，室内设计师

Pergolesi，Giovanni Battista　乔瓦尼·巴蒂斯塔·佩尔戈莱西，1710—1736，意大利作曲家

Perrault，Claude　克劳德·佩罗，1613—1688，法国物理学家，建筑师

Perret，Auguste　奥古斯特·佩雷，1874—1954，法国建筑师

Perret，Claude　克劳德·佩雷，1880—1960，法国建筑师

Perret，Gustave　古斯塔夫·佩雷，1876—1952，法国建筑师

Peutz，Frits　弗里茨·皮乌茨，1896—1974，荷兰建筑师

Piano，Renzo　伦佐·皮亚诺，1937—，意大利建筑师

Picasso，Pablo　巴勃罗·毕加索，1881—1973，西班牙画家，雕塑家

Plečnik，Jože　约热·普列赤涅克，1872—1957，斯洛文尼亚建筑师

Prouvé，Jean　让·普鲁维，1901—1984，法国建筑师，设计师

Pugin，Augustus　奥古斯都·普金，1812—1852，英国建筑师，设计师

R

Reichenfeld，Katja　卡佳·赖兴菲尔德，1942—，荷兰艺术研究者

Reidy，Alfonso Eduardo　阿方索·爱德华多·里迪，1909—1964，巴西建筑师

Richardson，Hilary C.　希拉里·C. 理查森，美国当代艺术史家

Rietveld，Gerrit Thomas　赫里特·托马斯·里特维尔德，1888—1964，荷兰建筑与工业设计师，荷兰风格派艺术代表人物

Risselada，Max　马克斯·里瑟拉达，1939—，代尔夫特科技大学教授

Rogers，Richard　理查德·罗杰斯，1933—，英国建筑师

Rohe，Ludwig Mies van der　路德维希·密斯·凡·德·罗，1886—1969，德国建筑师

Roijen，Addie van　艾迪·范·罗伊恩，胡贝图斯住宅主管

Rossum，Maud van　莫德·范·罗苏姆，1971—，荷兰平面设计师

Rudofsky，Bernard　伯纳德·鲁道夫斯基，1905—1988，奥地利裔美国作家，建筑师

Ruiter，Jacob de　雅各布·德·鲁伊特，1930—2015，荷兰政治家

S

Saenredam，Jan Pieterszoon　扬·彼得松·萨恩勒丹，1565—1607，荷兰北方矫饰主义画家

Safdie，Moshe　莫瑟·萨夫迪，1938—，加拿大籍以色列裔建筑师

Sarkis, Hashim 哈希姆·萨基斯，1964—，黎巴嫩教育家，建筑师

Sartre, Jean-Paul 让-保罗·萨特，1905—1980，法国哲学家，剧作家

Saussure, Ferdinand de 费尔迪南·德·索绪尔，1857—1913，瑞士语言学家，符号学家

Sauvage, Henri 亨利·索瓦日，1873—1932，法国建筑师

Scarpinato, Marco 马克·斯卡皮纳托，意大利当代建筑师

Schiedhelm, Manfred 曼弗雷德·希德海姆，1934—2011，德国建筑师

Schinkel, Karl Friedrich 卡尔·弗里德里希·申克尔，1781—1841，普鲁士建筑师，城市规划师

Schneider-Esleben, Paul 保罗·施耐德-艾斯雷本，1915—2005，德国建筑师

Schoenberg, Arnold 阿诺德·勋伯格，1874—1951，美籍奥地利作曲家

Schoonhoven, Jan 扬·斯库霍温，1914—1994，荷兰艺术家

Schröder-Schräder, Truus 特卢斯·施罗德-施雷德，1889—1985，荷兰药剂师

Semper, Gottfried 戈特弗里德·森佩尔，1803—1879，德国建筑师，艺术评论家

Sennett, Richard 理查德·桑内特，1943—，美国社会学家，思想家

Sevenhuysen, Frank 弗兰克·谢韦森，荷兰政府建筑师

Smithson, Alison 艾莉森·史密森，1928—1993，英国建筑师，英国建筑师彼得·史密森的妻子

Smithson, Peter 彼得·史密森，1923—2003，英国建筑师

Stam, Mart 马特·斯坦，1899—1986，荷兰建筑师

Stokla, Leonard 莱昂纳德·斯托拉，1893—1983，荷兰建筑师

Strauven, Francis 弗朗西斯·斯特劳文，1942—，比利时建筑史家

Stravinsky, Igor Fedorovitch 伊戈尔·菲德洛维奇·斯特拉文斯基，1882—1971，美籍俄国作曲家

Swaan, Abram de 亚伯拉姆·德·斯瓦安，1942—，荷兰历史社会学，比较社会学家

T

Tange, Kenzo 丹下健三，1913—2005，日本建筑师

Turner, Paul Venable 保罗·维纳布尔·特纳，1939—，美国建筑师，艺术史家

V

Vall, Moniek van der 莫尼克·范·德·瓦尔，荷兰当代电影导演

Vassal, Jean Philippe 让·菲利浦·瓦萨尔，1954—，法国建筑师

Vau, Louis Le 路易斯·勒沃，1612—1670，法国建筑师

Verhaeghe, Paul 保罗·沃黑赫，1955—，比利时心理学家

Verhoeven, Jan 扬·维霍温，1926—1994，荷兰建筑师

Vermeer, Johannes 约翰内斯·维米尔，1632—1675，荷兰画家

Villalón, Antonio Cruz 安东尼奥·科鲁兹·维拉隆，1948—，西班牙建筑师

Viollet-le-Duc 维奥莱-勒-杜克，1814—1879，法国建筑师

Visconti, Louis 路易斯·维斯孔蒂，1791—1853，法国建筑师，设计师

Vitruvius 维特鲁威，公元前1世纪古罗马建筑师

Vlugt，Leendert van der　伦德特·范·德·弗鲁特，1894—1936，荷兰建筑师

Vos，Gustaaf　古斯塔夫·沃斯，荷兰当代电影制片人

W

Wagner，Wilhelm Richard　威尔海姆·理查德·瓦格纳，1813—1883，德国作曲家，指挥家

Welie，Eelco van　埃尔克·范·威利，荷兰出版人

Wewerka，Stefan　斯特凡·维维卡，1928—2013，德国设计师

Williams，Owen　欧文·威廉姆斯，1890—1969，英国建筑师

Wilmotte，Jean-Michel　让－米歇尔·威尔莫特，1948—，法国建筑师

Woods，Shadrach　沙德拉·伍兹，1923—1973，美国建筑师，城市规划师

Wright，Frank Lloyd　弗兰克·劳埃德·赖特，1867—1959，美国建筑师